普通高等教育“十一五”国家级规划教材

普通高等教育“十四五”规划教材

农学概论

第3版

王爱萍　乔月静◎主编
王宏富◎主审

An Introduction to Agronomy

中国农业大学出版社
China Agricultural University Press
·北京·

内容简介

本教材结合最新农业政策和科技成果，对第2版内容进行了修订和补充。从农学的概念、特点、思想出发，介绍了种植业资源与农田生态系统，作物的起源、分类与分布，作物生长发育及产量品质形成，围绕品种选育，作物种植、保护与调控技术，农产品加工，农作制度等方面展开，同时对农业新质生产力、粮食安全及种植业发展趋势进行了阐述。本书涉及的领域较广，与作物生产紧密相关，适合农业院校农学相关专业学生选用，也可供农业工作者参考。

图书在版编目(CIP)数据

农学概论 / 王爱萍，乔月静主编. -- 3 版. -- 北京 ：中国农业大学出版社，2025. 6. -- ISBN 978-7-5655-3450-8

Ⅰ. S3

中国国家版本馆 CIP 数据核字第 2025LV1567 号

书　名	农学概论　第 3 版 Nongxue Gailun		
作　者	王爱萍　乔月静　主编		
策划编辑	梁爱荣	责任编辑	梁爱荣
封面设计	李尘工作室		
出版发行	中国农业大学出版社		
社　址	北京市海淀区圆明园西路 2 号	邮政编码	100193
电　话	发行部 010-62733489，1190	读者服务部	010-62732336
	编辑部 010-62732617，2618	出 版 部	010-62733440
网　址	http://www.caupress.cn	E-mail	cbsszs@cau.edu.cn
经　销	新华书店		
印　刷	涿州市星河印刷有限公司		
版　次	2025 年 8 月第 3 版　　2025 年 8 月第 1 次印刷		
规　格	170 mm×228 mm　16 开本　18.5 印张　341 千字　彩插 4		
定　价	56.00 元		

第 3 版编审委员会

主　　编　王爱萍　乔月静

副 主 编　崔福柱　臧华栋　赵宝平　赵　杰　胡权义

编写人员　（按姓氏拼音排序）

崔福柱（山西农业大学）
董　琦（山西农业大学）
郭　伟（黑龙江八一农垦大学）
胡权义（河南农业大学）
姜　英（沈阳农业大学）
刘婷婷（山西农业大学）
聂江文（长江大学）
乔月静（山西农业大学）
申　洁（长治学院）
宋艳波（山西农业大学）
王爱萍（山西农业大学）
王希全（内蒙古农业大学）
温　媛（中国农业大学）
武翠卿（山西农业大学）
杨绣娟（河套学院）
杨亚东（中国农业大学）
臧华栋（中国农业大学）
赵宝平（内蒙古农业大学）
赵芳明（西南大学）
赵　杰（华中农业大学）
郑　伟（新疆农业大学）

主　审　王宏富

第 2 版编审委员会

主　　编　王宏富　王爱萍

副 主 编　崔福柱　赵宝平　董学会　段红平

编写人员　（按姓氏拼音排序）

程昕昕（安徽科技学院）
崔福柱（山西农业大学）
董丽平（信阳农林学院）
董　琦（山西农业大学）
董学会（中国农业大学）
段红平（云南农业大学）
刘瑞香（内蒙古农业大学）
乔月静（山西农业大学）
任江萍（河南农业大学）
申　洁（长治学院）
王爱萍（山西农业大学）
王宏富（山西农业大学）
王树彦（内蒙古农业大学）
文新亚（中国农业大学）
吴毅歆（云南农业大学）
武翠卿（山西农业大学）
杨锦忠（青岛农业大学）
姚茹瑜（云南农业职业技术学院）
张　巽（山西大同大学）
张建平（山西师范大学）
张志鹏（中国农业大学）
赵宝平（内蒙古农业大学）

主　　审　郭平毅（山西农业大学）
赵全志（河南农业大学）

第 1 版编审委员会

主　编　李建民（中国农业大学）

　　　　　王宏富（山西农业大学）

副主编　（按姓氏拼音排序）

崔福柱（山西农业大学）
董学会（中国农业大学）
段红平（云南农业大学）
刘瑞香（内蒙古农业大学）
王爱萍（山西农业大学）

参　编　（按姓氏拼音排序）

程昕昕（安徽科技学院）
董　琦（山西农业大学）
王树彦（内蒙古农业大学）
王新国（河南农业大学）
文新亚（中国农业大学）
武翠卿（山西农业大学）
杨锦忠（青岛农业大学）
张　巽（山西大同大学）
张建平（山西师范大学）
张志鹏（中国农业大学）

主　审　苗果园（山西农业大学）

第 3 版前言

我国农业文明源远流长，《孟子》中提到“后稷教民稼穑，树艺五谷；五谷熟而民人育。”农业是国民经济的基础，农业现代化是中国式现代化的重要组成部分。习近平总书记强调“农业强国是社会主义现代化强国的根基，推进农业现代化是实现高质量发展的必然要求”。在党的领导下我国完成了脱贫攻坚、全面建成小康社会的历史任务，这是中国共产党和中国人民团结奋斗赢得的历史性胜利。

按照党的二十大精神，我们要加快建设农业强国，全面推进乡村振兴，全方位夯实粮食安全根基，全面落实粮食安全党政同责，牢牢守住 18 亿亩耕地红线，逐步把永久基本农田全部建成高标准农田，深入实施种业振兴行动，强化农业科技和装备支撑，确保中国人的饭碗牢牢端在自己手中。树立大食物观，发展设施农业，构建多元化食物供给体系。发展乡村特色产业，拓宽农民增收致富渠道。巩固拓展脱贫攻坚成果，增强脱贫地区和脱贫群众内生发展动力。同时，坚持绿水青山就是金山银山的理念，坚持山水林田湖草沙一体化保护和系统治理，全方位、全地域、全过程加强生态环境保护，向绿色、循环、低碳发展迈出坚实步伐。当前，我国农业仍存在结构性矛盾、要素错配、环境资源束缚等问题，需要加快形成农业新质生产力，树立“大农业观”，立足农业整体性、系统性发展，涵盖农林牧渔全产业，着眼于贯穿从农业种养到农产品加工的全链条，重视从科技创新、技术应用到产业运营、营销管理的全流程。当前，我国农业正处于向智能化、数字化全面迈进的关键时期。因此，从农学的角度来分析和讨论新时期作物生产发展中面临的问题，及时了解和掌握现代农业有关理论与技术体系具有特别重要的意义。

《农学概论》着眼于作物生产，介绍了农学与粮食安全，种植业资源与农田生态系统，作物的起源分类与分布、生长发育、品种选育、种植原理、保护、加工、农作制度、农业新质生产力等内容。涉及农业生态学、作物栽培学、耕作学、作物育种学、植物生理学、农业昆虫学、植物病理学、作物化学调控、农业发展原理、土壤学、土壤肥料学、食品营养学和农产品加工学等概论性内容与学科，与农业生产实际和人类生活结合紧密。本教材适用于农业院校农学相关专业的学生。

本书根据最新农业政策与科技成果对主要内容和数据进行了补充和更新，补充了我国农业发展历程和农学思想、作物植保与调控技术、农业新质生产力等内容；更新了农业资源、各类作物生产现状、现代分子设计育种方法、种植原理与技术、农产品加工技术、农作制分区等内容。另外，与教材每章内容相关的延伸性、前瞻性和拓展性知识以及一些应用实例与最新科研成果等以二维码形式编入教材中，既节省了篇幅，又便于读者进一步地扩展了解和学习。

本书共 11 章，第一章由乔月静编写；第二章由杨亚东、臧华栋编写；第三章由崔福柱、武翠卿编写；第四章由姜英、郑伟编写；第五章由聂江文、赵芳明、郭伟编写；第六章由赵宝平、王希全编写；第七章由赵杰、刘婷婷编写；第八章由申洁编写；第九章由胡权义编写；第十章由温媛编写；第十一章由宋艳波编写；二维码的搜集工作由董琦、杨绣娟完成；全书由乔月静组织编写并统稿，王爱萍审阅定稿，王宏富对书稿进行了全面审查。在此一并致以最衷心的感谢！

由于时间仓促和编者水平所限，书中难免有疏漏和错误之处，敬请读者多加指正并提出宝贵意见和建议，以便进一步修改和完善。

编　者

2025 年 4 月

第 2 版前言

“农学概论”是一门综合介绍农业生态学、作物栽培学、耕作学、作物育种学、植物生理学、农业昆虫学、植物病理学、作物化学调控、农业发展原理、土壤学、土壤肥料学、食品营养学和农产品加工学等概论性内容的应用性较强的学科，与农业生产实际和人类生活结合紧密，也可与我国的其他行业进行学科交叉和融合。本教材适用于高等农林院校非农学专业的学生。

《农学概论》第 1 版于 2010 年 7 月第一次印刷，至今已经十载有余，其间共经过 4 次印刷，受到广大读者的喜爱。第 2 版是在基本保持第 1 版原有结构体系的基础上，根据最新政策与法规对主要内容和数据进行了补充和更新，如补充了我国农作制分区内容，增加了分子标记辅助选择育种类型的具体介绍和作物与土壤、秸秆覆盖栽培技术、砂石覆盖栽培技术、杂粮作物加工及利用等内容。另外，将与教材每章内容有关的基础性、延伸性、前瞻性和拓展性知识以及一些应用实例等以二维码形式编入教材中，这样既节省了篇幅，又便于读者对相关知识进一步地扩展了解和学习。

本教材的编写人员全部为教学一线人员，对本教材内容非常熟悉并有着丰富的教学经验，他们在百忙之余参与了修订工作。两位主审在本教材修订过程中提出了诸多修改意见和建议，并审查了全稿，在此一并致以最衷心的感谢！

由于时间仓促和编者水平所限，书中难免有疏漏和错误之处，敬请读者多加指正并提出宝贵意见和建议，以便进一步修改和完善。

编　者

2020 年 11 月

第 1 版前言

农业是国民经济的基础，而作物生产是农业系统的第一性生产，其发展水平直接影响人们的基本生活需求和质量，制约着国计民生和社会经济的发展，是国民经济建设中至关重要的领域。农学作为为作物生产发展服务的学科之一，是最为贴近生产实际的实践性科学。当前，我国农业正处于传统农业向现代农业加速转变的重要时期，面临着保障国家粮食安全、增加农民收入、缓解资源环境约束和增强农产品国内外市场竞争力的重大挑战。因此，从农学的角度来分析和讨论作物生产发展中的问题，了解和掌握农学的有关理论与技术体系具有特别重要的意义。

农学概论是高等农林院校非农学专业学生的一门综合性专业基础课。作为一门概论性课程，其作用在于引领学生关注农业生产，服务“三农”建设。因此，本书内容着眼于大农业系统，立足于作物生产，着重介绍农学基本知识、基本原理和基本技术。具体包括作物生产的共性规律、基本概念、理论、方法和技术；农产品产后升级元——农产品加工；农作制分析与区域农业发展及农业现代化进程与趋势等。力求突出综合性、系统性、科学性、实用性和前瞻性。

本书于 2007 年申报并获批为普通高等教育“十一五”国家级规划教材。王宏富具体组织了本书的编写工作。编写人员具体分工为：第一章，王爱萍；第二章，刘瑞香、文新亚；第三章，崔福柱；第四章，段红平、王树彦、张巽；第五章，董学会、王新国、程昕昕；第六章，张建平、张巽、武翠卿；第七章，董琦；第八章，王宏富、张志鹏；第九章，王宏富、武翠卿、杨锦忠。全书由王宏富、段红平、崔福柱、王爱萍负责统稿。李建民审阅全书，最后定稿。山西农业大学苗果园先生在百忙中对书稿进行了全面审查，在此致以衷心的感谢！

由于编者水平有限，加之对教材内容理解和把握上的难度，书中难免有疏漏和错误，敬请读者提出宝贵意见和建议。

编　者

2010 年 3 月

目录 Contents

各章复习思考题
答案提示

第一章 绪论

本章内容简介

农业(agriculture)是人类社会最古老也是最基本的产业。农业生产是自然再生产和经济再生产的过程。农学则是研究农业生产理论和实践的一门科学。本章介绍农学的概念、地位和特点,我国农业在发展过程中形成的各种农学思想,粮食安全的概念及解决办法,通过本章学习,对农学有一个较为全面的理解与认识。

学习目标

1. 掌握农学的概念;理解农学的性质、地位、特点;了解中国的农学思想;了解粮食安全的概念、重要性以及粮食安全问题的解决途径。

2. 培养学农、知农、爱农,投身农业、扎根农村、服务农民的“三农”情怀,有较强的专业认同感、责任感和使命感。

第一节 农学的概念、地位和特点

一、农学的概念

农业(agriculture)是人类社会最古老也是最基本的产业。农业生产的对象是植物、动物和微生物等农业生物,人类有意识地利用农业生物的生长机能来获得生活所必需的产品和其他物质资料,因此,农业生产是自然再生产和经济再生产的过程。

农学即农业科学(agricultural science),包括 3 层含义。广义的农学是研究农业发展的自然规律和经济规律的科学，即研究农业生产理论和实践的一门科学，包括农业基础科学、农业工程科学、农业经济科学、农业生产科学和农业管理科学等。中义的农学仅指广义农学范畴中的农业生产科学，这里的农业生产指种植业、畜牧业、林业和渔业，包括作物学、园艺学、农业资源利用学、植物保护学、畜牧学、兽医学、林学和水产学等。狭义的农学是指研究农作物生产的一门科学，即研究农作物高产、优质、高效和可持续发展的理论与技术的科学，具体指研究农作物生长发育规律、产量形成规律、品质形成规律及其对环境条件的要求，并采取科学的技术措施实现作物生产的高产、优质、高效和可持续发展，是一门综合性很强的应用学科。其所涉及的学科包括作物学、土壤学、气象学、植物营养学和植物保护学等。本书着眼于中义与广义的农学，立足于狭义的农学进行论述。

二、农学的性质

农学的研究对象是以作物为主的种植业，因此农学的性质很大程度上取决于种植业。概括起来有 3 方面。

（一）农学是以自然科学和社会经济科学为基础的一门应用科学

作物生产是人类通过劳动，利用作物有机体的生命活动来取得产品的产业，不仅取决于劳动的社会条件，更取决于作物生长发育所需的自然环境条件，如光、温、水、气、土壤等。因此，作物生产是自然再生产和经济再生产相结合的过程，是与社会经济水平和农业资源环境紧密相连的应用性科学。

（二）农学是服务于种植业的一门综合性学科

农学是一门涉及农作物生产及其相关科学的综合性学科。作物生产系统是作物—环境—社会相互交织的复杂系统，作物生产的高产、优质和高效通常是矛盾的和难以协调统一的整体，而且三者的主次关系也随着社会经济的发展水平而变化。开展好农学学科的研究和发展作物生产，必然涉及自然科学和社会科学等多门学科的理论和技术，必须以系统学的观点来认识农学和作物生产体系，综合应用和集成相关学科的研究成果，才能推动作物生产的发展，满足国民经济发展的要求。

（三）农学是以可持续发展为目标的一门生态学科

人口、粮食、能源和环境是人类发展中亟须解决的大问题。作物生产一方面既是人类食物安全的基础，又对环境保护起着积极作用；另一方面既要消耗资源，又可能带来生态失衡和环境污染等问题。因此，在农学研究和作物生产发展中必须牢固树立生态意识，兼顾生产力增长、资源高效利用和环境安全，实现作物生产的可持续发展。

三、农学的地位与作用

农业是国民经济的基础，其地位不言而喻。而作物生产为人类提供了最基本的生活资料，因此又是农业的基础。由此可见，作物生产的发展对整个国民经济的发展和社会的稳定起着十分重要的作用，作物生产的产品数量和质量关系到我国十几亿人的生存大事，与人民物质生活水平的提高息息相关。从这个意义上说，农学的地位不可忽视，主要表现在以下几个方面。

(一)人民生活资料的重要来源

古人曰，“一日不再食则饥，终岁不制衣则寒”(西汉晁错)；“人之情不能无衣食，衣食之道必始于耕织”(《淮南子》)。可见农业生产是人类生存之本和衣食之源。我国是人口大国，解决吃饭问题是头等大事，人民生活中所消费的粮食、蔬菜和水果大多由作物生产提供。穿衣在人民基本消费方面也占有重要的地位。目前，我国服装原料的80%来自作物生产，合成纤维仅占20%。随着人类生活水平的提高，资源可持续利用和环保意识的加强，人们也越来越喜欢可再生的和经济的植物纤维。由此可见，作物生产具有举足轻重的地位和作用。

(二)工业原料的重要来源

农产品为工业生产提供了重要的原材料。随着我国工业的发展和人民消费结构的变化，以农产品为原料的工业产值在总工业产值中的比重会有所下降，但有些轻工业，如制糖、卷烟、造纸、食品等的原料只能来源于农业，且主要来自作物生产，所以农产品在我国工业原料中占有较大比例的局面短期内不会改变。随着人民生活水平的提高，对未加工农产品的需求将不断下降，对农产品加工品的需求会不断增加，也就是说，人们直接消费的某些农产品今后需要加工后才能进入市场。可以预计，在今后相当长的一段时期内，我国轻工业的发展仍然受制于农业生产，特别是经济作物的生产状况。因此，发展作物生产，必将推动我国工业的发展，后者的发展反过来必将促进作物生产的进步。

(三)出口创汇的重要物资

目前，我国工业与世界先进水平还有一定差距，在国际市场上的竞争力也较弱，而农产品及其加工产品在国家总出口额中占有较大的比重，是出口创汇物资的重要来源之一。可见，作物生产在农业增效和农民增收方面起着主要作用。

(四)农业的基础产业

农业由种植业、畜牧业、林业和渔业组成。畜牧业和渔业的发展极大程度上依赖于种植业即作物生产的发展。在我国农业中,种植业占的比重最大,是农业的基础,具有举足轻重的地位和作用。虽然,近年来由于养殖业(畜牧业和渔业)的发展,种植业在农业中的比重有所下降,但是,由于我国人口压力大、口粮任务重,加上养殖业的发展在很大程度上依赖于种植业提供的饲料,我国种植业在农业中的比重及其基础地位是不会动摇的。

(五)农业农村现代化的组成部分

实现农业农村现代化是我国社会主义现代化的重要内容和标志,是体现一个国家社会经济发展水平和综合国力的重要指标。作物生产是农业的基础,没有现代化的作物生产,就没有现代化的农业和现代化的农村。随着社会的发展和科技的进步,作物生产也会得到现代科技的武装和改造,从而实现作物生产的现代化、科学化和产业化。

(六)生态环境的调节者

农业既可以改善生态环境,也可以恶化生态环境,是调节生态环境的重要组成部分。作物可以吸收利用 CO_2 减少温室效应,还能释放 O_2 供人类呼吸,也可以防风固沙、涵养水源、调节气候。包括作物生产在内的休闲农业、旅游农业和观光农业的发展可以美化生态环境。然而,化肥、除草剂、杀虫剂、杀菌剂等化学品的大量施用,也会造成严重的环境污染。废弃的塑料薄膜等会导致白色污染。因此,必须坚持可持续发展理念,在保障粮食安全的前提下,充分发挥作物生产调节环境的效应。

(七)社会文化作用

农业的发展与人类文明的发展息息相关,农业对人类社会的影响巨大。作物生产使人类定居下来并逐渐形成了农村社会。农村社会的成员从事基本相同的职业,形成比较一致的生活方式和民情、民俗,民风淳朴,邻里关系密切,人们重视伦理、亲情等传统价值理念,道德、风俗和舆论对行为的规范作用巨大,有时甚至比成文法规的约束力更强。

四、农学的特点

作物生产以土壤为基本生产资料,受自然条件的影响较大,生产的周期较长,与其他社会物质生产相比,农学具有以下 8 个鲜明的特点。

(一)系统的复杂性

作物生产是一个有结构和序列的复杂系统,由各个环节(子系统)组成,而且受自然和人为多种因素的影响和制约，同时又是一个统一的整体。因此，必须采用整体的观点和系统的方法，运用多学科知识，采取综合措施，全方位研究如何处理和协调各种因素的关系，达到高产、优质、高效地发挥作物生产的总体效益。

（二）土壤的特殊重要性

土壤是作物生产中最基本的不可替代的生产资料。土壤的位置和质量都是影响作物生产的重要因素。土壤在地球上的位置决定了当地的水、养、气、热等作物生长的自然条件，也在相当程度上决定了当地农业生产的类型、方式和技术。土壤的质量一方面取决于其所在的位置，另一方面取决于其长期演化过程中形成的理化性状以及人类劳动形成的人工地力。人们可以通过适当的水利工程、农业设施以及耕作、栽培、施肥等技术，在一定程度上改变土地的质量，进而在土地位置不变的情况下局部改变其水、养、气、热等条件，却无法随心所欲地从根本上改变这一切，而且所能采取的所有措施都需要付出相当大的代价。

（三）严格的区域性

各地区由于纬度、地形、地貌、气候、土壤、水利和植被等自然条件的不同，形成了独特的农业生产类型、品种、耕作制度和栽培管理技术，从而使作物生产具有强烈的区域性特征。因此，作物生产必须根据各地的自然和社会条件，因地制宜，选择适合当地生长的作物种类和品种及相应的技术措施，使作物、环境和措施达到最佳配合。

（四）强烈的季节性

一年四季光、热、水等自然资源的不同，导致作物生产不可避免地受到季节变化的强烈影响。“节令不饶人”，生产上如果贻误了农时，轻则减产，重则颗粒无收。因此，必须正确掌握农时季节，合理组织农事活动，使作物的高效生长期与最佳环境条件同步。

（五）生产的连续性

人类社会对农产品的需求是连续的，因此，农业生产是一个长期的周期性产业，上一季作物与下一季作物，上一年生产与下一年生产，上一个生产周期与下一个生产周期，都是紧密相连和相互制约的，前者是后者的基础，后者是前者的延续。人们需要用全面和长远的观点，做到前季为后季，季季为全年，今年为明年，实现作物持续的高产和稳产。

（六）生长的规律性

作物是有生命的有机体，在与生态环境相适应的长期进化过程中形成了显著的季节性、有序性和周期性。首先，不同作物种类具有不同的个体生命周期，如水稻、玉米和棉花等为一年生作物，冬小麦和冬油菜则为二年生作物。其次，作物个体的生命周期又有一定的阶段性变化，需要特定的环境条件，是一个有序生长发育的过程。最后，由于作物生长发育的各个阶段是有序的、紧密衔接的，既不能停顿中断，又不能颠倒重来，因而具有不可逆性。

(七)技术的实用性

农学是把自然科学及农业科学的基础理论转化为实际的生产技术和生产力的科学。虽然农学也包括一些应用基础方面的内容，如作物生长发育、产量形成和品质形成的生理生态规律，但它主要研究并解决作物生产中的实际问题，所形成的技术必须具有适用性和可操作性，要力争做到简便易行、省时省工、经济安全。

(八)生产的社会性

作物生产既是自然再生产过程，同时又是经济再生产过程。一方面政策导向、经营方式、物质投入、市场容量、价格因素、人类对农产品的需求等直接影响着作物生产；另一方面由于作物生产的长期性、季节性和不稳定性，使得在市场经济条件下，作物生产决策风险大，资本、土地和劳力具有极易逃离农业的可能性。因此，需要制定、建立和完善能够减少决策风险的各种政策、制度和措施，例如，市场信息发布和预测、作物生产保险、农产品贮备、保护价收购等，以稳定作物生产。

第二节　中国农业发展历程和农学思想

农业有上万年的历史，我国古代传说中的“神农氏”“烈山氏”，就是农业起源和确立的时代的拟人化。《诗经·大雅·生民》也叙述了周族先祖从事农作(即“后稷教稼”)的神话历史。通过长期的发展，形成了以“天人相参”或“三才”理论为基本精神的农学思想，以精耕细作为主要特征的技术体系。

一、中国农业发展历程

(一)原始农业(新石器时代)阶段

中国的原始农业约有1万年的历史。当时北方黄河流域是春季干旱少雨的黄土地带，以种植抗旱耐瘠薄的粟为主；长江流域以南是遍布沼泽的水乡，多栽培性喜高温多湿的水稻，最早都实行撂荒制。在旧石器时代，人类采集野生植物和猎捕野生动物为食，学会了采用粗制的石器和棍棒作为工具。在新石器时代，人类逐步找到了适于人工种植的谷物和养殖的动物，并发明了弓箭，学会了制作石器或石制农具，学会了刀耕火种，形成了原始农业。依靠人力，使用石斧、石锛砍伐树木，使用耒耜修整土地，使用石刀、石镰收割谷物是原始农业的突出标志。

(二)传统农业(铁制农具大量使用—20 世纪中叶)阶段

随着炼铁技术及铁制农具制作技术的发展，农业发展进入古代农业阶段。中国在商周时期，已出现了多种金属农具，如锸、钁、锄、犁等。秦汉时期，耕犁、耧车等重要农具初步成形，农用动力从单纯依靠人力转向人力畜力共用。到魏晋南北朝时期，播种的方法已有撒播、条播和点(穴)播 3 种；耕—耙—耱农业耕作技术体系已经初步形成。到了唐代，稻麦二熟制便在长江流域发展起来。稻麦二熟制的形成，是我国耕作技术史上的一个重大进步。南宋时期，我国的农耕重心已明显地由北方转移到了南方。这个时期水田生产工具得到了改进与创新。明清时期创造了冬谷法、小麦移栽、甘薯留种等技术，并开始通过连作、间作、套作来提高复种指数。

近代农业生产技术的发展，主要起源于欧美的第二次科技革命。1859 年达尔文《物种起源》著作出版，1865 年奥地利孟德尔提出生物遗传概念，推动了良种选育技术发展。19 世纪中后期德国化学家李比希提出矿物营养学说，促进了化学肥料的出现。19 世纪初瓦特发明蒸汽机，作为固定动力被用于带动脱粒机，继而成为田间移动作业动力，人们开始使用以矿物燃料或电力为动力的各种农业机械和装备。

(三)现代农业阶段(20 世纪中叶至今)阶段

现代农业建立在当代高新技术基础上，始于 20 世纪中叶的第三次科技革命。现代农业在农业机械普遍应用的基础上发展起来，而且与现代农艺技术相适应，具有集约化、高效化、精准化、工厂化、智能化、信息化和可持续发展等特征。

中华人民共和国成立以来，在党中央的领导下，我国农业农村发展呈现出翻天覆地的巨大变化，实现了举世瞩目的跨越发展。党的十八大以来，我国打赢脱贫攻坚战，资源节约型、环境友好型农业加快发展，农业可持续发展能力显著提高。2023 年，我国粮食产量达 6954 亿 kg，全国粮食单产 389.7 kg/亩(1 亩≈667 m^2，后同)，人均粮食产量 493 kg，全国已累计建成高标准农田 10 亿亩以上，农田灌溉用水有效利用率系数达到 0.58，实施测土配方施肥和水肥一体化等技术，有效降低农药和化肥的用量，主要农作物病虫害绿色防控面积覆盖率达 54.1%。全国农业机械总动力达到 11.1 亿 kW，拖拉机总数达到 2144.1 万台，联合收割机总数达到

173.1万台，全国农作物耕、种、收综合机械化率超过73%，良种覆盖率超过96%，我国设施种植面积达4270万亩，依托温室、大棚、垂直农场、智能农牧场、植物工厂等新模式，拓宽了农业发展新空间，推动肉蛋奶、蔬果、水产品等有效供给，有力提升了"大食物"供给水平。全国农业科技进步贡献率达63.2%，农业科技整体水平跨入世界第一方阵。物联网、大数据、人工智能、区块链等新一代信息技术与农业产业深度融合，数字农业、智慧农业已成为农业生产向现代化转型升级的重要驱动力，科技兴农、科技助农成为现代农业的主旋律。

二、中国农学思想

人们在长期利用自然、改造自然的过程中，对农业生产中的各种规律性问题加以归纳和总结，不仅产生各种指导农业生产的技术经验和农学思想，还可以抽象概括出更高层次的哲学思想。

（一）天、地、人、物和谐统一的生态系统思维

天、地、人"三才"理论是古代哲学的核心思想，反映到农学中，主要是研究天、地、人与动植物之间的关系，以及动植物与其生长环境、动植物相互之间的关系。我国古代在观测天体运动、星象变化、制定历法等方面都有独特的发明创造，特别是二十四节气的创造、七十二候的应用，为人们准确地掌握农时创造了极为有利的条件。《周髀算经》对八节二十四节气作了精辟的解释："二至者，寒暑之极；二分者，阴阳之和；四立者，生长收藏之始，是为八节。节三气，三而八之，故为二十四。"八节是二十四节气的骨架，冬至和夏至，是寒暑之极；春分和秋分，是阴阳之和（昼夜相等）；立春、立夏、立秋、立冬，是农作物生、长、收、藏之始。全年节气变化就和农作物的生长紧密地联系在一起，人们通过认识和掌握天时、节气的变化，从事相应的农事活动。

《周礼·土宜之法》中的"十有二土"和"十有二壤"之说，"土"指自然土壤；"壤"则指的是农业土壤，是具有不同肥力属性的土壤。汉代班固在《白虎通德论》中对土壤功能的论述非常深刻："地者易也，言养物怀任，交易变化。"土壤具有"养万物"的功能，而且是"交易变化"的场所，有取必有予，人们从土壤上收获了农产品，必须给以粪肥作为回报。《吕氏春秋·任地》中"地可使肥，又可使棘"，宋代"地久耕则耗论"和"地力常新论"，实质上都是关于正确处理用地与养地关系的论述。荀子称"天有其时，地有其财，人有其治"，认为在自然界面前，人们要努力配合自然的化育，不可单纯期望自然的赠予。在异地引种时要注意气候和土壤条件，元代的官撰农书《农桑辑要》提出了"有风土论，不唯风土论，重在发挥人的主观能动性"的主

张，推动了异地引种工作的开展。

《知本提纲》的“三宜用粪论”提出了“时宜”“地宜”和“物宜”的合理施肥经验，所谓“深耕细锄，厚加粪壤，勉致人工，以助地力”；《氾胜之书》中确立的作物栽培基本原则是：“凡耕之本，在于趣时、和土、务粪泽，早锄早获”；《吕氏春秋·审时》中说：“夫稼，为之者人也，生之者地也，养之者天也。是以人稼之容足，耨之容耨，据之容手。此之谓耕道”；其基本精神都是天地人物的和谐与统一，强调了人在农业生产中的重要性，也体现了栽培措施和耕具在提高农作物产量方面的重要性。耕具的不断改进，是提高农业生产力水平的重要保证，中国农业优良传统的形成，是与耕犁的不断创新密切相关的。精耕细作是农业综合技术体系的体现，以集约的土地利用方式为基础，同时以“三才”理论为指导。“三才”理论为精耕细作优良传统的形成和发展奠定了理论基础。

（二）万物循环生生不息的可持续思维

1. 作物轮作循环

中国是世界上最早实行作物轮作制度的国家之一，《吕氏春秋·任地》中有记载：“今兹美禾，来兹美麦”，人们很早就认识到在同一块土地上，采用谷麦轮作的方式来提高土地的利用效率。随着农业生产技术的进步以及社会经济的发展，为了最大限度地发挥土地潜力，充分利用自然资源，依据农作物生长的自然条件及特性，逐渐出现了“一年两熟”“两年三熟”等多熟制，“稻麦轮作”“禾豆轮作”“豆薯轮作”以及南方湿润地区发展出的“水旱轮作”模式，轮作制度呈现多样化。现代农业生产中，随着更多科学的管理方法和技术手段的投入，轮作制度得到发展和完善，如精准农业、遥感监测、物联网技术等现代信息技术的应用，使得轮作制度更加高效、环保，有效提高了作物产量和品质。

2. 土壤轮耕循环

土壤轮耕循环与作物轮作制度紧密相连，《周礼·稻人》中所说的“芟刈其禾，于下种麦”和“芟夷其麦，以其下种禾豆”，就是麦豆谷轮作复种的二年三熟制。小麦收获后，直接在麦茬地里掘穴点种豆类作物，既节省了人力成本，一定程度上又保持了土壤结构的完整性。待豆类作物成熟收获后再翻耕，以便种植黍、稷、粟等作物。翻耕不仅可以打破土壤板结层、增加土壤透气性和透水性、促进作物根系生长，还是控制杂草、减少虫害、提高产量的重要措施。北魏《齐民要术》中记载的摘种法，就是现代保护性耕作的雏形，在前茬作物收获后直接播种下一季作物，减少翻耕环节，其核心在于减少对土壤的扰动，有助于保护土壤结构，减少水分蒸发。

3. 用养循环

在土壤肥力管理方面的探索与实践，深刻体现了人与自然和谐共生、用养循环的理念。夏、商、西周时期进入“撂荒农作制”(耕作—撂荒)的高级阶段——熟荒农作制。《尔雅·释地》说:“田,一岁曰菑,二岁曰新田,三岁曰畲”,即土地连种2~3年然后撂荒,让土地自发恢复肥力。春秋及战国初期逐步向“土地连种制”转变,采用“深耕易耨”(《韩非子·解老》)、“多粪肥田”(《荀子·富国》)等养地措施,实现用地和养地相结合的良性循环。秦汉至隋唐的“轮作复种制”,人们采取“麦豆谷轮作”“绿肥轮作”等生物养地法,靠增积粪肥使土壤恢复地力。到宋、元、明、清时期,施肥理论更加细化和科学。《知本提纲》中提出“化土渐渍之法,必使余气相培”的论点,强调了施肥改良土壤、提高肥力,即“化土”,肥料又在土中释放养分供作物吸收,促进作物生长、提高产量。同时,作物经人畜食用排出,成为作物的营养物质——“余气”,腐烂之后又可作为肥料。作物、肥料和土壤之间形成循环和转化的关系。

轮作轮耕技术体现了用养结合的可持续生产理念,对维持生态平衡、提高农作物产量具有重要意义。同时,作为中国传统农业智慧的体现,为现代农业可持续发展奠定了基石。

(三)取其中道的尚中观念

《中庸》认为“执其两端用其中”,即从不同的对立面出发,做到无过无不及,恰到好处。同样,在我国古代农业生产实践中,无不贯彻“中庸”思想。尚中观念在中国农学思想天、地、人“三才”理论中有较好体现,人既不能忽视自然规律,也不能过度利用自然资源,诸如对土地的过度开垦或完全不加干预等任何极端行为,都会破坏生态平衡。因此,天、地、人三者之间的和谐,是农业可持续发展的关键。元代《王祯农书》“垦耕篇”中指出“顺天之时,因地之宜,存乎其人”;明代马一龙《农说》则指出“合天时、地脉、物性之宜,而无所差失,则事半而功倍矣”。尚中观念在农业中的应用体现在种植和收获的具体操作、农业政策的制定、技术的应用以及生态环境的保护等方面。“取其中道”的原则使农业得以在现代化的进程中保持其传统优势,同时与自然和谐共生。这不仅为农业生产中实现长期的生态平衡与可持续性提供了理论依据,也是确保农业与环境、经济、社会三者共存、协同发展的真正智慧。

尚中观念可以被视为对自然资源和环境管理的智慧和启示。生物与环境之间的平衡对于维持生态系统的功能至关重要。在农业生产中,采用合理的耕作方式和作物轮作来避免土壤退化,通过节水措施和水资源再利用来保证水资源的可持续性。生态学中强调,资源利用要适度,避免过度开发和利用,从而保证资源的可持续利用。理解和应用尚中观念能够帮助我们更好地管理自然资源,维护生态系统的可持续性,确保未来世代的生态福祉。

第三节 粮食安全

一、作物生产的发展概况

(一)全球作物生产发展概况

二维码 1-1
人口增长的历史与趋势

自20世纪中叶以来,全球人口迅猛发展(人口增长的历史与趋势见二维码1-1),使农业面临巨大的压力和动力。农产品需求的压力,使各国政府不得不致力于发展农业生产。1961年全球谷物(包括小麦、稻谷、玉米等)总产量为8.77亿t,2024年增长为28.54亿t,比1961年增加了2.25倍。产量的增加主要得益于单产的增加。单产的显著提高主要是由于农业科学技术的进步和农业生产条件的改善,如品种改良和育种技术的进步,增施肥料和施肥技术进步,扩大灌溉与节水技术、作物病虫草害防治技术和新技术的应用推广等。

近年来,全球粮食单产有所增加,但粮食播种面积和人均粮食产量均呈下降态势。根据联合国粮农组织《2024年统计年鉴》,饥饿问题仍未解决,2023年7.13亿～7.57亿人食物不足,比2019年增加了约1.52亿人。

(二)我国作物生产发展概况

中华人民共和国成立后,我国的作物生产取得了举世瞩目的成绩,扭转了粮、棉、油等主要农产品供给长期短缺的局面,实现了供求基本平衡。1949年全国粮食、棉花和油料产量分别只有1.13亿t、44.4万t和256万t,1960年分别为1.44亿t、106万t和194万t,1978年分别为3.05亿t、216.7万t和521.8万t,2010年达到5.59亿t、577.04万t和3156.77万t,2012年达到6.12亿t、660.80万t和3285.62万t,2020年达到6.69亿t、591.05万t和3586.40万t,2023年达到了6.95亿t、561.79万t、3863.66万t。我国粮食产量自2012年突破6亿t以后,近年来一直维持在6亿t以上并逐步提高(表1-1)。我国作物生产发展如此迅速得益于农业科技的进步和作物生产条件的改善,如作物品种的改良、间套作多熟制种植技术的发展、作物栽培科学的发展、病虫草鼠害防治技术的发展和机械及灌溉等生产条件的改善。

表 1-1　中国近年粮食生产情况统计

项　　目	2018 年	2019 年	2020 年	2021 年	2022 年	2023 年
粮食总产/($\times10^9$ kg)	658	664	669	683	687	695
粮食作物播种面积/($\times10^8$ hm^2)	1.17	1.16	1.17	1.18	1.18	1.18
粮食单位面积产量/($\times10^3$ kg/hm^2)	5.62	5.72	5.73	5.81	5.80	5.80

资料来源:2023 年中国统计年鉴。

二、粮食需求情况

一个成年人每年消耗粮食 360 kg 可达温饱水平。国际公认每年人均粮食 400 kg 为粮食安全线,500 kg 则为粮食“过关线”。随着人们生活水平的提高,动物食品消耗量逐渐增加,而大多数动物食品均是由粮食转化而来的,再加上粮食作为工业原料等因素,因此,给粮食供应造成越来越大的压力。人类食物营养与膳食指南见二维码 1-2。

二维码 1-2
人类食物营养与
膳食指南

(一)全球粮食需求现状与预测

从 2023 年全球人均粮食的占有状况来看,南北美洲人均粮食 625 kg,欧洲人均 570 kg,大洋洲人均超过 1000 kg,亚洲人均 493 kg,非洲人均 220 kg。各洲之间差异较大是由粮食增长与人口增长的不平衡引起的。

尽管减少长期饥饿的工作在 20 世纪 80 年代和 90 年代前期取得了巨大进展,但是饥饿人数在过去 20 年中仍然在缓慢地增长,全球 2023 年的饥饿人口已达到 7.33 亿人。全球营养不良人口大多生活在发展中国家,2023 年,亚太地区约有 3.71 亿人,撒哈拉以南的非洲地区约有 2.37 亿人,拉美和加勒比地区有 1.31 亿人,东南欧和非洲东北部地区有 4200 万人,而发达国家总计有 1500 万人。目前,全球因饥饿而死亡的人中非洲人占 3/4。饥饿人口近期增多并非全球粮食歉收所致,而是因为全球范围的经济危机导致了收入降低、失业率激增,联合国相关机构认为,经济危机降低了穷人对粮食的购买力。

近年来,国际粮食供需格局发生深刻变化。由于国际冲突、极端天气、许多发展中国家粮食生产水平相对较低,以及新冠肺炎疫情引发的经济衰退和粮食贸易供应链中断相互叠加等原因,全球粮食生产的不确定性大大增大,加剧了全球粮食供给体系的不稳定性和不确定性;受人口增加、生物燃料发展等因素影响,粮食需求将继续呈刚性增长;加上金融投机行为对粮食市场影响加大,粮价大幅度波动的可能性依然存在，全球粮食形势仍不容乐观。

如果不考虑农业资源减少和退化对粮食生产的不利影响，以及由饮食结构变化引起的粮食消耗膨胀，仅考虑人口增长对粮食的需求，那么到 2030 年全球人口达 85 亿时，需要较 2020 年增加粮食约 3.2 亿 t(按人均粮食 400 kg 计算)；到 2057 年人口预计突破 100 亿时，需要较 2020 年增加粮食约 9.2 亿 t。进入 21 世纪以来，全球粮食增长速度减缓，大多数专家都预测，今后单产的增长趋势将越来越缓慢，全球粮食安全面临新的挑战。因此，预计今后的粮食供求矛盾也将越来越尖锐。如果再考虑到环境污染、耕地减少和退化以及饮食结构变化等因素，那么全球粮食需求的矛盾就变得更为突出，粮食危机出现的可能性就越大。

(二)我国粮食需求现状与预测

我国是全球人口大国，也是粮食生产与消费大国。随着人口的增加、饮食结构的变化以及工业化、城市化及环境退化造成的农业资源减少，我国面临的粮食需求压力变得日益严峻。由于我国粮食供求关系将直接影响全球粮食市场，因此一些国内外学者甚至担心将来谁来养活中国人。

人均粮食占有量是衡量一国或地区粮食供给状况的重要指标，国际上通常认为人均粮食占有量达到 400 kg 以上就代表该国或地区粮食安全。中华人民共和国成立后，我国人均粮食占有量发生了很大变化，大致可分为 5 个阶段。第一个阶段是 1949—1958 年的快速增长阶段：由 209 kg 增加到 299.5 kg；第二个阶段是 1959—1977 年的滑坡恢复阶段：我国人均粮食占有量从 253 kg 降到 207 kg，之后逐步得到恢复和发展，1977 年为 298 kg；第三个阶段是 1978—1995 年的再次飞跃阶段：实行改革开放政策后，农业得到了全面发展，人均粮食占有量从 1978 年的 317 kg 迅速增长到 1984 年的 390 kg。第四个阶段是 1996—2009 年的维持徘徊阶段：1996 年我国人均粮食占有量首次突破 400 kg，达到 412 kg，1997—1999 年基本稳定在 400 kg 以上；2000—2009 年人均粮食占有量徘徊在 333～398 kg。第五个阶段是 2010 年至今的逐步上升阶段：从 2010 年开始至 2023 年，我国人均粮食占有量由 408 kg 增加到 493 kg。

2024 年，我国粮食总产量 7.06 亿 t，已连续迎来了 21 个丰收年。我国人均粮食占有量达到国际公认安全标准线的 1.25 倍。目前，我国人口发展进入了一个新的时期，呈现少子化、老龄化、区域人口增减分化等特征，但人口规模巨大是我国的基本国情，要进一步夯实国家粮食安全根基，确保谷物基本自给，口粮绝对安全。

三、粮食安全

(一)粮食安全的概念

1974 年 11 月联合国粮食及农业组织(FAO)第一次提出粮食安全的概念,当时的定义是“保证任何人在任何时候都能得到为生存和健康所需要的足够的食品”。1983 年 4 月 FAO 根据全球粮食的新情况,将上述定义修改为“粮食安全的最终目标应该是确保所有人在任何时候,既能买得到又能买得起他们所需的基本食品”。1996 年 11 月在第二次全球粮食首脑会议上,对粮食安全的内涵新表述为“只有当所有人在任何时候都能在物质上和经济上获得足够、安全和富有营养的粮食,来满足其积极和健康生活的膳食需求及食物爱好时,才实现了粮食安全”。粮食安全是一个国际性概念,是动态的和发展变化的,其内涵和外延与不同时期的国际经济情况相联系。

(二)全球粮食安全

据 FAO 统计,目前全球仍有相当数量的人口处于“粮食不安全”的状态之中。全球粮食不足的人口数量还有 7.33 亿人(2024 年全球粮食及农业统计年鉴)。按照全球千年发展目标衡量,目前全球粮食不足人口比例为 10.9%。由于人口增长、气候变化、全球工业化和城市化的快速推进、生物能源产业发展的威胁以及地区冲突和战争等诸多因素的影响,未来全球的粮食安全生产存在不确定性和形势的严峻性,粮食安全问题已成为全球面临的紧迫问题。

(三)我国粮食安全

在我国传统农业时期,粮食安全问题始终是一把悬剑。从公元前 108 年(西汉中期)到 1911 年,我国发生了 1828 次饥荒,平均每 0.9 年发生 1 次,发生频率大大高于全球其他国家和地区。我国传统农业时期形成以全球 9% 的耕地养活全球 20% 人口的局面,因此粮食安全问题始终是我国最重要的社会经济问题。

近年来,我国粮食生产连年丰收,国内已解决粮食生产和分配问题,国外也有足够的粮食生产和全球化市场。但是,我国人均耕地和农用水资源不足、农村劳动力下降、粮食总量虽然在安全线之内,但仍面临库存降低、价格上行压力增大、进口不确定性加大等挑战。粮食安全始终是我国农业永恒的主题与难题,我们始终要有粮食安全的危机意识。

四、粮食安全问题的解决途径

确保粮食安全,就是要确保所有人在任何时候既买得到又买得起他们所需的基本食品，这就要求确保全球生产足够数量的粮食，并能最大限度地供应，从而确保全球各国所有需要粮食的人都能获得粮食。由于各国自然资源和政治、社会、经济等条件差异悬殊，因此解决粮食安全的途径应该因地制宜，不能千篇一律。但控制人口增长速度，政府重视农业可以说是缺粮国家避免粮食不安全的最基本要求。农业发展依赖于完善农业政策、加大农业投入和发展农业科技 3 方面。具体到我国当前实际，显然已经采取了一些有效的措施，具体包括以下几方面。

（一）保护和合理利用农业资源

1. 耕地资源

2023 年中国统计年鉴的数据显示，我国耕地面积为 1.27 亿 hm^2，同期人均耕地面积为 0.09 hm^2。联合国规定了人均耕地的危险点为 0.053 hm^2/人，而我国目前已有近 1/3 的省区接近或低于这个危险点。预计今后几十年内，因工业化、城市化和交通网络建设而占用大量耕地仍将是一个不可避免的事实。因此，在强化耕地保护法制、建立农田保护政策的同时，开发开垦宜农荒地，减少耕地损失也是一项刻不容缓的任务。我国现有宜农荒地和沿海滩涂共 3.5×10^7 hm^2，其中约 40% 能用于发展粮食作物生产，开垦利用系数按 60% 计，可净得耕地约 8.0×10^6 hm^2。

除了耕地数量不足外，我国的耕地质量也不容乐观。调查显示，我国耕地高产田仅占耕地总面积的 31.24%，中低产田占 60% 以上，耕地质量平均等级不高；全国有 1.0×10^7 hm^2 耕地受工业"三废"危害，有 20 个省（自治区、直辖市）出现酸雨，污染农田面积为 1.5 亿亩。全国水土流失面积已高达 262.76 万 km^2，华北、西北、东北地区有 1.0×10^7 hm^2 耕地处于沙漠化边缘。因此，在确保耕地面积的同时，改造中低产田、开发高产田和保护生态环境也是保障农业持续发展的重要环节。

2. 水资源

我国是一个水资源紧缺的国家。全国人均水资源约为 2000 m^3（表 1-2），不到全球平均值的 1/4，尤其是北方地区人均水资源量不足 1000 m^3。

表 1-2 全国水资源变化情况

项　目	2018 年	2019 年	2020 年	2021 年	2022 年
水资源总量/亿 m^3	27462.5	29041.0	31605.2	29638.2	27088.1
人均水资源量/（m^3/人）	1957.7	2062.9	2239.8	2098.5	1918.2

资料来源：2023 年中国统计年鉴。

正常年份全国农业缺水 300 亿 m^3。随着人口的增长和城镇化、工业化与社会经济的不断发展，可供农业利用的水资源还将不断减少，农业缺水问题日益突出，已成为制约粮食生产的首要因素。据水利部、中国工程院等预测，在不增加灌溉用水的情况下，2030 年全国缺水量将高达 1300 亿～2600 亿 m^3，其中农业缺水达 500 亿～700 亿 m^3。

我国旱区面积约占总国土面积的 74%，而我国农业平均每年因旱成灾的面积达 2.3×10^8 hm^2。发展灌溉是旱区增加粮食生产和减少旱灾危害最有效的方法。我国灌溉水的利用效率仅为 40%，远低于全球先进水平。如能通过各种节水技术将水利用率提高到 80%，则至少可增加灌溉面积 2.4×10^7 hm^2。

（二）提高单位面积产量

提高单位面积产量包括提高复种指数和提高作物单产两方面。我国目前的复种指数为 156%左右，理论值为 198%，尚有 42%的潜力可挖。复种指数每提高 1%，可增加作物播种面积 1.27×10^6 hm^2。

在提高作物单产方面，要进一步发挥科学技术的增产潜力。我国每年有 6000 多项科技成果问世，但转化率只有 30%～40%，远落后于发达国家 60%～80%的水平。目前，全国粮食作物单产虽然高于全球平均水平，但与先进国家相比还有很大差距。因此，提高作物单产的潜力还相当巨大。提高作物单产的途径有很多，除了改造中低产田、开发高产田，提高灌溉水利用率、扩大灌溉面积和优化施肥技术等方面外，增加叶面积指数和收获指数、提高生物量、培育生态理想型植物、提高作物的光合作用效率、发展适用技术等都具有很大潜力。

（三）减少产后损失

来自国家粮食和物资储备局的数据显示，目前，我国粮食在收获、运输、加工、贮藏、销售、消费 6 个环节的总损失率为 18.1%，每年损失量达 350 亿 kg。例如，水稻收获各环节的损失率为：人工收获 1%～3%、联合机械化收获 3%～4%、搬运 2%～7%、脱粒 2%～5%、晒干 1%～5%、贮藏 2%～5%、碾米 2%～10%。粮食部门的统计数据显示，如果将收获至消费过程中的损失降至最低点，每年可节约粮食 2000 万 t。

（四）调整粮食发展战略

随着生活水平的提高和膳食结构的改变，人们对植物性食物的消费需求增长由快变慢，而对动物性食物的消费需求增长则由慢变快，对谷类和薯类的消费量有所下降。今后畜、禽、蛋、奶、鱼等动物性食品仍会保持较快的增长，因此饲料用粮、工业用粮等间接粮食消费量将大大增加，代替口粮消费的趋势也将继续。因此，粮食生产必须从传统的单一的粮食观念转变为多样化、营养化的食物观念，需要对种植业结构进行必要的调整，建立新型的作物种植制度，发展高产优质的饲料作物，提高粮食作物的综合利用效益。

（五）开发新的食物来源

微生物发酵可以生产大量的微生物蛋白，不仅可供人类直接食用，也可作为家畜、家禽的高蛋白饲料，这种微生物发酵产品被称为单细胞蛋白（SCP）。利用微生物发酵工业生产单细胞蛋白饲料，是国际科技界公认的解决蛋白质资源匮乏的重要途径。我国每年有农作物秸秆约 9 亿 t，据测算，假如其中 20%的秸秆即 1.8 亿 t 通过微生物发酵变为饲料，可获得相当于 0.72 亿 t 的饲料粮。微生物工厂生产是节约土地型的工业，一座占地不多的微生物工厂，年产 10 万 t 单细胞蛋白，相当于 12 万 hm^2 耕地生产的大豆蛋白或 2000 万 hm^2 草原饲养牛羊生产的动物蛋白。

另外，海洋是巨大的生物宝库，可加工成人类食物的近海领域自然生长的藻类植物，年产量相当于目前全球小麦总产量的 15 倍以上。海洋食物产品富含各种营养物质，种类齐全，极易被人体吸收，而且味道鲜美，是人类的优质食物。我国有 18000 km 的大陆海岸线，近海有丰富的资源，水深在 200 m 以内的大陆架至少有 1.47 亿 hm^2。因此，充分利用我国的浅海资源，发展农牧场化的海水养殖业，具有广阔的前景。

（六）立足自给，适当进口

我国用全球 9%的耕地、6%的淡水资源生产的粮食，养活了全球近 20%的人口。我国是一个人口大国，粮食必须立足于自给，但在此基础上，适当的进口也是缓解粮食紧缺的一个途径。2014 年以来，我国年粮食进口总量已经连续 10 年达到 1 亿 t 以上，中国正在成为全球第一大粮食进口国。

2022 年中国进口的粮食总量达到了 14687 万 t，其中，进口大豆 9108 万 t，如果按国内单产每亩 132 kg 计算，要种出进口的大豆需要增加 0.46 亿 hm^2 种植面积。如果我国自己生产这些大豆，就要挤占小麦或玉米等高产作物的同等种植面积。换而言之，进口大豆就是“进口土地”。2022 年中国粮食累计出口 322 万 t，其中，大豆累计出口 11 万 t，谷物累计出口 245 万 t。2023 年中国进口粮食 1.6 亿 t，其中，进口大豆 9941 万 t，进口的谷物达到了 5908 万 t（其中小麦 1210 万 t、大米 263 万 t、玉米 2713 万 t），如果我国农产品消费需求全部实现自给，还需要增加近 10 亿亩种植面积。

复习思考题

1. 农学的概念、地位与特点各是什么？
2. 论述中国农业发展历程及各阶段的特点。
3. 天、地、人“三才”理论的农学思想在农业生产中的应用具体有哪些体现？
4. 什么是粮食安全？试述我国粮食安全的现状以及解决途径。

第二章

种植业资源与农田生态系统

本章内容简介

作物生产的实质是通过作物的光合作用把太阳能转化为化学能，贮存在植物体中，供人类和动物消费。作物生产量的高低受到种植业资源和农田生态系统双重因素的制约。种植业资源是作物赖以生存和发展的物质基础；而维护农田生态系统平衡，是提高作物生产效率的关键。

学习目标

1. 了解我国自然资源现状及其分布特征。
2. 掌握环境（生态）因子与作物生长的关系。
3. 理解生态系统中的物质能量循环特点及其应用。

第一节　我国种植业资源及其特点

资源，泛指人类从事社会活动所需要的全部物质和能量基础。种植业资源是人类进行作物生产所需要的全部物质要素和信息，包括自然资源和社会资源两大类。

自然资源是指在一定的经济技术条件下，自然界中对人类有用的一切物质和能量，它是人类赖以生存的环境条件和社会经济发展的自然基础。自然资源分为可再生资源和非再生资源两类，前者指可以连续不断地或周期性地被生产、补充和更新的资源，如太阳辐射、水、风、土壤、热量和各种生物构成的资源等，后者指那些不可补充和更新，或者其补充和更新周期相对于人类经济活动而言非常漫长的资源，如煤、石油、天然气、铁矿等。

社会资源指人类从事作物生产所涉及的一切人工要素和物质基础，包括工业产品资源、人力资源、经济资源等。随着传统农业向现代农业转化进程的推进，科学技术和信息正成为日益重要的社会资源。

一、气候资源

我国幅员辽阔，地形复杂，南北跨越纬度近 50°，东西贯穿经度 60°。我国从南到北、从东到西，气候资源的水平差异大，从低海拔到高海拔气候资源垂直差异悬殊。因此，我国气候资源丰富、类型多样，丰富多样的气候资源蕴藏着巨大的农业生产潜力，为我国农、林、牧、渔业的综合发展提供了物质基础。但同时，由于我国大陆性季风气候明显，气候资源的季节变化和年际变化大，光、热、水资源在时间上和地域上匹配不尽合理，农业气象灾害频繁，影响了气候资源的利用效率。

（一）光资源

太阳辐射能是一切生命活动和有机物质形成的基本条件。光资源的充足程度及其利用效率直接决定了一个地区作物的基础产量。衡量光资源的三个指标为光质、光强和日照时长。

1. 光质

光质是指光谱成分，一般以辐射波长来表示。大气层对不同波长的光具有选择性吸收和散射作用，太阳辐射在穿越大气层时，不仅导致辐射强度的减弱，也引起光质的改变。光质在空间分布上表现出显著的差异性，在低纬度地区，短波光（如紫外线和蓝光）相对较多，这主要是因为较少的大气层厚度和较少的云层覆盖。而在高纬度地区，由于大气层较厚和更多的云层覆盖，长波光（如红光）比例增多。随着海拔的升高，大气层变薄，短波光的比例逐渐增多，这对于高山植物的光合作用和生长具有重要影响。光质随季节和时间的变化也非常显著，夏季短波光较多，冬季长波光较多；一天之内，中午短波光较多，早晚长波光较多。

2. 光强

光强即光照强度，是指单位时间内单位面积所接收到的太阳辐射总量，通常以 MJ/m^2（兆焦每平方米）来衡量。我国的太阳辐射资源十分丰富，大部分地区全年总辐射量为 3300～8300 MJ/m^2，6000 MJ/m^2 等值线从内蒙古自治区东部斜向西延伸至青藏高原东侧，将全国分为东低、西高两大部分。西半部，年辐射量在 6000～8300 MJ/m^2，呈现出南高北低的趋势，其中青藏高原东侧年辐射量超过

7000 MJ/m^2，属于全球年太阳辐射量的高值中心；东半部，年辐射量在 3300～6000 MJ/m^2，四川、贵州等地区的辐射量较低，年值通常小于 4000 MJ/m^2。

3. 日照时长

日照时长即一个地区在一年中接收到的总太阳直射时间，是影响该地区光照资源的重要指标。在中国，日照时长的分布呈现出明显的西多东少的地理特征，年日照时数在 1400～4700 h。在总辐射量较高的地区，如中国西部的青藏高原及其周边地区，日照时数普遍在 3000 h 以上，这些地区通常具有更少的云雾和较低的降水量，有利于太阳辐射的接收。在总辐射量较低的地区，如贵州、四川南部和广西西部等地，日照时数通常只有 1000 h 左右。这些地区经常受到云雨天气的影响，导致日照时间显著缩短。

(二)热量资源

热量是作物生长发育、产量和品质形成的关键因素，其主要度量单位是温度。温度的高低受多种因素影响，其中最主要的是太阳辐射能。太阳辐射能本身受到纬度、海拔和季节等因素的显著影响。一般来说，纬度每增加 1°或海拔上升 100 m，平均温度大约降低 0.5℃。我国幅员辽阔，南北纬度差异达到 50°左右，导致南方与北方在热量资源上存在显著差异。

衡量一个地区的热量资源，可用≥0℃积温、≥10℃积温、无霜期长短和特值温度(如年平均温度、最热月平均温度、最冷月平均温度)，这些指标反映了该地区热量资源的丰富程度和农作物生长的潜在条件。我国各地热量资源分布不均，如≥0℃积温在海南省的南端达 9000℃以上，而黑龙江省的北部不足 2000℃，长江中下游地区为 5000℃左右。西部地区由于复杂的地形影响，热量资源的分布改变了纬度的普遍规律，同时随海拔升高而减少。例如，在青藏高原，南部谷地≥10℃积温在 3000℃以上，而高原大部分地区介于 1700～2000℃，有些地方甚至不足 500℃。中国的热量资源丰富且多样，为种植各种类型的作物提供了广泛的气候条件。这些热量资源的合理利用是提高作物产量、改善品质和支持多样化种植制度的基础。

(三)水资源

水资源包括所有可以被自然更新、补充和持续利用的水源，主要来源于自然降水、地表水(如河流、湖泊)和地下水。农业依赖水资源进行灌溉、畜牧和水产养殖，水资源的充足与管理效率直接影响到粮食安全和农业可持续发展。一个地区的水资源状况经常以降水量、径流量和地下水埋深(指地下水水面至地面的距离)等来评价。

1. 降水

降水是地表水和地下水的主要补给来源，因此，降水量是决定一个地区水资源可用性的关键因素。全球平均年降水量约为 800 mm，亚洲为 740 mm。我国平均为 629 mm。我国年降水总量超过 6.0×10^{12} mm，但其时空分布极为不均匀。从时间分布来看，受东南暖湿气流的影响，夏半年的降水量远大于冬半年，夏秋季连续 4 个月的降水量可达全年的 60%～80%；年际间差异也很明显，年最大与最小降水量之比在东南部约为 2 倍，而在西北部可达 8 倍。从空间分布来看，我国年降水量的趋势是自东南沿海向西北内陆逐渐减少，其等值线大体上从东北向西南延伸。其中，年降水量 900 mm 的等值线相当于湿润度 1.0 的线(年降水量与年潜在蒸发量之比)——标志着半湿润和湿润地区的分界，这一线从淮河经过秦岭至横断山以东。位于此等值线以南以东的地区主要是水田农作区，占全国国土面积的 25%。而 400～900 mm 的降水量区域，湿润度介于 0.67～1.0 之间，属于半湿润地带，这里的农作物经常受到季节性干旱的影响，是我国主要的旱地农业区，占国土面积的 28%。在年降水量 250～400 mm 的区域，湿润度为 0.29～0.67，如内蒙古东部，属于半干旱的农牧交错带。在年降水量＜300 mm 的地区，无灌溉条件下几乎无法从事农业活动，这些地区占国土面积的 18%。而年降水量＜250 mm(湿润度＜0.29)的地区则属于干旱区，包括内蒙古西部和中国西北地区，约占国土面积的 29%。通常情况下，山区的降水量比平原地区丰富，迎风坡的降水量也多于背风坡。

2. 地表水和地下水

用于灌溉的水资源主要来自地表水和地下水。据统计，2023 年我国地表水资源量为 24633.5 亿 m^3，地下水资源量为 7807.1 亿 m^3，地下水与地表水资源不重复量为 1149.0 亿 m^3，居全球第六位，但人均水资源只有 1900 m^3，约为全球人均占有量的 1/4，全球排名第 121 位，被列为全球人均水资源贫乏的 13 个国家之一。我国每公顷耕地的水资源为 27200 m^3，而全球平均为 36000 m^3。因此，我国是一个水资源短缺的国家。

由于山区及丘陵地区的浅层地下水是枯水期地表水的主要补给源，因此，大部分地下水资源已经包括在河川径流量中。估计河川径流中有 71%源自降雨形成的地表径流，27%来自枯水期山区浅层地下水的回补，2%来自高山冰川及冰雪融水的补给。多年平均河川径流深与年降水量的分布趋势相似，均自东南向西北递减。在东南的高值区，年径流深达到 1800 mm，局部地区甚至超过 2000 mm；而在西北的低值区，年径流深通常在 10 mm 以下，并存在大面积的无流区。河川径流量年际间的变化也相当大，长江以南的河流年径流极值比(最大年径流量与最小年径流量之比)通常在5以下,而北方河流的比值则可达10以上。河川径流的年内分配相对集中,在长江以南及云贵高原以东的大部分地区,4—7月的径流量占全年的60%左右;长江以北地区6—9月的径流量占全年的80%～90%;西南地区6—9月或7—10月的径流量占全年的60%～70%。

3. 我国水资源的特点与问题

(1)水资源分布不均,差别很大。我国水资源的地域分布不均衡,呈现南多北少、东多西少的局面,与我国耕地分布状况极不相称(表2-1)。长江流域及其以南地区的水资源占全国总量的81%,然而该区域的耕地仅占全国的36%;而长江以北地区水资源,仅占全国的19%,耕地却占了64%。特别是北方的海河、辽河流域,仅占全国3.6%的水资源,负担着14.5%的人口和17.6%的耕地,人均和单位面积耕地平均水资源占有量均只相当于全国平均数的10%,成为全国水资源最为紧缺的地区。

表2-1　全国各流域人均水资源量与耕地平均水资源量比较

流域片名称		流域片占全国/%	水资源总量		占全国人口/%	占全国耕地/%	人均水量/m^3	666.7 m^2平均水量/m^3
			水资源量/亿 m^3	占全国/%				
	内陆河片	35.3	1303.9	4.6	2.1	5.8	6290	1470
北方五片	黑龙江流域	9.5	1351.8	4.8	5.1	13.0	2690	679
	辽河流域	3.6	576.7	2.1	4.7	6.7	1230	558
	海河流域	3.3	421.1	1.5	9.8	10.9	430	251
	黄河流域	8.3	743.6	2.6	8.2	12.7	912	382
	淮河流域	3.5	961.0	3.4	15.7	14.9	623	421
	合计	28.2	4054.2	14.4	43.5	58.2	938	454
南方四片	长江流域	19.0	9613.4	34.2	34.8	24.0	2760	2620
	珠江流域	6.1	4708.1	16.7	10.9	6.8	4300	4530
	浙闽台诸流域	2.5	2591.7	9.2	7.2	3.4	3590	4920
	西南诸河流域	8.9	5853.1	20.8	1.5	1.8	38400	21800
	合计	36.5	22766.3	81.0	54.4	36.0	4180	4130
	总计	100.0	28124.4	100.0	100.0	100.0	2230	1870

(2)水质恶化和地下水超采导致的水资源短缺问题日趋严重。由于防污和排污技术的落后,水资源污染造成的水资源短缺问题也十分突出。全国80%左右的污水未经过处理就直接排入水域,造成1/3以上的河段受到污染,90%以上城市水

域污染严重，近 50%的重点城镇水源地不符合饮用水标准，部分河段鱼虾绝迹，部分湖泊发生富营养化。

为缓和水资源的供求矛盾，许多地方过量开采地下水，导致地下水位迅速下降，形成所谓的“漏斗”状分布，全国已经形成了 56 个“漏斗区”。在沿海地区，地下水的过度开采还引发了海水入侵现象，导致耕地盐碱化，人畜饮水困难。另外，由于近年来工业的迅速发展和人民生活水平的提高，环境污染特别是水污染的问题有日益严重的趋势。

(3)农田灌溉水资源浪费现象十分严重。目前，全国农田灌溉大都用土渠输水，渠道水的利用系数为 0.5 左右，进入田间的水由于采用大水漫灌，又有近 1/2 被渗漏、蒸发了，真正被农作物利用的只是灌溉总水量的 1/3 左右。我国单方水的效益平均不到 1 kg 粮食，而不少国家利用现代的先进灌溉技术，单方水的效益均在 2 kg 粮食以上。

(四)光热水资源组合与农业气候区域形成

由于不同地区光热水资源的组合差异，在我国形成 3 个农业气候大区：东部季风农业气候大区、西北干旱农业气候大区和青藏高寒农业气候大区。

按温度及有关现象划分为寒温带、中温带、暖温带、北亚热带、中亚热带、南亚热带、边缘热带、中热带、赤道热带等 9 个温度带。按水文及有关现象划分为湿润、亚湿润、半干旱、干旱四类地区。按地形划分为 45 个自然区。我国综合自然区划各区特点详见二维码 2-1。

二维码 2-1 我国综合自然区划各区特点

二、土地资源

土地资源不仅是作物生产的场所，也是人类最基本和最重要的综合性自然资源。我国有 9.6×10^6 km^2 的疆土，约占全球陆地面积的 1/15，占亚洲面积的 1/4，面积仅次于俄罗斯和加拿大，居全球第三。但我国人口众多，截至 2024 年 8 月，中国的总人口约为 14.25 亿人，平均人口密度达到 148 人/km^2，超过全球平均人口密度的 3 倍。人均土地面积较少，土地资源压力极大。

(一)绝对数量大，人均占有量少

我国耕地面积约 1.28 亿 hm^2，大约占全国总面积的 13.3%，耕地总面积全球排名第三，仅次于美国和印度。然而，我国的人均耕地面积相对较低，全球平均人均耕地面积为 0.19 hm^2，而我国人均仅有 0.09 hm^2。全球人均草地面积平均为 0.60 hm^2，我国的人均草地面积仅为 0.40 hm^2。发达国家每公顷耕地平均负担

3～5人，发展中国家为10～15人，而中国为10～12人，显著高于全球平均水平，因此中国耕地资源压力巨大。

（二）类型多样、区域差异显著

我国地跨赤道带、热带、亚热带、暖温带、温带和寒温带，其中亚热带、暖温带、温带合计约占全国土地面积的71.7%，温度条件比较优越。从东到西又可分为湿润地区、半湿润地区、半干旱地区和干旱地区。地形条件复杂，山地、高原、丘陵、盆地和平原等各种地形交错分布，形成了多样复杂的土地资源类型。这种显著的区域差异为农业、林业、牧业、副业和渔业的综合发展提供了有利条件。

（三）难以开发利用和质量不高的土地比例较大

在我国国土总面积中，沙漠、戈壁、石质裸岩以及冰川与永久积雪等自然条件限制了土地的农林牧业利用。具体来说，沙漠占全国土地面积的7.4%，戈壁占5.9%，石质裸岩占4.8%，冰川与永久积雪占0.5%。加上居民点和道路占用的8.3%，共计约26.9%的国土面积不适合农林牧业开发。此外，在现有耕地中，涝洼地占4.0%，盐碱地占6.7%，水土流失地占6.7%，红壤低产地占12.0%，次生潜育性水稻土占6.7%，低产地合计占比36.1%，面积约0.36亿hm^2。在草场资源方面，年降水量在250 mm以下的荒漠和半荒漠草场面积为0.6亿hm^2，而青藏高原的高寒草场面积约为1.33亿hm^2，草质较差且产草量低。

（四）环境污染和污水灌溉导致土壤污染和破坏

土壤污染的污染源包括工业、生活、农业和交通四个方面。工业方面，随着乡镇企业的快速发展，大量污染物质通过废水、废气和固体废物排放进入环境。据统计，我国每年工业废水的排放量超过200亿t，固体废物的累计堆存量已超过65亿t，覆盖面积超过5万km^2。未经处理的城市生活垃圾占用了大量土地，对土壤和水体造成了严重污染。工业废气和烟尘所引发的酸雨也对土地构成了直接或间接的污染。农业方面，大量不合理使用的化肥和农药直接或间接污染了土壤，在一些水资源短缺的地区，未经处理的城市和工业废水被直接用于灌溉，形成所谓的“污灌区”，影响农作物的产量和质量，甚至通过食物链影响人体健康。此外，矿产开采和尾矿的不当堆积也对土地造成了严重的破坏。这些地区的土壤污染问题尤为严重，迫切需要采取有效的治理措施，以保护土壤资源和确保公共健康。

三、生物资源

生物资源，包括野生和人工培育的各种动植物，是生态系统的重要组成成分。随着科学技术的发展，生物资源很可能成为最重要的种植业资源之一。因此，保护生物资源、维护生物资源的多样性具有非常重要的意义。

我国地处欧亚大陆东南部，东南濒临太平洋，西北深处欧亚大陆腹地，西南与南亚次大陆接壤，幅员辽阔。地势西高东低，西南部有全球最高的青藏高原，山峦重叠，河流交错，湖泊众多，拥有渤海、黄海、东海及南海四大海域，南北相距 5500 km，地理位置跨越温带、亚热带和热带，地形、土壤及自然环境极为复杂多样，为多种生物提供了适宜的生存和繁衍环境。

中国的植物资源丰富，包括多种野生和栽培植物。据统计，中国有高等植物 300 多个科，2980 多个属和 32800 种。在野生植物方面，资源可以分为果树、药用植物、芳香油植物、油脂植物、纤维植物、淀粉植物和观赏植物等多个类别。特别是在中部和西部山区及其毗邻的低地，是一些全球农业和栽培植物的重要起源地。中国是许多栽培植物的发源地，共有 136 种植物起源于此，包括黍、稷、粟、稗、大麦、荞麦、大豆、红小豆、山药、苎麻、苘麻和紫云英等重要农作物。

四、社会资源

社会资源是指除自然资源以外的所有其他资源，包括工业产品、人力、财力、信息等。这些资源内容丰富，彼此之间的关系密切而复杂。社会资源在自然资源开发利用中具有决定性影响，是经济建设和社会发展的重要基础。优化社会资源配置、提高资源利用效率，对于实现经济的可持续发展至关重要。

随着社会经济活动的不断扩展和深入，社会资源的内涵也在持续深化和丰富。例如，在现代社会条件下，社会经济信息、经济活动场所的空间区位等因素，越来越被视为新的社会资源。我国虽然基础设施起点较低，发展基础薄弱，且地区发展不平衡，但社会资源仍有极大的开发潜力。因此，继续开发和利用这些资源，对平衡和促进全国各地区的均衡发展具有重要意义。

第二节　生态因子与作物生长的关系

作物生产与周围环境发生着密切关系。一方面作物从周围的环境中取得它生活所必需的物质以建造自身，并在同化环境的过程中，形成一系列内在的生长发育规律；另一方面作物对环境的变化也产生各种不同的反应和多种多样的适应性。因此，了解作物生长发育要求的环境条件，采取相应的技术措施和手段以调控作物的生长发育和产量形成，是实现优质、高产、高效作物生产的基础。

一、影响作物生长的生态因子

自然环境中影响生物生命活动的一切因子，均称为生态因子。农田生态因子配合度的高低对于作物生产的优质、高产和高效至关重要。

(一)生态因子的分类

环境为生物体提供必需的生活空间和条件，根据自然条件的不同，生态因子可划分为以下四类：

(1)气候生态因子 包括光照、温度、空气、水分、雷电等。

(2)土壤生态因子 涵盖土壤的结构、有机与无机物质含量以及土壤的物理和化学特性。

(3)地理地形生态因子 包括纬度、经度、海拔高度、坡度、坡向以及不同的地形如平原、高原、山地和丘陵等。

(4)生物生态因子 涉及农田中的其他生物体及人类活动的影响。

(二)生态因子的作用机制

生态因子在农业环境中的质量、性能和强度直接或间接地、主要或次要地影响作物生长，这些影响可能是有利的也可能是有害的。这些因子的作用在时间和空间上都不是固定不变的，根据不同的环境条件，它们的具体作用效果也会有所不同。

1.生态因子的综合作用

生态环境中的各个因子并不是孤立存在的，它们之间存在着紧密的联系和相互作用。任何单一因子的变化都可能引起其他因子的相应变化，从而影响整个生态系统。例如，光照强度的变化不仅影响空气温度和湿度，还可能引起土壤温度、湿度和蒸发率的变化。

2.主导因子的作用

在一定条件下，组成环境的所有生态因子中必有一个或两个起主导作用。主导因子包括两方面的含义：第一，当所有的因子在质和量两方面达到平衡时，某一因子的变化会引起作物全部生态关系的变化，这个因子称为主导因子；第二，某一因子的存在与否和数量变化，使作物的生长发育发生明显变化，这类因子称为主导因子。

3.生态因子间的不可替代性和可调节性

生态因子如光、热、水分、空气和无机盐等，对作物的作用虽然不完全相同，但每一个因子都是不可或缺的。缺少任何一个因子都可能导致作物生长失调，且这些因子之间无法相互完全替代。然而，在一定条件下，某些因子的不足可以通过增加或加强其他因子来调节补偿。

4. 生态因子作用的阶段性

作物对生态因子的需求是随生长阶段变化的。例如，低温在某些作物的春化阶段是必需的，但在生长后期则可能成为限制因素。

5. 生态因子的直接作用和间接作用

气候、土壤和生物因子对作物具有直接作用，它们直接调控作物的生长发育；而地理地形因子则具有间接作用，它本身对作物没有直接影响，但能通过改变气候和土壤条件间接影响作物。

二、作物生长与光照

光是作物生产的基本条件之一。绿色植物吸收太阳光能并通过光合作用将二氧化碳和水合成有机物质，把光能转变为贮存于有机物中的化学能，实现能量的吸收、转变和贮备。作物产量的 95%以上来自光合作用，而来自土壤中的无机盐部分则不足 5%。光通过光质、光照强度、日照长度三个特性影响作物的生长发育。

（一）光质与作物

1. 光质对作物光合作用的影响

不同波长光的光合作用机制见表 2-2。

太阳辐射光谱中，只有可见光区（400～760 nm）的光可被作物利用，即对作物光合作用有效的辐射光，这部分光长的光波称为光合有效辐射。光合有效辐射的能量占陆地太阳总辐射能的 45%～50%，这部分能量的 1%～5%可转变为生物化学能，其余大部分能量消耗于农田叶面蒸发和空气乱流的交换之中。

表 2-2　不同波长光的光合作用机制

波长范围/nm	光色	光合作用机制
700～1000	红光与红外线	能促进种子的萌发和茎的伸长
600～700	橙黄色	具有最大光合活性，光合作用主要的能源，促进叶肉质、根茎形成、开花、光周期过程等以最大速度完成
500～600	绿色	光合活性最小，略有造型作用，刺激茎延长、叶扩展、色素形成等

续表2-2

波长范围/nm	光色	光合作用机制
400～500	蓝紫色	是正常生长必需的，辐射效率比橙黄色光差2倍，叶绿素和叶黄素吸收最强，有造型作用，促进蛋白质合成。对作物的生长及幼芽的形成有很大作用，能抑制植株的伸长，使其形成矮粗的形态；蓝紫光是支配细胞分化最重要的光线，还影响作物的向光性
300～400	紫外线	对产量影响不大，但影响植物的化学成分，可提高组织中蛋白质及维生素含量，尤其对维生素E有重要作用，提高种子萌芽率，促进种子成熟。抑制作物体内某些激素的形成，因而也能抑制茎的伸长

2. 光质在农业生产中的应用

近年来，通过人工改变光质来促进作物生长的方法在农业上的应用越来越广泛，尤其是利用有色薄膜的技术。例如，浅蓝色薄膜育苗的秧苗及其根系都粗壮，移栽后的成活率快，分蘖发生得早且多，叶色浓绿。这些积极的变化主要归因于浅蓝色薄膜对光的特定筛选效果，它能有效地传递光合作用所需的400～760 nm波长的光。适当的光质调整可以显著影响植物的光合效率和生长表现，从而在现代农业生产中发挥重要作用。

(二)光照强度与作物生长发育的关系

1. 光照强度对作物生长发育的影响

光照强度在作物的生长和形态建成中起着至关重要的作用。光能不仅能促进细胞的增大和分化，从而推动作物体积的增长和重量的增加，还能促进组织和器官的分化，调节器官的生长发育速度，确保作物各器官和组织保持正常的比例关系。例如，叶绿素的形成和成熟需要一定强度的光照，如果光照不足，作物就会出现“黄化现象”，即由光强不足而导致的色素形成异常。

光照强度还对作物的发育产生显著影响。作物体内的养分积累是花芽分化的关键因素之一。在作物完成光周期诱导并开始花芽分化后，光照时间越长、强度越大，形成的有机物质越多，有助于花的发育。相反，光照不足或遮光会减少同化产物的生成，导致花芽形成减少，已经形成的花芽也会因体内养分不足而发育不良或提前死亡。在作物的开花结实期，强光照同样有利于果实和种子的成熟。充足的光照可以使籽粒更加饱满、粒重增加，从而提高作物的产量和品质。

2. 光照强度与作物的光合作用

光合作用强度通常用光合速率来表示。在理解作物对光照强度的需求时，光补偿点和光饱和点是两个关键的概念。光补偿点是光合速率与呼吸速率相等时的光照强度，此时净光合速率为零。在这一点上，作物通过光合作用产生的能量正好足以支撑其呼吸消耗，不会积累或损失碳。光补偿点是作物生长的最低光照需求标准，低于这个点，作物的生长将受到限制。当光照强度增加到一定程度，光合速率不再因光照强度的增加而提高的点称为光饱和点。在这一点或以上的光照强度下，作物的光合作用已经达到最大效率，进一步增加光照强度不会导致光合速率的提升。光饱和点反映了作物在最佳光照条件下的最大生产潜力(图 2-1)。

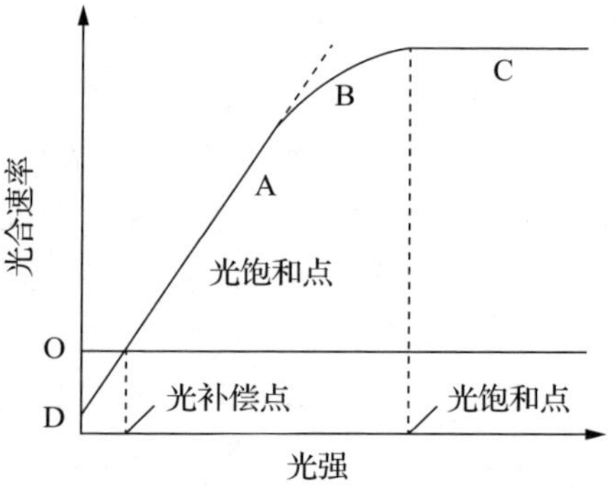

A，比例阶段；B，过渡阶段；C，饱和阶段；OD，呼吸速率

O：光补偿点(light compensation point)，此点表示光合作用的净速率为零。即此时光合作用产生的氧气量与呼吸作用消耗的氧气量相等。D：代表黑暗呼吸速率。在没有光照的情况下，植物仅进行呼吸作用，消耗氧气并释放二氧化碳，此时光合作用速率为负值。A：光合作用速率随着光强度的增加而线性增加的区域。在这一阶段，光强度是限制光合作用速率的主要因素，植物光合作用对光照反应较为敏感。B：光饱和点附近的拐点，表示光合作用速率开始趋于平稳。此点后光强度的增加对光合作用速率的影响逐渐减小，光合作用达到接近饱和状态。C：光饱和点(light saturation point)，表示光合作用速率达到最大值，此时进一步增加光强度对光合作用速率的提高效果有限，光合作用速率趋于平稳或略有下降

图 2-1　光合曲线模式图

(资料来源：曹卫星，2017)

(三)日照长度与作物生长

1. 作物的光周期现象及作物对光周期的反应

光周期现象是指许多作物在其发育过程中，需要特定长度的昼夜交替周期才能进行开花和结果等生理活动。这种对日照长度的依赖对作物的生长发育起着关

键作用,如开花、休眠、落叶以及地下贮藏器官的形成等都受到光周期的调节。根据作物对光周期的反应,可将作物分为长日照作物、短日照作物、日中性作物和定日照作物4种类型。

2. 光周期理论在生产中的应用

(1)引种 在作物引种时应特别注意作物开花对光周期的要求。一般来说,短日照作物由南方(短日照、高温)向北方(长日照、低温)引种时,由于北方生长季节内日照时数比南方长,气温比南方低,往往出现营养生长期延长,开花结实推迟的现象。所以北移作物必须在出苗后连续进行短日照处理;短日照作物由北方向南方引种,则往往出现营养生长期缩短、开花结实提前的现象。利用短日照作物的这种反应,将北方作物品种引到南方,用于夏季播种,争取多一茬收成。

(2)品质调节 作物的品质受光周期的影响。在地域分布上,纬度较高、日照较长、光照充足、温度适中的地区是高脂肪的大豆区,如我国东北大部、新疆北部、甘肃河西走廊和内蒙古西部一带;纬度较低、日照较短的我国南方地区大豆蛋白质含量则较高。

(3)控制花期 在现代花卉栽培中,通过调整光照时间来控制花卉的开花时间已经得到广泛应用。例如,通过遮光处理可以使短日照植物如菊花在夏季提前开花;相反,通过延长光照时间,可以促使长日照植物如杜鹃和山茶花提早开花。

(4)调节作物营养生长和生殖生长发育进程 日照长度不但影响长日照作物和短日照作物从营养生长向生殖生长过渡,而且影响作物营养器官和植株整体的形成。短日照条件下的大麦和小麦不能进入生殖阶段,却进行旺盛的分蘖。短日照有利于马铃薯形成大的块茎,使经济产量提高。我国华南生产的黄麻及红麻被引种到北方种植,不仅提高了产量,麻纤维的质量也相应提高。

(5)育种 利用光周期控制也对育种有重要作用。例如,北方的甘薯在自然条件下不能开花结实,可以通过短日照处理使其正常开花结实,进行杂交育种。此外,利用南繁北育的策略,可以在一年内进行多代作物的快速繁殖,如在海南岛种植短日照作物,而在黑龙江和云南种植长日照作物,以满足其对光照和温度的不同需求。

三、作物生长与温度

(一)温度对作物生长发育的影响

1. 作物生长发育的"三基点"温度

温度是作物生活的重要条件之一。作物生长发育需要一定的热量,只有在适宜的温度范围内，作物的生理活动和生化反应才能顺利进行。作物在生长发育过程中，对温度的要求一般有最适点、最低点和最高点三个指标，称为温度三基点。图 2-2 为作物对温度的适应范围。在最适温度范围内，作物生长发育良好。超出作物正常生长的最高、最低点的温度范围后，作物生长发育停滞，并开始出现危害，甚至死亡。

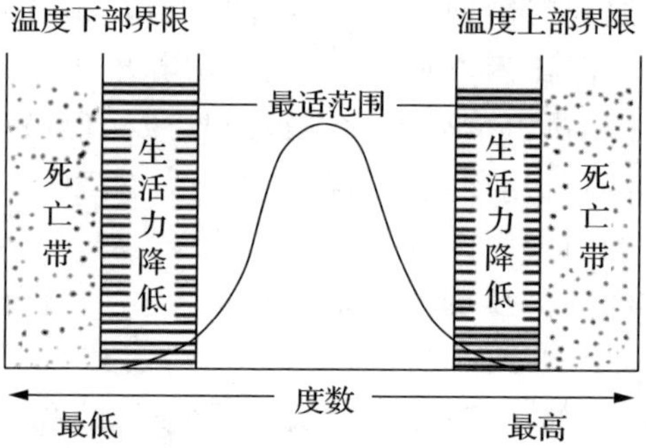

图 2-2 作物对温度的适应范围

（资料来源：董钻，2018）

作物的三基点温度有如下特征：①不同作物的三基点温度不同（表 2-3）；②同一作物不同生育时期所要求的三基点温度不同，一般作物种子萌发的温度常低于营养器官生长的温度，而后者又低于生殖器官发育的温度；③一般最适温度比较接近于最高温度，而离最低温度较远；④最高温度一般不很高，也就是说高温危害比较少。相反，低温造成的危害却比较多。

表 2-3 一些作物生理活动的基本温度范围 ℃

作物	最低温度	最适温度	最高温度
水稻	10～12	30	38～42
小麦	3～4.5	25	30～32
玉米	8～10	32	40～44
棉花	12～14	30	40～45
烟草	13～14	28	35
黑麦	1～2	25	30
大麦	3～4.5	20	28～30
燕麦	4～5	25	30
豌豆	1～2	20	30

续表2-3

作物	最低温度	最适温度	最高温度
蚕豆	4～5	35	30
甜菜	4～5	28	28～30
油菜	3～5	20	28～30

资料来源：董钻，2018。

作物在其生长发育的不同阶段对温度的需求和敏感性有明显的差异。温度三基点理论(即最低、最适和最高温度)对于理解和管理作物生长尤其重要。在关键发育期，如性细胞的减数分裂和开花期，作物对温度的敏感性达到高峰。例如，水稻在抽穗扬花期的最低温度需求为18℃，最适温度为30℃，而最高温度大约为38℃。如果在这一关键时期遇到低于18℃的温度，水稻的花粉发育可能受阻，导致产生大量不孕花，进而严重影响产量。

此外，通过应用温度三基点理论，农业生产中也采用了多种技术以适应和利用温度条件。例如，棉花的育苗和移栽时期的调整可以使生育期提前，利用夏季较高的温度来增加生长期，从而提高作物的产量。旱地作物的秸秆覆盖技术则通过调节土壤温度和保持土壤水分来促进作物的生长，这同样有助于增加产量。这些实践表明，合理管理作物对温度的需求是提高农业生产效率和作物产量的关键因素。

二维码2-2
温度三基点的应用

温度三基点的应用详见二维码内容2-2。

2. 积温

积温是农业中一个关键的概念，它衡量了作物在一定温度条件下积累的热量总量，对于预测作物的生长发育、生产安排以及产量估计至关重要。通常，积温是指作物在整个生育期或某一特定发育阶段内，日夜温度之和超过某一基准温度的总和。这个基准温度通常因作物种类和品种的不同而有所差异(表2-4)。

表2-4　一些作物生理活动的基本温度范围

作物类型	基准温度/℃	积温的应用
小麦	5～10	预测生育期长短，确定最佳播种和收获时间，估算产量
水稻	10～15	监控生长进度，安排移栽和收获期，指导水肥管理
玉米	10	估算播种后的出苗时间，确定最佳收获期，调整种植计划
棉花	12	指导育苗和移栽，预测开花和吐絮期，优化灌溉施肥管理

续表2-4

作物类型	基准温度/℃	积温的应用
大豆	10	预测开花和成熟时间,安排田间管理,估算产量
马铃薯	7～8	监控出苗期和块茎膨大期,优化田间管理,预估收获期
番茄	10	调整育苗和移栽时间,预测开花和结果期,指导温室生产
甜菜	5～8	监控幼苗期至收获期的生长情况,优化灌溉与施肥管理
烟草	10～15	预测移栽期和成熟期,指导田间管理,优化采收时间
葡萄	10	预测萌芽期、开花期和成熟期,安排合理的修剪和采收时间
苹果	5	估算萌芽期、开花期和成熟时间,调整果园管理策略
油菜	5～8	预测出苗期和开花期,指导施肥和灌溉,安排收获期
向日葵	8～10	监控生长进度,指导播种和收获,优化肥水管理
豌豆	5～8	预测开花和成熟时间,指导田间管理,优化采收时间
高粱	10	估算生长周期,调整播种和收获时间,优化田间管理
草莓	7～10	指导育苗和移栽时间,预测开花和结果期,优化温室生产

资料来源:董钻,2018。

积温可分为有效积温和活动积温2种类型。①有效积温通常指作物全生育期或某一阶段内,累计超过基准温度(例如10℃)的总和。②活动积温则更侧重于特定活动或生长阶段的热量累积。例如,棉花的不同成熟品种对积温的需求不同:早熟品种需要的有效积温是2600～2900℃,中熟品种则需要3400～3600℃,而迟熟品种则需要达到4000℃以上。

在实际农业生产中,积温的概念有以下重要应用:①制定农业气候区划。积温是衡量一个地区热量资源的有效方法,因此可以作为制定农业气候区划的依据之一。根据不同地区的积温情况,合理安排作物的种植时间,制定适宜的栽培制度和复种指数。②安排作物的播种期。了解作物品种所需的积温后,可以根据当地气温情况确定安全播种期,这有助于避免因气温不足或过度而影响作物的生长和产量。③预测作物产量。利用作物所需的积温和当地长期气温预报资料,可以对当年作物的产量进行预测,这有助于农民和农业管理者及早采取措施,应对可能的丰产年、平产年或欠产年。④估计作物生长速度和生育时期。根据植株的长势和气温预报资料,可以估计作物的生育速度和各生育时期到来的时间,这有助于及时安排农事活动,如施肥、灌溉和病虫害防治等。

3. 无霜期

无霜期是指某地春季最后一次霜冻到秋季最早一次霜冻出现的时间，是满足作物生长安全温度的指标。其长短主要受气候条件的影响，也是衡量热量资源的重要指标之一。无霜期的长短对作物的选择、种植布局和种植制度的确定都有重要影响。在无霜期内，各种作物能够正常生长，而在无霜期以外，由于温度较低，并经常出现霜冻，喜温作物会受到冻害。

(二)温度逆境对作物的危害及预防措施

1. 低温的危害及预防

(1)低温的危害　生产上低温对作物的危害主要有冷害和冻害两种。

①冷害。又称为寒害，指作物遇到零度以上低温，生命活动受到损伤的现象，称为冷害。冷害的作用机理主要是水分平衡的失调。低温时，根系吸水力降低，蒸腾减弱，导致水分平衡失调，从而破坏了酶促反应的平衡，扰乱了正常的物质代谢，使植株受害。

②冻害。指作物在低于零度的低温时，组织体内发生冰冻而引起的危害。冻害的作用机制有以下两种情况。A. 细胞间隙结冰：当气温逐渐降低到冰点以下时，引起细胞间隙中的水分结冰。细胞间隙中的水液比细胞液浓度低，导致细胞内水分外渗，冰晶范围扩大，对细胞产生机械挤压，同时细胞严重脱水，原生质浓度增大，内部有毒物质(如酸、酚类等)浓度提高，使原生质发生变性，细胞受到危害。细胞的死活取决于解冻过程的情况。如果气温缓慢回升，冰晶融化的水分能被细胞重新吸收，细胞可恢复正常；若气温突然升高，解冻太快，冰晶融化的水分没有及时被细胞吸收，流失到体外，造成作物组织缺水，从而枯萎。B. 细胞内结冰：当气温突然下降，细胞内水分来不及渗透到细胞间隙，也可能在细胞内直接结冰，使原生质结构遭到破坏，引起细胞死亡。

(2)低温危害的预防　采用抗寒的农业措施，主要从以下方面入手。

①提高作物自身抗寒性，培育抗寒品种。

②栽培管理措施。培育稳健生长的壮苗是栽培抗寒的关键措施。秋冬季作物可以适时早播，促进根系发育，累积较多的营养物质，增强抗寒能力；春播作物则采用育苗培育壮苗移栽的方法。此外，适宜的播种深度、施用有机肥、磷钾肥等，都可增强作物的抗寒性。早春气候变化较为剧烈，如遇晚霜，容易受冻，可采取熏烟、灌水等措施来防止受害。

③改善田间气候。田间可以通过设置风屏、覆盖等方式，改变作物小气候，避免低温侵害。稻秧在寒冷来临时，采用灌水防冻护秧。气温回升后，呼吸耗氧增

多,要及时排水。

2. 高温的危害及预防

(1)高温对作物的危害　可以分为直接危害和间接危害。

①直接危害。高温使蛋白质凝固,失去其原有的生物学特性,另外,高温使细胞生物膜结构遭到破坏,膜中的类脂物质游离出来,造成细胞死亡。

②间接危害。高温促进蒸腾作用,破坏水分平衡,使植物萎蔫干枯;高温还阻碍作物体内含氮化合物的合成,导致体内易积累氨及其他含氮的有害中间代谢产物,造成作物中毒。

(2)高温危害的预防　对高温危害的预防,可以采取以下措施。

①增强作物的抗热性,培育抗热新品种。

②通过改善作物环境中的温度条件,如营造防护林带、增加灌溉、调节小气候等来减少高温对作物的危害。

③调整播期:将作物对高温最敏感的时期(如开花受精期)与该地区的高温期错开,预防高温危害。

极端天气对作物的影响及解决措施详见二维码 2-3。

二维码 2-3
极端天气对作物的影响及解决措施

四、作物生长与水分

水分是生物存在最重要的生态因子,水分的多少在很大程度上决定了作物的分布和种植制度,也是当今全球作物产量进一步提高的重要限制因素。

(一)水分对作物的生理生态作用

(1)水是细胞原生质的重要组成部分。原生质含水量在 70%～80%才能保持代谢活动正常进行。一般植物组织含水量占鲜重的 75%～90%,水生植物含水量可达 95%。

(2)水是代谢过程的重要物质。水分是绿色植物进行光合作用的基本原料之一。在呼吸作用以及许多有机物质的合成和分解过程中都有水分子参与。

(3)水是各种生理生化反应和运输物质的介质。植物体内的各种生理生化过程,如矿质元素的吸收、运输、气体交换,光合产物的合成、转化和运输以及信号物质的传导都需要以水为介质。

(4)水分是支撑整个植物体的主要因素之一。作物细胞吸足了水分,才能保持膨胀状态,使作物保持固有的姿态,枝叶挺立,花朵开放,根系得以伸展。

(5)水分存在是植株蒸腾作用的必要条件。

(6)水还可以通过水的理化性质调节植物周围的环境,如增加大气湿度,改善土壤及土壤表面大气的温度，提高肥料效率等。

(二)作物需水量和需水临界期

1. 作物需水量

作物的需水量通常用蒸腾系数表示。蒸腾系数是指作物每形成 1 g 干物质所消耗水分的克数。表 2-5 是几种作物的蒸腾系数。作物的蒸腾系数不是固定不变的，同一作物不同品种的需水量不一样，同一品种在不同的条件下种植，需水量也各异。

表 2-5　几种作物的蒸腾系数

作物	粟、黍、高粱	玉米、大麦、棉花	小麦、马铃薯、甜菜	黑麦、蚕豆、豌豆
蒸腾系数	200～400	300～600	400～600	400～800
作物	荞麦、向日葵、豇豆	燕麦、水稻	大豆、苜蓿、苕子	油菜、亚麻
蒸腾系数	500～600	500～800	600～900	700～900

资料来源：曹卫星，2001。

作物一生中对水分的需要量以中期最大，前期和后期相对较少，原因是中期生长旺盛，需水较多。影响作物需水量的主要因素是气象条件。大气干燥、气温高、风速大，蒸腾作用强，作物需水量多，反之需水量少。

2. 作物的需水临界期

作物全生育期中对水分缺乏最敏感，最容易受危害的时期称为作物的需水临界期。一般而言，任何生育时期遭受较为严重的干旱均会使作物减产，但不同时期干旱减产幅度并不相同。同样，不同时期供水，作物的增产程度也不相同，这是作物不同发育阶段对干旱的敏感性不同所造成的。例如，棉花各生育阶段对干旱的敏感程度顺序为：开花和结桃期＞早期生长阶段＞结桃后。通常，作物需水临界期是花粉母细胞四分体形成期，此时缺水会导致性器官发育不良，严重影响产量。

作物需水临界期缺水对产量的影响非常大，在水分临界期可通过适量的灌溉对作物生长发育和产量进行调节。不同作物由于其生长发育习性、栽培用途等方面的不同，需水临界期也不相同。如，小麦的需水临界期是孕穗期，在此时期，植株体内代谢旺盛，细胞液浓度低，吸水能力小，抗旱能力弱。如果缺水，幼穗分化、授粉、受精、胚胎发育均受阻碍，最后造成减产。表 2-6 是几种作物的需水临界期。

表 2-6 几种作物的需水临界期

作物	需水临界期	作物	需水临界期
小麦、大麦、燕麦、黑麦	孕穗、开花期	水稻	抽穗开花期
玉米	大喇叭口，吐丝期	高粱、糜子	抽穗至灌浆
豆类、荞麦、花生、油菜	开花期	棉花	花铃期
瓜类	开花，结实	马铃薯	开花，块茎形成
向日葵	葵盘的形成至灌浆	番茄	开花，果实形成

资料来源：曹卫星，2001。

(三)水分逆境对作物的影响及作物的抗性

1. 干旱对作物的影响及作物的抗旱性

作物种子的萌发、生长、发育及产量、品质形成过程需要一定的土壤水分。当水分低到不能满足作物的正常生命活动时，便出现干旱。作物遇到的干旱有大气干旱和土壤干旱两类。大气干旱是指空气过度干燥，相对湿度低到20%以下的干旱。大气干旱伴随着高温，使作物的蒸腾大于水分的吸收，从而破坏体内水分平衡。土壤干旱是指土壤中缺乏作物可利用的有效水分而造成的干旱，土壤干旱对作物危害极大。

作物一生中不同生长阶段对水分缺乏的敏感程度和反应不同。①种子萌发和幼苗建成阶段：在这个阶段，虽然有部分种子能够忍受一定程度的脱水并能长时间贮存，但一旦根系形成，组织开始液泡化后，植物对脱水的敏感性增加。②营养生长阶段：在中度水分胁迫下，作物的营养生长和叶片扩展会受到抑制，植株的整体生长速度减慢。③生殖生长阶段：这是作物对水分缺乏最为敏感的阶段。在这一阶段，水分胁迫可能严重影响作物的开花、授粉、果实发育和最终的产量。

(1)干旱对作物的影响　①降低作物的各种生理过程。干旱时，气孔关闭，减弱了蒸腾降温作用，引起叶温的升高，使光合作用减弱并扰乱氮素和脂类的代谢，从而损伤细胞膜。当叶片失水过多时，使原生质脱水，叶绿体受损和气孔关闭，从而抑制光合作用，同时抑制叶绿素的形成。②影响作物产量及品质。水分供应不足，呼吸增强，光合减弱，物质合成减少，物质贮藏和转运能力下降，严重阻碍作物产量的形成。

(2)作物的抗旱性　表现在3个方面：①一般栽培作物具有一定的旱生结构，如形成庞大的根系或深入土壤深层。②干旱时由于运动细胞先失水、体积缩小而使小叶卷曲；③三是原生质黏性和弹性较高等。作物种类不同，抗旱性不同，糜子(黍、稷)、谷子、高粱等抗旱性较强,甘薯、小麦次之,棉花、甜菜抗性较差;同一作物种类的不同品种之间,抗旱能力也有差异。

(3)抗旱农艺措施　①抗旱锻炼。生产中常采用蹲苗来提高作物的抗旱能力。所谓蹲苗,就是在作物苗期减少水分供应,使之经受适度缺水的锻炼,促使根系发达下扎,根冠比增大,叶绿素含量增多,光合作用旺盛,干物质积累加快。经过锻炼的作物如再次碰上干旱,植株体内保水能力增强,抗旱能力显著增加。②肥料调控。通过增施磷、钾肥来提高植株的抗旱性。磷、钾肥能促进蛋白质的合成,提高胶体的水合度;改善作物的碳水化合物代谢,增加原生质的含水量;促进作物根系发育,提高作物吸收能力。多施有机肥能增加土壤中腐殖质的含量,从而有利于增强土壤的持水能力。

2.涝害对作物的影响及作物的抗涝性

(1)涝害对作物的影响　田间水分过多对作物构成的危害称为涝害。田间水分过多一般有两种程度,一种是指土壤水分处于饱和状态,根系完全生长在沼泽化的泥浆中,这种涝害也叫湿害;另一种是指水分不但充满土壤,而且田间大量积水,作物的局部或整株被淹没,造成涝害。湿害和涝害使作物处于缺氧的环境,严重影响作物的生长发育,直接影响产量和产品质量。

(2)涝害的生理机制　①作物生长停滞。涝害导致作物根系缺氧,抑制了有氧呼吸,阻止水分和矿物元素的吸收。植株生长矮小,叶黄化,根尖变黑,叶柄偏上生长。缺氧对亚细胞结构也产生深刻的影响,如水稻根细胞在缺氧时线粒体发育不良。②生理代谢损害。作物在淹水情况下,首先是光合作用的抑制,其次是各种生理活动发生变化,有氧呼吸衰退,无氧呼吸增加,使呼吸基质消耗殆尽,植物呼吸便停止而死亡。无氧呼吸所产生的酒精在作物体内积累,对作物细胞也有毒害作用。

土壤水分过多还会影响作物的品质,如使烟叶中尼古丁和柠檬酸的含量都降低,品质变劣。

(3)作物对涝害的生态适应　作物对于水分过多引起的土壤缺氧有一定的适应性。如果是逐步淹水引起土壤中的氧慢慢下降,植物根系也随之木质化。这种木质化的细胞吸收养分和水分比较困难,所以木质化了的根对土壤还原物有较强的抗性,耐湿性增强。

不同作物的耐涝能力确实存在显著差异,这些差异不仅体现在不同作物之间,也体现在同一作物的不同生育期。

不同作物间的耐涝能力差异:①对陆生喜湿作物而言,芋头比甘薯更抗涝,芋头因其生长习性和生理结构,更能适应高湿环境,而甘薯则相对耐涝能力较弱。②对旱生作物而言,油菜的耐涝能力比马铃薯和番茄更强;而荞麦的耐涝能力则优于胡萝卜和紫云英。③对水稻品种而言，籼稻的耐涝能力强于糯稻，而糯稻又强于粳稻。不同品种的水稻在遭遇涝害时，籼稻表现出更强的适应性。

同一作物不同生育期的耐涝能力差异：水稻在不同生育期对涝害的敏感程度不同。幼穗形成期到孕穗中期是水稻最易受涝害的阶段，此时如地上部分淹水，会严重破坏花粉母细胞的发育，导致颖花与枝梗退化，形成大量空瘪籽粒。相比之下，其他生育时期如幼苗期和成熟期对涝害的敏感性较低。

这些差异表明，针对不同作物和不同生育期采取适宜的管理措施，可以有效减轻涝害对农作物的影响，从而提高作物的产量和质量。

作物抗涝性的强弱取决于地上部分向根系供氧能力的大小，是决定抗涝性的主要因素。如果具有发达的通气系统，地上部吸收的氧气可通过胞间空隙系统输送到根或者缺氧部位。水稻之所以能在较长期的淹水条件下生长，就是由于水稻根表皮下有显著木质化的厚壁细胞，而且具有从叶向根输送氧气的通气组织，使根系不断地取得氧气。

(4)抗涝农艺措施　防御湿害和涝害的中心是治水，首先要因地制宜地搞好农田排灌设施，加速排除地面水，降低地下水和耕层滞水，保证土壤水气协调，以利于作物正常生长和发育。同时，采取开沟、增施有机肥料以及田间松土通气等综合措施，也能有效地改善水、肥、气、热状况，增强作物的耐湿抗涝能力。

五、作物生长与空气

(一)空气成分及其对作物的生态作用

大气是由多种气体组成的混合气体，它的主要成分为 O_2、N_2、CO_2 和水。按体积计算，在标准状态下，N_2 约占 78%，O_2 约占 21%，CO_2 约占 0.03%，其他气体约占 0.97%。在这些气体成分中，CO_2 影响着作物的光合作用，O_2 影响作物的呼吸作用，N_2 影响豆科作物的根瘤菌固氮，SO_2 等有毒气体造成大气污染而直接或间接地影响作物的产量和品质。大气中的 CO_2 含量虽然不高，作用却相当突出，是光合作用的主要原料之一。

1. 二氧化碳对作物的生态作用

作为光合作用的主要原料之一，CO_2 的浓度直接影响光合作用的光合速率。与光强-光合曲线相似，CO_2-光合曲线也存在比例阶段和饱和阶段(图 2-3)，光合速率随 CO_2 浓度提高而增加，当光合速率与呼吸速率相等时，此时的 CO_2 浓度即为 CO_2 补偿点，当 CO_2 浓度达到一定水平时，光合速率达到最大值，此时的 CO_2 浓度称为 CO_2 饱和点。

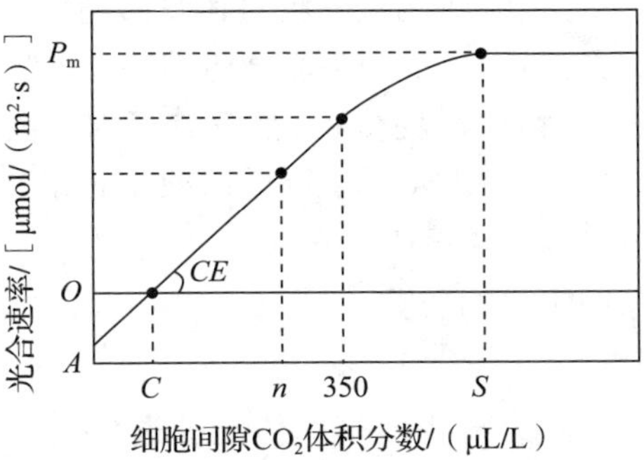

A：光补偿点(CO_2 补偿点)，是指光合速率与呼吸速率相等的点，即光合作用产生的氧气刚好被呼吸作用消耗，净光合速率为零。C：CO_2 补偿点，指在该点上，光合速率等于呼吸速率，净二氧化碳吸收量为零。O：光合作用开始增加的起点，通常是在低 CO_2 浓度下。n：在某一特定 CO_2 浓度下的光合速率。350：通常指常见的 CO_2 浓度(如 350 μL/L)，用于代表环境中的正常 CO_2 水平。S：CO_2 饱和点，指在该点之后，进一步增加 CO_2 浓度对光合速率的提高作用变得非常有限，光合速率趋于稳定。P_m：最大光合速率，指在高 CO_2 浓度下植物能够达到的最大光合速率。CE：光合效率或 CO_2 效应系数，表示单位 CO_2 浓度增加所引起的光合速率的增加幅度。

图 2-3　CO_2-光合曲线模式图

(资料来源：曹卫星，2001)

当前全球 CO_2 浓度呈现持续上升的趋势，CO_2 含量的富集将促进作物增产，从而缓和全球粮食短缺的状况。但是，也有专家认为事情并不那么乐观。由于提高 CO_2 浓度可以促使某些作物增加产量，于是就出现了 CO_2 施肥的问题。迄今为止，CO_2 施肥多半还是在温室中或在塑料薄膜保护下进行的。目前推广 CO_2 施肥还有很大的难处。首先，每生产 1 kg 干物质大约要消耗 15 kg CO_2，用量大，体积更大，特别是以气体状态存在，流动性也大，应用起来比较困难；其次，不论利用干冰或液化石油气燃烧来生成 CO_2，价格都很昂贵，成本过高，难以推广。提高 CO_2 浓度比较现实的措施是增施有机肥。有机肥施入土壤后，能增加土壤中好氧细菌的数量，并增强其活力，释放出更多的 CO_2。

2. 氧气对作物的生态作用

呼吸作用是指有机物在细胞内经过一系列的氧化分解，生成 CO_2 或其他产物释放能量并生成 ATP 的过程，它为生命过程提供能量。作物的呼吸作用根据是否需要氧气，分为有氧呼吸与无氧呼吸两种形式，其中有氧呼吸是作物呼吸作用的主要形式。

O_2 供应状况直接影响作物呼吸速率与呼吸性质。O_2 不足不仅使呼吸速率下降，还会使无氧呼吸升高。短时间无氧呼吸对作物影响不大，长时间无氧呼吸会使作物死亡。原因有3个方面：一是无氧呼吸产生酒精，引起原生质蛋白质变性；二是无氧呼吸产生的能量少，物质消耗多；三是没有丙酮酸氧化过程，许多中间产物不能合成。作物受涝死亡，就是由于无氧呼吸时间太长了。O_2 浓度也并非越多越好，过高的 O_2 浓度对作物反而有毒。

（二）大气环境对作物生产的影响

1. 温室效应

温室效应是指大气层中的某些微量气体能够透过太阳的短波辐射，使地面受热增温，而地面释放的长波热辐射却被这些气体吸收，从而导致大气温度升高。近年来，由于二氧化碳（CO_2）、甲烷（CH_4）、一氧化二氮（N_2O）等温室气体的排放量剧增，温室效应逐渐增强，并对农田生态系统产生了越发显著的负面影响。

（1）农田环境改变　两极冰帽的融化将引发海平面上升，导致沿海低地遭受海水入侵，地下水含盐量增加。同时，全球气温的上升也会改变降水量的分布模式。在赤道附近和南北纬50°以上的地区，降水量可能增加；而在南北纬10°～50°的区域，土壤水分则趋于减少。湿度降低的地区范围也会随着季节变化而扩大，秋季和春季的蒸发量增加，将使土壤更加干旱，夏季的水资源短缺将加剧干旱程度，进一步不利于作物的生产。

（2）大气 CO_2 含量继续增长　预测显示，随着大气中 CO_2 含量的增加，作物和植物的产量可能会有所提高。然而，尽管作物产量增加，栽培植物与野生植物之间的竞争也将加剧，使得杂草防治更加困难。

（3）对病虫害的影响　温室效应引起的气温和降水量变化，将进一步影响作物病虫害的发生和分布。具体来说，这些变化会影响病虫害的发育、存活、行为、迁移和繁殖，并可能加剧某些病虫害的暴发。

2. 臭氧

臭氧是 NO_2 在太阳光下的分解产物与空气中分子态氧反应的产物。近几十年来大气中 NO_2 浓度的增加，导致了臭氧浓度的增加，这种高浓度的臭氧成了危害作物的主要气态污染物之一。臭氧对作物的危害是：增加作物细胞膜透性并导致离子外渗、钝化某些酶并使光合作用碳还原率降低、改变代谢途径、刺激乙烯的产生、促进体内蛋白质的水解、干扰蛋白质合成，从而引起作物生长缓慢，提早衰老，产量降低。有研究表明，臭氧浓度增加与作物减产率呈正相关。另外，当臭氧和大气中的 SO_2 或酸雨同时存在时，会增强对作物的不良影响。

3. 酸雨

酸雨（大气酸沉降）对作物的危害确实是多方面的。酸雨通过加速破坏叶面蜡质层，使叶片表面更加易受外界环境影响。酸雨中的酸性成分能够淋失叶片中的重要养分，进一步削弱叶片的功能。这会导致叶片呼吸和代谢受损，引发叶片坏死性损害，并诱发植物叶簇器官产生病理性变化。酸雨对处于生殖生长阶段的作物影响尤为显著。它会降低种子的萌发率，缩短花粉的寿命，从而减弱作物的繁殖能力。这些效应最终会影响作物的产量和质量。酸雨还会削弱作物的抗病能力，增加病原菌感染的风险。这种病原菌感染不仅损害作物的健康，还会进一步抑制植物的生长发育。对于豆科作物，酸雨对根瘤菌的生长和固氮作用有显著的抑制作用，这种抑制作用会减少豆科作物的氮素供应，从而影响其生长和产量。综上所述，酸雨对作物的影响是多方面且具有深远影响的，包括直接损害作物的叶片和根部，影响其生殖过程和产量，并削弱其抗病能力。

六、作物生长与土壤

土壤是指地球表面能够生长绿色植物的疏松表层，是作物最基本的生产资料，由固、液、气三相物质组成，为作物生长提供水、肥、气、热及支撑固定作用等，也是作物赖以生长发育的基础。土壤性质是指土壤所具有的内在特性，包括物理、化学、生物三个方面。土壤肥力(soil fertility)是指土壤能够提供作物生长所需的养分、水分、空气和热量等各种养分的能力，是土壤物理、化学和生物学性质的综合反映，也是土壤的基本属性和本质特征。土壤肥力从有机质、全氮、全磷、全钾、碱解氮、有效磷和速效钾含量、pH、质地、耕层厚度、土壤质量等方面影响作物产量。

(一)土壤的物理性质对作物生长的影响

土壤的物理性质是三相体系中所产生的各种物理现象和过程，包括土壤质地、结构、水分、温度、空气及通气性、孔隙、容重、母质、厚度、颜色等特性。其中，土壤质地、结构、水分、空气和温度占主导地位，它们的变化常引起土壤其他物理性质和过程的变化。不同的土壤物理性质造成土壤水、气、热的差异，影响土壤中矿质养分的供应情况，从而影响作物的生长发育。

1. 土壤质地

土壤质地(soil texture)是指土壤中不同大小直径的矿物颗粒的组合状况，又称土壤的机械组成。通俗地说，土壤质地就是土壤的砂黏性。土壤质地影响土壤水分和空气的保持和有效性、根系发育状况、土壤的透水速率和耕性等。土壤质地一般分为沙土、黏土和壤土 3 种类型。

(1)沙土类(sandy soil great group)　土粒以砂粒(粒径 1～0.05 mm)为主，占 50%以上。土质疏松、易耕作、透水性强、保水性差、保肥能力差。适合种植块根类以及生长期短、耐旱、耐瘠薄的作物，如芝麻、花生、西瓜等。在这种土壤上生长的作物，容易出现前期猛长、后期脱肥早衰的现象，施肥时应勤施少施。

(2)黏土类(clayed soil great group)　土粒以细粉粒(粒径小于 0.01 mm)为主，占 30%以上。这种土壤类型土壤紧实板结、通气透水性差、耕作困难、有机质分解慢、保水保肥强、易积水、不耐涝。适合种植小麦、玉米、水稻、枇杷等。在这种土壤上生长的作物常有缺苗现象，幼根生长慢，表现为"发老苗不发小苗"。

(3)壤土类(loamy soil great group)　土粒以粗粉粒(粒径 0.5～0.01 mm)为主，占 40%以上，细粉粒小于 30%。这种土壤类型土壤土粒适中、通气透水良好、保水保肥能力强、供肥性能好、耕性良好、耐旱耐涝，是耕地中的"当家地"和高产田，适合种植各种作物。

2. 土壤结构

土壤结构(soil structure)是指土壤固相颗粒的排列方式、孔隙度以及团聚体的大小、数量和稳定性。良好的土壤结构是土壤肥力的基础。常见的土壤结构类型包括块状、片状、柱状和团粒结构等。

其中，团粒结构(granular structure)是由松散多孔、近似球形的小土团构成的。这种结构的土壤有机质含量丰富，水、肥、气、热的协调性良好，为作物的生长提供了优越的环境条件，有利于根系的活动以及水分和养分的吸收。因此，团粒结构是肥沃土壤的重要标志。

3. 土壤水分

土壤水分(soil moisture)主要来自大气降水、农业灌水、地下水、大气中气态水凝结等。在我国北方，土壤中的含水量也称为墒情，土壤有一定的墒情才能耕作、播种。

4. 土壤空气

土壤空气(soil air 或 soil atmosphere)和水分共同存在于土壤孔隙中。土壤空气由氧气(O_2)、CO_2、氨气(NH_3)等组成，土壤中的 O_2 含量低于大气含量，CO_2 和水汽含量则高于大气含量。通气不良的土壤中还含有 CH_4、硫化氢(H_2S)、氢(H_2)等还原性气体。

土壤空气会影响种子萌发和根系的发育。种子萌发需要氧气与水分，O_2 不足会造成烂种、烂根。

土壤空气影响土壤养分的状况。O_2 多少会影响矿化和养分供给，影响根对养分的吸收，如玉米缺氧时对钾、钙、镁、氮、磷的养分吸收能力依次递减。

土壤空气影响植物抗病性。土壤中的 CO_2 过多，造成土壤酸度增高，使霉菌发育，植株生病。

(二)土壤的化学性质对作物生长的影响

1. 土壤酸碱性与作物生长

土壤的酸碱性(acidity-alkalinity of soil)通常用 pH 表示。土壤的 pH 是影响土壤肥力的重要因素之一。我国土壤的酸碱性变化状况,可分为极强酸性(<4.5)、强酸性(4.5～5.5)、酸性(5.5～6.5)、中性(6.5～7.5)、碱性(7.5～8.5)、强碱性(8.5～9.5),极强碱性(>9.5)7 个等级。不同类型的土壤,由于气候、母质、成土条件和利用程度不同,土壤理化性质,酸碱度和盐度有较大的差别。我国南方分布有大面积的酸性红黄壤,北方和内陆有大面积的碱性石灰性土壤。

不同作物对土壤酸碱度的要求和适应性不同,如,马铃薯适宜 4.8～5.4;花生、甘薯、烟草等适宜 5.0～6.0;水稻、小麦、玉米、大麦、大豆、紫云英、苕子等适宜 6.0～7.0。豌豆、向日葵、甘蔗、甜菜等作物适宜 6.0～8.0。

2. 土壤养分与作物生长

土壤养分(soil nutrient)是由土壤提供的植物生长所必需的营养元素。土壤中能直接或经转化后被植物根系吸收的矿质营养成分包括氮、磷、钾、钙、镁、硫、铁、硼、钼、锌、锰、铜和氯等 13 种元素。土壤养分按其化学形态可分为有机态和无机态两大类,植物以吸收无机态养分为主,吸收有机态养分较少。

土壤养分的重要指标主要包括土壤有机质、全氮、有效磷和速效钾,其含量的状况是土壤肥力的重要方面。影响土壤养分有效性的主要因素有难溶态养分转化为溶解态养分的速度、土壤溶液中养分的强度和数量因素、土壤养分与根系的接触等。

作物与矿质营养详见二维码 2-4。

二维码 2-4
作物与矿质营养

3. 土壤有机质与作物生长

土壤有机质(soil organic matter, SOM)是土壤固相物质组成之一,是土壤中除碳酸盐及二氧化碳以外的各种含碳化合物的总称。土壤中的有机质主要来自植物及土壤内的微生物和动物,以及各种有机肥料。有机质含量高低是评价土壤肥力的重要标志之一。我国耕地土壤中耕层有机质的含量一般为小于 50 g/kg。有机质有助于提高土温和增强土壤保水性能,增施有机肥料(如绿肥、厩肥)是提高土壤有机质含量和提高土壤肥力的重要措施。

(三)生物性质对作物生长的影响

土壤的生物性质是指土壤动物、植物和微生物活动所造成的一种生物化学和生物物理学特征。土壤中的生物包括脊椎动物、蚯蚓、线虫、螨虫、昆虫、真菌、细菌和放线菌等。

蚯蚓的数量是土壤肥力因素之一。蚯蚓在土壤中的活动能显著增强土壤的通气透水性,改善土壤的物理性质。蚯蚓的排泄物含有效养分多,且保水保肥。大量的蚯蚓是土壤高度肥沃的标志。

土壤中的固氮细菌、硝化细菌、亚硝化细菌等在土壤碳、氮、硫、磷的循环中担当着重要角色。

土壤真菌参与动植物残体的分解,成为土壤中氮、碳循环不可缺少的动力,特别是在植物有机体分解的早期阶段,真菌比细菌和放线菌更为活跃。许多土壤真菌是重要的植物病原菌。有些真菌可以侵入作物的根部,与作物形成共生体,称作菌根。

第三节 农田生态系统

在作物生长发育的过程中,农田环境中多个生态因子彼此间以及生态因子与作物间时刻都在发生交互作用。因此,要取得理想的产量和效益,就需要用系统的观点来分析农田中各个生态因子,使它们能与作物生长最大限度地协调和配合。另外,作物生产实际上是作物利用自然资源和社会资源的一个生物再生产的过程,要合理持续地利用资源、提高资源利用效率,就必须用生态学的原理和方法来人工调节和控制作物及其环境。

一、农业生态系统

(一)农业生态系统的定义

农业生态系统(agroecosystem)是指在人的积极参与下,通过合理配置农业生物与非生物环境之间以及农业生物种群之间的相互关系,形成的一种高效能量转化和物质循环系统。它是以农业生物为主要组分、由人类调控、以农业生产为主要目标的生态系统。一个典型的例子是珠江三角洲的传统桑基鱼塘生态系统。在这一系统中,农民在低洼地挖塘,将塘泥堆积在塘基上,塘基上种桑,桑叶用于养蚕,蚕沙(蚕的粪便和残叶)用于喂鱼,塘泥则再次用于塘基。这种循环利用资源的方式构成了典型的农业生态系统——桑基鱼塘生态系统。

作为一种经过驯化的生态系统,农业生态系统不仅受到自然环境的制约,还受到人类活动的影响。不仅如此,农业生态系统既遵循自然生态规律,也受到社会经济规律的支配。换言之，农业生态系统是人类通过社会资源对自然资源进行利用和改造而形成的复杂生态系统。农业发展策略与技术措施对农业生态系统的影响深远且显著。

(二)农业生态系统的分类

根据系统的主要生产项目，农业生态系统可分为农田生态系统、林业生态系统、水生生态系统、牧业生态系统、农牧生态系统、林牧生态系统、农林生态系统、庭院生态系统等(表 2-7)。

表 2-7　主要农业生态系统及其特征

类型	描　述
农田生态系统	以农田作物生产为主要项目的生态系统，如稻田、玉米田等
林业生态系统	以树木为主要植被，进行木材、果实等的生产，如人工林等
水生生态系统	以水域为生产场所，进行鱼类、虾类等水产品的养殖和捕捞
牧业生态系统	以草地为主要生产场所，进行牲畜的放牧和养殖
农牧生态系统	结合农田和草地的生产，既有农作物种植又有牲畜养殖
林牧生态系统	结合林地和草地的生产，既有木材和果实的生产，又有牲畜养殖
农林生态系统	结合农田和林地的生产，既有农作物生产，又有木材、果实等生产
庭院生态系统	在住宅周围的庭院或小区内种植蔬菜、果树等的生态系统

资料来源：陈阜，2019。

二、农田生态系统

(一)农田生态系统的定义

农田生态系统(farmland ecosystem)是指人类在以作物为中心的农田中，利用生物和非生物环境之间以及生物种群之间的相互关系，通过合理的生态结构和高效生态机能，进行能量转化和物质循环，并按人类社会需要进行物质生产的综合体。它是农业生态系统中的一个主要亚系统，是一种被人类驯化了的生态系统。农田生态系统不仅受自然规律的制约，还受人类活动的影响；不仅受自然生态规律的支配，还受社会经济规律的支配。

(二)农田生态系统的组分

自然生态系统在结构上包括两大组分：生物组分和非生物环境组分。非生物环境组分又可分为能源、气候、基质和介质、气体、水体等要素；生物组分则可分为生产者、消费者和分解者三大功能类群(图 2-4)。

与自然生态系统一样，农田生态系统也包括生物与环境两大组分。与自然生态系统不同的是，农田生态系统的两大组分都受人为的支配和干预。

- 生态系统
  - 非生物环境组分
    - 非生物部分
      - 能源——太阳能、其他能源
      - 气候——光照、温度、降水、风等
      - 基质和介质——岩石、土壤、水、空气等
    - 物质代谢原料
      - CO_2、H_2O、O_2、N_2等
      - 无机盐（矿物质原料）
      - 腐殖质、脂肪、蛋白质、碳水化合物等
  - 生物组分
    - 生产者——绿色植物、光合细菌、化能细菌等
    - 消费者
      - 食草动物——一级消费者
      - 一级肉食动物——二级消费者
      - 二级肉食动物——三级消费者
      - 杂食动物——杂食消费者
      - 腐食消费者、其他消费者
    - 分解者（还原者）——微生物（细菌、真菌等）

图 2-4 生态系统的基本组分

（资料来源：陈阜，2019）

1. 生物组分

农田生态系统的生物，按功能区分可以分成以绿色作物为主的生产者，以动物为主的大型消费者和以微生物为主的小型消费者。然而在农田生态系统中，占据主要地位的生物是经过人工驯化的农业作物、人工林木等，其次是一些人工放养于农田的某些动物，以及与这些农业生物关系密切的生物种群，如专食性害虫、寄生虫、根瘤菌等。由于人类有目的地选择与控制，其他的生物种类和数目一般较少，生物多样性显著低于同一地区的自然生态系统。

2. 环境组分

农田生态系统的环境组分包括自然环境组分和人工环境组分两部分。

自然环境组分是从自然生态系统中继承下来的部分，但都不同程度地受到人类的调节与控制。如作物群体内的温度、光照、土壤的理化特性等。人工环境组分主要指对农田生态系统的各种社会资源的投入，如施肥、灌溉、防治病虫害、设施栽培等。人工环境组分是自然生态系统中不存在的，通常以间接的方式对生物施加影响。

(三)农田生态系统的结构

1. 组分结构

组分结构(component structure),也称为物种结构,指农田生态系统内生物种类的组成、数量及其相互关系。

农田生态系统的物种组成和数量受自然条件和社会条件的双重影响。农田生物种群结构调整与品种更换、农田措施变更(如施用农药)影响系统内生物种类组成和数量,遗传育种和引入新种可导致生物基因构成的改变。毁林造田、围筑堤坝、平整土地等人为干扰能显著改变农田生态环境,从而改变系统内的组分结构。

物种结构可分为单一结构和复合结构,冬小麦、玉米、大豆、水稻为常见的单一结构。为了发挥更大的效益,人们采用不同方式将农、林、牧、副、渔各业联系起来,合理布局,充分利用资源,形成多种多样的农田生态系统结构。例如,将农作物秸秆等废弃物和家畜排泄物肥料化,向农田提供经过发酵的高效有机肥料,可逐年提高土壤的有机质含量。这样,农作物的果实、秸秆和家畜排泄物都得到了循环利用,输出各种清洁能源和清洁肥料,获得了良好的生态、社会和经济效益。

2. 时间结构

随着季节变化而种植不同作物形成的结构,称为农田生态系统的时间结构(temporal structure)。在农田生态系统中,时间结构既反映各物种在时间上的相互关系,也反映每个物种所占的时间位置。如农田生物类群有不同的生长发育阶段、生态类型和季节分布类型,适应不同季节的作物按人类需求可以实行复种、套作或轮作,占据不同的生长季节,这是当前产业中提高复种指数的有效手段之一。

3. 空间结构

空间结构(space structure)是指农田生态系统中各个组成成分的空间配置,又分为水平结构与垂直结构。

(1)水平结构　是指一定区域内,水平方向上各种农田生物类群的组合与分布,即由农田中多种类型的景观单元所组成的农田景观结构。在水平方向上,常因地理原因而形成环境因子的纬向梯度或经向梯度,如温度的纬向梯度、湿度的经向梯度。农田生物会因为自然和社会条件在水平方向的差异而形成带状分布、同心圆式分布或块状镶嵌分布,如农田生产中采用的间作、套种就是典型的水平结构。

(2)垂直结构　是指农田生物类群在同一土地单元内,垂直空间上的组合与分布。在垂直方向上,环境因子因地理高度、水体深度、土壤深度和生物群落高度而产生相应的垂直梯度,如温度的高度梯度、光照的水深梯度。农田生物也因适应环境的垂直变化而形成立体结构,即在一定面积土地(水域、区域)上,根据自然资源的环境特点和不同农业的生物特征、特性，在垂直方向上建立由多种生物共存、多层次配置、多级物质循环利用的立体种植，养殖等的生态系统。在农业生产上，人们利用生物在形态上、生态上、生理上的不同而创建复合群体，实行高矮相间的立体种植或深浅结合的立体养殖，以及种养结合的立体种养方式，形成了多种多样的人工立体结构。

4. 营养结构

营养结构（trophic structure）又称食物链结构，是指农田生物以营养为纽带而形成的若干条链状营养结构。在农田生态系统中，营养结构反映各种生物在营养上的相互关系，同时也反映每一种生物所占的营养位置。农田生态系统不仅具有与自然生态系统相同的输入、输出途径，还有人类有意识地输入和强化了的输出。有时，人类为了扩大农田生态系统的生产力和经济效益，常采用食物链“加环”来改造营养结构；为了防止有害物质沿食物链富集而危害人类的健康与生存，而采用食物链“解链”法来中断食物链与人类的连接，从而减少对人类的健康危害。

(四)农田生态系统的功能

农田生态系统通过由生物与环境构成的有序结构，能够将环境中的能量、物质、信息和价值资源，转化成人类需要的产品。农田生态系统具有能量转换、物质转换、信息转换和价值转换等功能，在这种转换过程之中形成相应的能量流、物质流、信息流和价值流。

1. 能量流

农田生态系统不仅能够利用太阳能和其他能源，如风能、水能等，还可以通过食物链在生物之间进行传递，从而形成能量流。为了提高生产力，农田生态系统还可利用人力和畜力，以及机械作业中所使用的煤、石油等矿物提供的能量作为动力，进行农机生产、化肥和农药生产、田间排灌、栽培操作等活动，从而形成辅助能量流。

2. 物质流

以各种化学元素为基础的物质，如氮、磷、钾、碳、氧、氢等，在农田生态系统中被转换到不同形态的分子中，传递到不同的组分里，形成连续的物质流。农田生态系统物质流中的物质不但有天然元素和化合物，而且有大量人工合成的化合物。

3. 信息流

每个信息过程都包括产生、传送和接收 3 个环节。多个信息过程相连就使系统形成信息网。当信息在信息网中不断被转换和传递时，就形成了信息流。在自然生态系统中，生物体通过产生和接收形、声、色、气、味、压、磁、电等信号，并以气体、土体、水体为介质，频繁地转换和传递信息，形成一个无形的信息网。与自然生态系统一样，农田生态系统中也有这种信息网存在。

与自然生态系统不同的是，调节农田生态系统的生产者，不仅需要利用自然信息，还需要利用各种社会信息。不仅靠自然过程获得信息，也靠社会渠道（如广播、电视、出版物、计算机网络等）获取信息，从而形成一个有形的人工信息网。

4. 价值流

价值可在农田生态系统中转换成不同的形式，并且可以在不同的组分间转移。以实物形态存在的农业生产资料的价值，在人类劳动的参与下，转变成生产形态的价值，最后以增值了的产品价值形态出现。价格是价值的表现形式，以价格计算的资金流是价值流的外在表现。

农田生态系统的能量流、物质流、信息流和价值流之间相互交织。能量、信息和价值都依附于特定的物质形态。物质流、信息流和价值流都依赖于能量的驱动。信息流在较高层次上调节着物质流、能量流和价值流。与人类利益或需求相关的物质流、能量流和信息流都与价值变化和转移相联系。

（五）农田生态系统与自然生态系统的区别

农田生态系统起源于自然生态系统，因而与自然生态系统有很多相似的特征。然而，农田生态系统又经过了人类长期的改造和调节控制，因此与一般的自然生态系统存在明显的区别。区别主要有以下 5 个方面。

1. 系统的生物构成不同

农田生态系统的主要生物——作物，是人为选择和种植的产物。同时，由于栽培作物是人类长期驯化和培育的植物，其遗传性状已受到人为的干预，因此其特性与自然界的植物有很大的区别。除了通常意义的生物组成外，农田生态系统还包括人类本身。

2. 系统的稳定性不同

自然生态系统保持平衡的机制是通过其生物多样性和复杂的食物网来实现的，但在农田生态系统中，作物是主要的优势种群。在多数情况下，除了作物以外的生物都受到人类强有力的干预。因此，农田生态系统的物种要远比自然生态系统单一，系统的自动调节机制也被削弱，因此，系统的稳定性也低于自然生态系统。

3. 系统的开放程度不同

自然生态系统的生产是一种自给自足的生产，生产者所生产的有机物质，大部分保留在系统之内，许多营养元素基本上可以在系统内部循环和平衡；而农田生态系统的生产除了满足日益增长的人类生活需求以外，还要满足市场与工业等行业发展所必需的商品和原料，这样要有大量农产品离开系统，留下少部分残渣等副产品参与系统内再循环。为了维持系统的再生产过程，除了太阳能以外，人类还需要向系统大量输入化肥、农药、机械、电力、灌溉水等物质和能量。此外，除了人类有意的输入和输出外，无意的输入和输出也会增加。如农药、化肥的施用带来的环境污染，开垦坡地造成的水土流失等，农田生态系统的这种“大进大出”现象，表明了农田生态系统的开放程度远远超过自然生态系统。

4. 系统的生产力不同

农田生态系统的生产力相比同一区域内的自然生态系统要高，例如，热带雨林的初级生产力为 7500 kg/hm^2，而一年两季的水稻谷物产量可达 15000 kg/hm^2。

5. 系统运行“目标”不同

自然生态系统运行的“目标”是自然资源的最大限度生物利用，并使生物现存量达到最大。而农田生态系统的“目标”是使农业生产在有限的自然与社会条件制约下，最大限度地满足人类的生存、致富和持续发展的需要。

三、农田生态系统的能量转化

（一）农田生态系统的能源

农田生态系统中的能量来源主要包括太阳能和辅助能两类，其中太阳辐射是能量的主要来源。照射在作物上的辐射能，大约有 1/2 被作物的光合机制所吸收，这部分能量的 1%～5%可转变为生物化学潜能，其余能量以热的形式离开农田生态系统。

除太阳辐射能外，农田生态系统接收的其他形式的能量均称为辅助能。辅助能投入农田生态系统之后，并不能转化成为生物体内的化学能，而是通过促进生物种群对太阳光能的吸收、固定及转化效率，从而扩大生态系统的能量流通量，提高系统的生产力。

根据辅助能的来源，可将辅助能划分为自然辅助能和人工辅助能。自然辅助能包括风力作用、沿海和河口的潮汐作用、水体的流动作用、降水和蒸发作用等。人工辅助能则分为生物辅助能和工业辅助能两类。前者是指来自生物有机物的能量，如劳力、畜力、种子、有机肥、饲料等；后者是指来源于工业的能量投入，也称为无机能、商业能、化石能，包括直接工业辅助能（如石油、煤、天然气、电等含能物质）和间接工业辅助能（如化肥、农药、机具、生长调节剂和农业设施等，在制造过程中消耗了大量能量）。

（二）农田生态系统的能流路径

生态系统的能量流动始于初级生产者对太阳辐射能的捕获，通过光合作用将日光能转化为贮存在植物有机物质中的化学潜能，这些被暂时贮存起来的化学潜能由于后来的去向不同而形成了生态系统能流的不同路径，如图 2-5 所示。

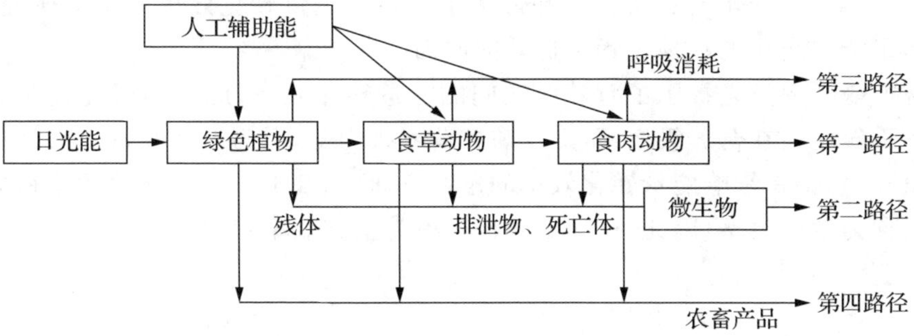

图 2-5　农田生态系统能流路径示意图

1. 第一路径（主路径）

植物有机体首先被一级消费者摄取消化，然后一级消费者又被二级消费者摄取消化，依次进行，能量沿着食物链在各营养级之间流动。每个营养级都将上一级转化而来的部分能量固定在自身的生物有机体中。然而，最终随着这些生物体的衰老和死亡，所有能量都通过微生物的分解作用被散逸，并归还到非生物环境中。

2. 第二路径

在每个营养级中，都有一部分生物有机体因死亡、排泄或残体进入腐食食物链。在分解者的作用下，这些复杂的有机化合物被还原为简单的 CO_2、H_2O 和其他无机物质，有机物质中的能量则以热量的形式散发到非生物环境中。

3. 第三路径

无论在哪一级，生物有机体在其生命代谢过程中都要进行呼吸作用，在这个过程中，生物体内贮存的化学潜能被释放，用于维持生命的代谢，并推动生态系统中的物质流动和信息传递。这些生物化学潜能最终会转化为热能，散逸到非生物环境中。

4. 第四路径

上述前三条路径是所有生态系统能量流动的共同路径。然而，对于主要供给人类需求的农田生态系统，大量辅助能量的投入间接促进了能量的流动与转化。由于人类从农田生态系统中大量取走农畜产品，大量能量和物质流向系统之外，形成了一股强大的输出能流。这条能流路径是农田生态系统区别于自然生态系统的独特之处，也被称为第四条能流路径。

（三）林德曼效率与生态效率定律

美国生态学家林德曼 20 世纪 30 年代末在对 Cedar Gog 湖的食物链进行研究

时发现，营养级之间的能量转化效率平均大致为1/10，其余9/10由于消费者采食时的选择浪费，以及呼吸、排泄等被消耗了，这个发现被人们称为林德曼效率或十分之一定律。它的重要意义在于开创了生态系统能量转化效率的定量研究，并初步揭示了能量转化的耗损过程和低效能原因。

林德曼效率只是揭示了营养级之间的能量转化效率，此后的研究表明能量转化效率不仅反映在营养级之间，还反映在营养级内部，因为发生在营养级之内的大量能量耗损，也是影响能量转化效率的重要方面(图2-6)。能量转化效率在生态学上又被称为生态效率，因此，这一定律也被称为生态效率定律。

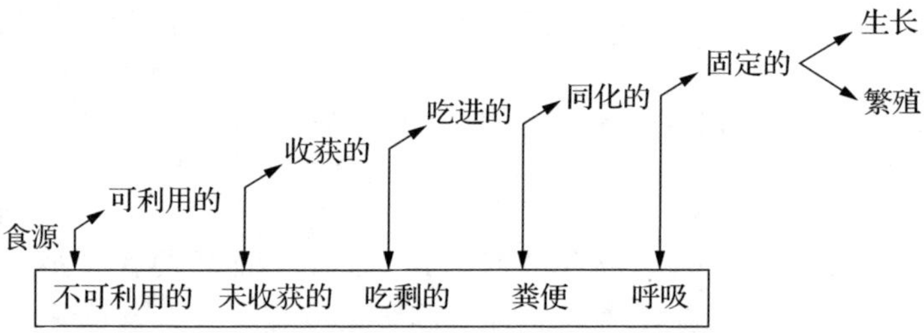

图2-6　能量在营养级内和营养级间的损耗

按照能量在营养级内外的转化关系，可将生态系统的生态效率定律分为两类：

1.营养级之间的生态效率定律

营养级之间的生态效率定律包括摄食效率、同化效率、生产效率和利用效率。摄食效率(林德曼效率)指该营养级摄食量与上一级摄食量之比。同化效率指该营养级同化量与上一营养级同化量之比。生产效率指该营养级生产量与上一级生产量之比。利用效率指该营养级生产量与上一级营养级的同化量之比。

2.营养级内部的生态效率定律

营养级内部的生态效率定律包括组织生长效率、生态生长效率、同化效率和维持价。组织生长效率指生产量与同化量之比。生态生长效率指生产量与摄食量之比。同化效率指同化量与摄食量之比。维持价指生产量与呼吸量之比。

四、农田生态系统的物质循环

生物有机体和生态系统为了自己的生存与发展，不仅需要不断地输入能量，还要不断地完成物质循环。物质在有机体和生态系统中起着双重作用，既是维持生命活动的物质基础，又是能量的载体。生态系统是一个物质实体，包含着许多种生命所必需的无机和有机物质。在生态系统的物质转移流动过程中，被生物有机体丢失的部分返回环境后，可以重新被生物再吸收利用。因此，物质能够在生态系统中被反复利用而进行循环。

(一)参与农田生态系统循环的物质种类

农田生态系统是作物、环境与人工控制所构成的三元系统，它的物质循环不仅依赖于作物本身生产的有机物质的分解和再循环，还依赖于社会经济系统的物质能量的投入和输出。在许多情况下，后者往往起着决定性的作用。人为控制输入和输出的依据就是保持生态系统的动态平衡，促进生态系统的改善和优化。

参与农田生态系统物质循环的物质可以分为两部分：一部分直接来自环境，包括土壤中的有机质、各种营养元素和土壤水，以及空气中的 CO_2、N_2 等；另一部分来自人工的投入，如种苗、肥料、农药、生长调节剂等。人工投入的物质一部分经过土壤水溶解、微生物分解等过程后参与物质的循环过程，而另一部分则残留在系统内。

(二)农田生态系统的养分循环

1. 养分循环的一般模型

农田生态系统的养分循环，通常是在土壤、植物、畜禽和人类这四个养分库之间进行的。同时，每个库都与外系统保持着多条输入与输出流。图 2-7 列出了农田生态系统养分循环的一般模型。

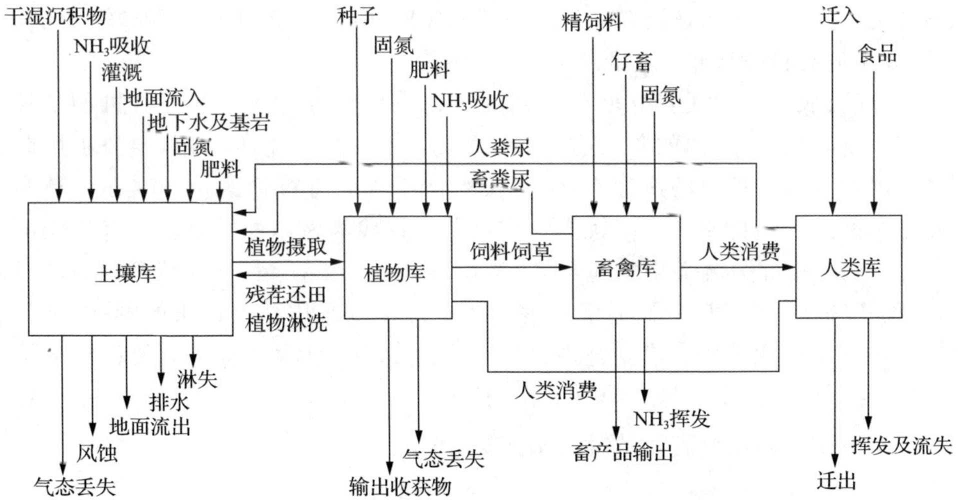

图 2-7　农田生态系统养分循环的一般模型

（资料来源：沈亨理，1996）

2. 有机质与农田养分循环

(1)有机质在养分循环中的作用　土壤有机质不仅是土壤微生物的主要能源,还是各种营养元素的重要载体。土壤有机质丰富,可以促进土壤微生物的活动,增加土壤腐殖质的含量,改善土壤物理性状,提高土壤的潜在肥力。有机质具有和硅酸盐同样的吸附阳离子的能力,有助于土壤中阳离子交换量的增加,又能与磷酸形成螯合物,从而提高磷肥肥效,减少铁、铝对磷肥的固定。此外,有机质还能增加土壤保水能力、提高土壤的抗旱能力、抑制有害生物如土壤线虫的繁殖,以及形成对作物生长有刺激作用的腐殖酸等。因此,土壤有机质含量是土壤肥力水平高低的重要指标。

(2)有机质的来源　在农田生态系统内,土壤有机质的主要来源是作物残体,此外还有人畜粪便以及各种土壤生物的遗体和排泄物等。这些新鲜的有机物经过土壤微生物的作用后,可转化成土壤腐殖质贮存起来,也可以进一步被微生物分解消耗,形成矿物质供作物吸收利用。因此,土壤有机质的含量主要取决于新鲜有机物的供应量和土壤微生物的分解速度。在我国南方地区,水热条件十分有利于土壤微生物的活动,新鲜有机物的腐熟速度非常快,在很短的时间内,土壤有机质就能完成其腐殖化和矿质化的过程,因而不利于土壤有机质的积累。而我国东北及高山阴湿地区,由于温度低不利于微生物的活动,因而很有利于土壤有机质的积累和贮存。在一些干旱、荒漠或半荒漠地区,由于进入土壤的新鲜有机物很少,所以土壤有机质含量也很低。

(3)保持农田有机质养分循环平衡的途径　作物生产的大部分有机物都被人类带出系统,留在农田内的非常有限,而且会被土壤微生物所消耗,导致土壤肥力下降。增加土壤有机质的途径有:①直接增加投入的有机物的量。②在种植制度中安排和插入一些自然回归率较高的作物。作物残体为作物回归土壤有机质的主要载体,一般占到作物全生物量的 18%左右,其中水稻、小麦等较低,为 15%左右,豆类作物在 20%以上,而油菜可达 30%左右。③采用秸秆还田的形式,可显著增加土壤有机质含量。④建立合理的轮作制度,如周期性地播种绿肥和牧草等作物,对提高土壤有机质含量有明显的作用。

(三)农田生态系统矿质营养的循环

1. 氮的循环与平衡

农田生态系统的氮素循环模式大体可以概括如图 2-8 所示。

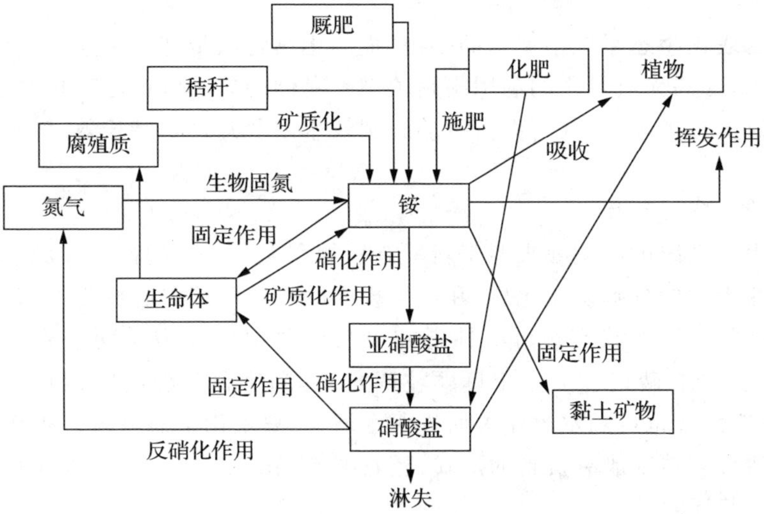

图 2-8　农田生态系统的氮素循环

（资料来源：Frissel，1981）

（1）农田生态系统中的氮素来源　一是生物固氮和自然固氮。农作物中有少数作物（主要为豆科作物）和一些土壤原生生物能直接固定利用空气中的氮素。除生物固氮外，降雨、雷电也可为农田提供一定的氮素。二是新鲜有机物，包括作物残体、土壤生物遗体等自然回归的有机物和以人畜粪便等形式或以秸秆还田、绿肥的形式人工施入农田中的有机物，这些有机物中都含有一定量的氮素。三是人工投入，主要为化学肥料的投入，其次是随灌溉水进入农田的氮素。一般来说，农田中的氮素主要来自人工施入的有机物和氮素肥料。

（2）农田生态系统中的氮素循环　进入农田生态系统有机物中的氮素，经土壤微生物分解后，可从有机物中释放出来形成硝态氮和氨态氮。这些无机氮素与人工施入的无机氮肥一起，成为作物可直接吸收利用的形式。无机氮除了被作物利用外，一部分可转化为有机氮贮存在土壤中，另一部分则经淋溶进入地下水、经反硝化作用或挥发进入空气，随水土流失进入水域等过程离开农田生态系统。来自有机物中的氮素，由于释放速度比较缓慢，因此大部分都会被作物吸收利用，损失的比例较小。而来自化肥的氮素，由于被溶解或分解成硝态氮和氨态氮的速度快，一般只有 40%左右能被作物吸收利用，即流失和挥发的比例较大，可达 60%左右。作物吸收利用的氮素，大部分则以有机物的形式随农副产品的输出而离开农田生态系统。输出物中的氮素经人畜利用后，一部分又变成排泄物作为有机肥归还农田。

要保持农田生态系统中氮素的平衡，提高土壤含氮量特别是速效氮含量，减少氮素的损失，提高无机氮肥的利用率是关键。具体的方法有增施有机肥、保持有机氮和无机氮的合理配比、提高无机氮的施肥技术以及开发一些长效、缓效的新型肥料等。

2. 磷的循环与平衡

农田生态系统中磷主要来源于新鲜有机物和人工投入的矿质磷肥。有机物中的磷经过微生物的分解矿质化后，和人工投入的矿质磷肥一起成为可溶性磷，变成作物可以吸收利用的状态。可溶性磷和吸收性磷都可成为易变态磷（$H_2PO_4^-$ 和 HPO_4^{2-}）。易变态磷很容易被土壤颗粒固定，其利用程度随时间推移而下降。另外，部分可溶性磷也可随水土流失而进入水域，脱离农田生态系统。被作物吸收利用的无机磷大多转变成有机磷的形式，随农副产品输出后，一部分以人畜粪便或有机肥的形式归还农田。

在农田生态系统中，要提高磷的有效性以促进作物的吸收利用，就需要减少有效磷被土壤固定的机会和提高磷肥的利用率。具体的措施有：提高有机磷肥的比例或把矿质磷肥混入有机物，待有机物腐熟后施用，还可采用施颗粒磷肥或采用集中施用磷肥的方法等。

3. 钾的循环与平衡

农田生态系统中钾的循环与磷的循环相似，主要来源于新鲜有机物和人工投入的矿质钾肥；主要随农副产品而输出，另外有一小部分可随水土流失而进入水域。土壤中的钾有四种存在形式：一是作物可以吸收利用的水溶性钾，钾以阳离子的形式溶解于土壤溶液中；二是代换性钾，钾以离子的形式吸附于土壤颗粒表面，随着土壤溶液中钾离子的减少，代换性钾可转变成水溶性钾；三是固定态钾，已被土壤颗粒固定，属于活性贮备钾；四是晶格钾，已成为土壤结构的一部分，属于惰性贮备钾。

二维码 2-5
提高种植业资源的利用效率

提高种植业资源的利用效率详见二维码 2-5。

复习思考题

1. 什么是农业生态系统？农业生态系统的组成有哪些？
2. 什么是农田生态系统？它与自然生态系统有何区别？

3. 什么是生物多样性？保持农业生态系统中生物多样性的重要性是什么？

4. 什么是种植业资源？包括哪些类型？

5. 什么是生态因子？生态因子如何分类及其作用机制是什么？

6. 什么是作物温度的三基点？如何利用三基点理论采取栽培措施提高作物产量？

7. 什么是积温？积温有哪几种类型？

8. 积温在作物生产中的意义是什么？

9. 光照强度、日照长度和光谱成分分别对作物的生态作用有哪些？

10. 作物冻害、冷害和霜害的概念是什么？其对作物的危害有哪些生理原因？如何防止低温对作物的危害？

11. 高温对作物的危害有哪些生理原因？如何防止或减轻高温对作物的危害？

12. 水分对作物的生长、发育、产量和品质有什么影响？

13. 干旱对作物的危害有哪些？作物抗旱性的特点是什么？

14. 涝害对作物的影响是什么？作物的抗涝性特点有哪些？

15. 水体污染对作物的危害有哪些？治理污水的方法有哪些？

16. 田间气体浓度的变化规律是什么？气体浓度与作物产量之间有何关系？

17. 温室效应、二氧化硫、氟化物、氮氧化物、臭氧及酸雨对作物生长发育的影响有哪些？保护大气环境的对策是什么？

18. 土壤的理化性质对作物生长的影响有哪些？

19. 耕作方式如何影响土壤结构和作物生长？

20. 什么是农田管理措施？主要类型有哪些？这些管理措施对作物产量的影响是什么？

第三章

作物的起源、分类与分布

本章内容简介

本章阐述了作物的起源、分类与分布，第一节阐述了作物的起源过程、栽培作物与野生祖先的差异、栽培作物的起源中心，分析了作物的传播方式和我国作物的来源。第二节介绍了作物的分类，阐述了按照植物学分类、按照作物生物学特性分类、按照作物用途与植物学系统相结合分类三种分类方法。第三节从禾谷类作物、豆类作物、薯类作物、油料作物、纤维作物、糖料作物、嗜好作物七个方面阐述了作物的分布。

学习目标

1. 了解作物的起源过程、栽培作物与野生祖先的差异、栽培作物的起源中心。
2. 熟悉作物的传播方式及我国作物的来源，熟知作物的分类。
3. 分析作物的分布情况。

第一节　作物的起源与传播

一、作物的起源

（一）作物的起源过程

人类现在种植的作物是野生植物经过长期驯化选育而来的。在从猿到人的进化过程中，古人类获得食物的手段除了渔猎外，主要靠采集野生植物。人们常常把所采集到的植物带到临时或半临时住地食用，其中一部分被遗弃或埋藏起来，那些具有繁殖能力的果实、种子、块根、块茎等可能落地长出了新的植物，结出了新的果实、种子、块根。这些现象多次出现就引起了原始人类对这类植物的注意，使他们产生了种植这些植物的意识，逐渐从野生植物群落中把它们分离出来并加以保护，这是由采集野生植物转变为栽培植物的萌芽。

当人们对某些植物的生长规律比较了解、感觉种植更有利于保障生活所需时，便开始有意识地种植这些植物，并注意选择其中果形大、生产多、成熟后脱落损失少的类型。薯类和禾谷类作物可能是最早被驯化的植物，因为薯类在采挖后，遗留在土壤里的根茎又长成新薯，于是给人以人工种薯的启示。禾谷类的种子适应性强，结实多，成熟期较一致，易贮藏，所以易被驯化、种植。

人类在种植野生植物的过程中，不断积累经验和改进栽培技术，在此基础上通过长期的自然选择和人工选择，适合人类需要的那些变异类型被保留下来，使野生植物逐步转变为栽培作物。

（二）栽培作物与其野生祖先的差异

栽培作物起源于野生植物，但与其野生祖先之间有着较大差异。主要表现在：

（1）产品器官变大　经过长期选择，那些被人类利用的器官不断变大，为提高产量奠定了基础。如野生大豆种子百粒重仅 2～3 g，而栽培大豆种子百粒重可达 20～30 g。

（2）品质改善　栽培作物在人类的长期定向选择下，产品的品质在不断改善。如甜菜，1747 年刚被发现时，其块根含糖量不足 5%，经过 200 多年的选择和培育，现在的含糖量已达 19%，最高超过 25%。

（3）成熟期一致　在自然界中，野生植物为了提高生存能力，成熟期较不一致，且时间拖得很长，这种生存特性对作物栽培极为不利。在人类长期选择过程中，淘汰了成熟期不一致的类型，选出成熟期较一致的类型。

（4）传播手段退化　野生植物有其固有的传播方式，如野生豆类植物在成熟时豆荚自然炸裂，将种子弹到较远的距离，实现了传播。在人类的选择下，栽培作物传播手段退化，必须在人类的干预下才能传播。

（5）种子休眠性减弱　野生植物为了适应自然条件，种子休眠期长，而栽培作物休眠性逐步变弱，适于作物生产。

（6）防护机能减退　野生植物机械保护组织发达，栽培作物的防护机能逐步减退。例如，野生谷类植物穗部均有芒保护，而许多栽培禾谷类作物如小麦、水稻的一些品种则芒较短或已退化。在抵抗不良环境的时候，栽培作物往往不如野生植物。

(三)栽培作物的起源中心

现今栽培作物起源于何地的问题很早就为植物学家、育种学家和栽培学家所重视。解决栽培作物的起源问题,目的在于寻找植物资源、建立种质资源库,为作物育种提供育种材料。

苏联植物学家瓦维洛夫在其1935年所著的《育种的植物地理学基础》一书中,根据栽培植物的地理分布和遗传变异最丰富的地方,把全球重要的栽培植物划分为8个独立的起源中心。1968年茹可夫斯基将瓦维洛夫确立的8个起源中心扩大到12个。1975年瑞典的泽文和茹可夫斯基共同编写了《栽培植物及其变异中心检索》,对茹可夫斯基原先提出的12个基因中心做了修订,扩大了地理基因中心起源概念,其起源中心有:

(1)中国—日本中心　中国基因中心是主要的、初生的,由它发展了次生的日本基因中心。认为黍、稷、粟、荞麦、大豆、裸燕麦等作物,中国是初生基因中心,普通小麦和高粱是次生中心。另外,茹可夫斯基认为中国是栽培稻(*Oryza sativa* L.)的起源中心之一,纠正了瓦维洛夫认为水稻仅仅起源于印度的说法。

(2)印度支那—印度尼西亚中心　这里是爪哇稻和芋的初生基因中心,这里还具有丰富的热带野生植物区系。

(3)澳大利亚中心　除美洲外,澳大利亚是烟草初生中心之一,并有稻属的野生种。

(4)印度斯坦中心　该中心的重要农作物有稻、绿豆、甘蔗、豇豆等。

(5)中亚细亚中心　该中心为中国和印度之间的转换区,主要作物有小麦、豌豆、山黧豆等。

(6)近东中心　该中心位于富饶的旧土耳其、苏丹,主要作物有小麦、黑麦等。

(7)地中海中心　该中心靠近农业摇篮近东中心,从许多作物品种和种组成来看,这里是次生起源地,很多作物在此区被驯化,如燕麦、甜菜、亚麻、三叶草、羽扇豆等。

(8)非洲中心　该中心对全球作物影响很大,多种作物都起源于非洲,如高粱、棉、稻等属的种。

(9)欧洲—西伯利亚中心　起源于该中心的农作物有甜菜、苜蓿、三叶草等。

(10)南美洲中心　该中心驯化了多种作物,如马铃薯、花生、木薯、烟草、棉、苋菜等。

(11)中美洲—墨西哥中心　该中心主要农作物有甘薯、玉米、陆地棉等。

(12)北美洲中心　该中心驯化的作物有向日葵、羽扇豆等。

二、作物的传播

(一)作物传播的方式

(1)自体传播　依靠植物体自身进行传播。果实或种子本身具有重量,成熟后果实或种子会因重力作用直接掉落地面;而有些蒴果及角果,果实成熟开裂之际会产生弹射的力量,将种子弹射出去,实现了传播。

(2)自然力　利用自然界中的风力、水流等力量,可以把种子传播到较远的地方。有些种子有翅状或羽毛状的附属物,可乘风飞行;有些细小的种子,它的表面积与重量的相对比例较大,种子因此能够随风飘散。靠水传播的种子其表面蜡质不沾水(如睡莲)、果皮含有气室、比重较水低,可以浮在水面上,经由溪流或洋流传播。

(3)动物传播　包括鸟类、蚂蚁、哺乳动物等。鸟类传播的种子,大部分都是肉质的果实,如浆果、核果及隐花果。蚂蚁在种子传播上,通常扮演二次传播者的角色,将鸟类等动物摄食、掉在地上的种子,进行传播。

(4)人类活动　随着农业的发展,人们通过有意识地引种和其他活动,如民族迁移、贸易、战争、传教、探险、外交等,把作物种子有目的地、大规模地传到其他地区。

(二)部分作物的传播情况

栽培作物的传播从史前时期已经开始。人类通过陆路或海路,使起源中心的作物逐渐向世界各地传播。

(1)小麦　普通小麦发源于近东,新石器时代由于民族大迁移,将小麦向西传播到欧洲,进一步传到非洲北部,15 世纪末,从西班牙经海路传入西印度群岛,18 世纪英国移民者将小麦引入澳大利亚。

(2)稻　起源于中国的栽培稻,以云南高地为中心呈放射状,沿着大河川的河谷及河谷之间的小路漫长曲折地向东、向南、向西传播。在公元前 1000 年以前向南传至菲律宾,公元前 100—前 200 年向东传到日本。

(3)玉米　是由美洲传到西班牙,再扩展到欧洲、非洲,16 世纪 30 年代又由陆路从土耳其、伊朗和阿富汗传入东亚,另外又经非洲好望角传到马达加斯加岛、印度和东南亚各国。传入我国的途径可能由西班牙到麦加再经中西亚传入我国西北部和内陆,也可能从麦加传入印度和我国云南、贵州、四川等地,再向北、向东传入各省(自治区、直辖市)。

(4)甘薯　于 16 世纪由美洲传入西班牙,后由西班牙人将其传播到东方的马尼拉、马鲁古和印度尼西亚等地。1600 年,甘薯首次从吕宋经海路传到中国的福建，后又由陆路经越南传到广东。

(三)传播作物的适应性

栽培作物通过传播，有些作物表现为在新的地区比原产地生长更好、发展更快。这些作物生产水平的提高，极大地保障了全球粮食的供应，减少了粮食危机。如大豆原产于中国，但现在美国、巴西、阿根廷播种面积最大，总产量最高。花生原产于南美，现在种植面积最大的国家是中国；原产于南美的马铃薯，现在已成为东欧、中国重要的粮食作物之一；原产于美洲的陆地棉，传入亚洲后，在中国和印度发展迅速，现在印度成为全球最大的产棉国。

(四)我国作物的来源

我国现今栽培的大田作物有 90 多种。这些作物中，有些是我国土生土长的本土作物，有些是在不同的历史时期从世界各地传入或引进的。

(1)本土作物　起源于我国本土的作物有：稻、小麦、裸燕麦、六棱大麦、粟(谷子)、稷、黍、稗、穇子、高粱、大豆、赤小豆、山黧豆、荞麦、苦荞、山药、芋、紫芋、麻芋、油菜、紫苏、苎麻、苘麻、红麻、中国甘蔗、紫云英、草木樨等。

(2)公元前 100 年前后从中亚和印度一带引入的作物　这一时期引入我国的大田作物有蚕豆(胡豆)、豌豆、绿豆、黑绿豆、芝麻(油麻)、红花(红蓝花)、苜蓿等。

(3)公元后从亚、非、欧各洲引入的作物　公元后的 2000 年中，随着我国同亚、非、欧各洲交往的增加，相互之间的栽培植物交换和交流也增多了。这一时期，从海路和陆路引入我国栽培的大田作物包括：燕麦、黑麦、硬粒小麦、圆锥小麦、非洲高粱、魔芋、豇豆、蓖麻、草棉、三叶草等。在这些作物中，有的增加了我国原有作物的类型(如小麦类、非洲高粱、红麻、甘蔗)；有的则填补了我国这类作物的空白(如魔芋、蓖麻、亚麻、三叶草等)。

(4)从美洲引入的作物　哥伦布于 1492 年发现了新大陆，使这个大陆的许多珍贵的作物得以传向全球，也传到了我国。美洲本土起源的作物包括玉米、甘薯、马铃薯、粒用菜豆、花生、向日葵、陆地棉(美棉)、海岛棉、剑麻、烟草等。

玉米在 1496 年传入西班牙，只过了 15 年，在我国地方志《留青日札》(1511 年)上就记述了这个作物。李时珍的《本草纲目》著于 1578 年，其中也提及玉米，距新大陆发现也不到百年。甘薯是在明代末年传入我国的，徐光启曾亲自试种并积极推广甘薯。玉米和甘薯两大作物在我国普遍种植后，在满足人们粮食需求和备荒上起了很大的作用。马铃薯在 16 世纪末至 17 世纪初传入我国，京津地区和东南沿海各省种植较早。花生、向日葵以及棉花等原产于美洲的作物现已成为我国的重要经济作物。

第二节　作物的分类

目前，我国栽培的农作物有 90 多种，各种作物还有众多的类型和品种。为便于研究和利用，将众多的作物进行了分类。

一、按照植物学分类

按植物的科、属、种进行分类，国际上通用。如玉米学名为 *Zea mays* L.，属禾本科。常见作物的科、中文名、学名、英文名对照见表 3-1。

表 3-1　常见作物中文名、学名、英文名对照表

中文名	学　名	英文名	主要用途
禾本科	**Gramineae**		
稻	*Oryza sativa* L.	rice	籽实食用
小麦	*Triticum aestivum* L.	wheat	籽实食用
大麦	*Hordeum sativum* Jess	barley	籽实食用、饲用
黑麦	*Secale cereale* L.	rye	籽实食用
燕麦	*Avena sativa* L.	oat	籽实食用、饲用
玉米	*Zea mays* L.	corn(maize)	籽实食用、饲用
高粱	*Sorghum bicolor*(L.)Moench	sorghum	籽实食用、饲用
苏丹草	*Sorghum sudanense*(piper)stapf	sudan grass	饲用
黍(稷)	*Panicum miliaceum* L.	proso millet	籽实食用
粟	*Setaria italica*(L.)Beaur	foxtail millet	籽实食用
薏苡	*Coix lacrymajobi* L.	joba-tears	籽实食用
甘蔗	*Saccharum officinarum* L.	sugar-cane	榨糖
蓼科	**polygonaceae**		
荞麦	*Fagopyrum* Mill	buck wheat	籽实食用
豆科	**leguminosae**		
大豆	*Glycine max*(L.)Merrill.	soybean	种子油用、食用
花生	*Arachis hypogaea* L.	peanut	种子油用、食用
蚕豆	*Vicia faba* L.	broad bean	种子食用

续表3-1

中文名	学　　名	英文名	主要用途
豌豆	*Pisum arvonse* L.	garden pea	种子食用
豇豆	*Vigna cylindrica*(L.)Skeels	common cowpea	种子食用
绿豆	*Phaseolus radiatus* L.	mung bean	种子食用
紫云英	*Astragalus sinicus* L.	milk vetch	全株绿肥、饲料
苜蓿	*Medicago sativa* L.	alfalfa	全株绿肥、饲料
草木樨	*Melilotus* spp.	sweet clover	茎叶绿肥
旋花科	**Convolvulaceae**		
甘薯	*Ipomoea batatas* Lam.	sweet potato	块根食用
薯蓣科	**Dioscoreaceae**		
山药	*Dioscorea batatas* Decne	chinese yam	块根食用
茄科	**Solanaceae**		
马铃薯	*Solanum tuberosum* L.	potato	块茎食用
烟草	*Nicotiana tabacum* L.	tobacco	叶制烟
锦葵科	**Malvaceae**		
棉花	*Gossypium* spp.	cotton	种子纤维纺织用
红麻	*Hibiscus cannabinus* L.	kenaf	韧皮纤维用
苘麻	*Abutilon avicennae* Gaertn	chingma abutilon	韧皮纤维用
亚麻科	**Linaceae**		
亚麻	*Linum usitatissimum* L.	common flax	韧皮纤维用
十字花科	**Cruciferae**		
油菜	*Brassica* spp.	rape	种子油用
胡麻科	**Pedaliaceae**		
芝麻	*Sesamum indicum* DC.	sesame	种子油用、食用
菊科	**Compositae**		
向日葵	*Helianthus annus* L.	sunflower	种子油用
菊芋	*H. Tuberosus* L.	jerusalem artichoke	块茎食用
大戟科	**Euphorbiaceae**		
蓖麻	Ricinus communis L.	castor	种子油用
木薯	*Manihot utilissima* Pohl	cassava	块根食用
藜科	**Chenopodiceae**		
甜菜	*Beta vulgaris* L.	sugar beet	块根糖用

二、按照作物生物学特性分类

(一)按作物对温度条件的要求分类

(1)喜温作物 作物生长发育所需的最低温度为10℃左右，全生育期需要较高的积温。稻、玉米、高粱、谷子、棉花、花生、烟草等均属于此类作物。

(2)耐寒作物 作物生长发育所需的最低温度在1～3℃，全生育期所需积温一般也较低，如小麦、大麦、黑麦、燕麦、马铃薯、豌豆、油菜等属于耐寒作物。

(二)按作物对光周期的反应分类

(1)长日照作物 在日照变长时开花的作物称长日照作物，如麦类作物、油菜等。

(2)短日照作物 在日照变短时开花的作物称短日照作物，如稻、玉米、大豆、棉花、烟草等。

(3)中性作物 中性作物是指那些对日照长短没有严格要求的作物，如荞麦。

(4)定日照作物 甘蔗的某些品种，只能在12.75 h的日照长度下才能开花，长于或短于这个日照长度都不能开花，这种作物叫作定日照作物。

(三)按作物对CO_2同化途径分类

(1)三碳(C3)作物 三碳途径的CO_2受体是1,5-二磷酸核酮糖(RuBP)，CO_2被固定后形成3-磷酸甘油酸(PGA)，三碳作物光合作用的CO_2补偿点高。水稻、小麦、大豆、棉花、烟草等属于三碳作物。

(2)四碳(C4)作物 四碳作物光合作用最先形成的中间产物是带4个碳原子的草酰乙酸等双羧酸，其CO_2补偿点低，光呼吸作用也低。四碳作物在强光高温下光合作用能力比三碳作物高。玉米、高粱、谷子、甘蔗等属于四碳作物。

(3)CAM作物 这些作物绿色组织上的气孔夜间开放，吸收并固定CO_2，形成以苹果酸为主的有机酸；白天则气孔关闭，不吸收CO_2，但同时通过光合碳循环将从苹果酸中释放的CO_2还原为糖。

三、按照作物用途与植物学系统相结合分类

(一)粮食作物(或称食用作物)

(1)禾谷类作物 绝大部分属禾本科。主要有小麦、大麦、燕麦(莜麦)、黑麦、稻、玉米、谷子、高粱、黍、稷、稗、龙爪稷、薏苡等。荞麦属蓼科，其籽粒可供食用，习惯上也列入此类。部分禾谷类作物详见彩图3-1。

(2)豆类作物　属豆科，主要提供植物性蛋白质，常见的有大豆、豌豆、绿豆、小豆、蚕豆、豇豆、菜豆、小扁豆、蔓豆、鹰嘴豆等。部分豆类作物详见彩图 3-2。

(3)薯芋类作物　植物学上科属不一，主要提供淀粉类食物，常见的有甘薯、马铃薯、木薯、豆薯、薯蓣、芋、魔芋、菊芋、蕉芋等。部分薯芋类作物见彩图 3-3。

(二)经济作物(或称工业原料作物)

(1)纤维作物　其中有种子纤维作物，如棉花；韧皮纤维作物，如亚麻、黄麻、洋麻(红麻)、苘麻、苎麻等；叶纤维作物，如剑麻、蕉麻、菠萝麻等。

(2)油料作物　有花生、油菜、芝麻、向日葵、油用亚麻(胡麻)、蓖麻、苏子、红花等。

(3)糖料作物　有甘蔗和甜菜，还有甜叶菊、甜高粱等。

(4)嗜好作物　主要有烟草、茶叶、可可、咖啡等。

(5)其他作物　桑、橡胶、薄荷、啤酒花、芦苇等。

部分经济作物详见彩图 3-4。

(三)饲料及绿肥作物

(1)豆科饲料及绿肥　苜蓿、苕子、紫云英、草木樨、田菁、柽麻、三叶草、沙打旺等。

(2)禾本科饲料及绿肥　苏丹草、黑麦草、雀麦草、羊茅等。

(3)水生饲料及绿肥　红萍、水葫芦、水浮莲、水花生等。

(四)药用作物

药用植物包括人参、三七、大黄、山药、天麻、甘草、半夏、芦荟、百合、红花、杜仲、茯苓、蒲公英、党参、黄芪、柴胡等。

(五)调料作物

调料作物包括花椒、胡椒、葱、蒜、姜、八角、茴香等。

(六)再生能源作物

再生能源作物包括荻、甜高粱、胡柳、油菜等(生物质能源的分类与利用详见二维码 3-1)。

以上分类并不是绝对的，有些作物有多种用途，可根据具体用途归入相应的类型。如大豆种子既可食用，也可榨油，其秸秆是较好的饲料；亚麻既是纤维作物，种子又是油料；玉米种子既可食用，也可榨油，其植株也可作为青贮饲料等。

二维码 3-1
生物质能源的分类与利用

第三节　作物分布

全球种植的作物种类繁多，其分布遍及全球各地。作物的分布与作物的生物学特性、气候土壤条件、社会经济条件、生产技术水平、人们的习惯和社会需求状况等因素有关。随着科技进步和新品种的育成，作物分布也会发生变化。

一、禾谷类作物

禾谷类作物是人类主要的粮食作物，生产面积最大，分布最广。据联合国粮农组织(FAO)提供的数据显示，2018—2022 年全球谷物播种面积平均为 72864.6 万 hm^2；其中亚洲谷物面积最大，占全球谷物总面积的 46.3%；中国是谷物面积最大国，占全球谷物总面积的 13.62%；印度谷物播种面积仅次于中国，占全球谷物总面积的 13.60%；美国谷物播种面积第三，占全球 7.3%(详见二维码 3-2)。

二维码 3-2
全球主要作物
生产情况

全球谷物总产量 2018—2022 年平均为 30.0 亿 t，谷物总产量以中国最高，占全球总产量的 20.8%，美国谷物总产量第二，占全球 14.4%。谷物中小麦、水稻和玉米播种面积和产量均最多，称为全球三大作物。

(一)小麦

小麦喜冷凉湿润气候，适应范围广，栽培面积遍布各大洲，主要分布于北半球欧亚大陆和北美洲。小麦在全球播种面积最大，是全球第一大粮食作物，但总产量低于玉米和水稻。种植小麦面积前五的国家有印度、俄罗斯、中国、美国、哈萨克斯坦。中国为全球小麦总产量最高的国家，总产量占全球小麦总产量的 17.6%，印度、俄罗斯居第二、三位(详见二维码 3-3)。小麦单产水平较高的国家主要分布于欧洲，新西兰单产水平最高，爱尔兰单产水平居第二位。

二维码 3-3
全球三大粮食
作物生产情况

中国除海南省外的省(自治区、直辖市)都有小麦种植，主要分布在秦岭以北、长城以南的北方冬麦区。小麦为我国第三大粮食作物，播种面积仅次于水稻和玉米。2018—2022 年平均数据显示，小麦种植面积和总产量最大的省份均为河南省，播种面积占全国的24.1%，总产量占全国的27.8%。山东、安徽、江苏、河北、新疆、湖北、陕西等也有较大面积分布（表3-2）。

表3-2 中国小麦主产省份生产情况（2018—2022年平均）

位次	省份	播种面积/万 hm^2	占全国比例/%	省份	产量/万 t	占全国比例/%
1	河南	569.9	24.1	河南	3742.7	27.8
2	山东	399.8	16.9	山东	2574.3	19.1
3	安徽	284.6	12.0	安徽	1671.6	12.4
4	江苏	236.5	10.0	河北	1459.3	10.8
5	河北	227.8	9.6	江苏	1329.7	9.9
6	新疆	109.0	4.6	新疆	604.7	4.5
7	湖北	104.7	4.4	陕西	410.2	3.0
8	陕西	96.2	4.1	湖北	401.3	3.0
9	甘肃	73.5	3.1	甘肃	281.4	2.1
10	四川	60.3	2.5	四川	247.0	1.8

资料来源：根据国家统计局统计数据整理。

（二）水稻

水稻是高温短日照作物，生长期间要求有较多的热量和水分；水稻播种面积居于粮食作物第三位，产量居粮食作物第二位。全球稻谷主要集中分布在温暖湿润的东南亚季风地区，亚洲稻谷播种面积约占全球稻谷播种面积的86.4%，非洲和美洲种植面积较小，欧洲和大洋洲很少种植。印度稻谷收获面积居全球第一，但总产低于中国，中国为全球稻谷总产量最大国，总产量占全球总产量的27.6%（详见二维码3-3）。水稻单产水平澳大利亚最高，可达9924.8 kg/hm^2，中国水稻单产为7062.5 kg/hm^2，位居全球第12位。

中国除青海省外，其他省（自治区、直辖市）都有水稻种植。中国水稻南方主要为籼稻，北方主要为粳稻。水稻播种面积和产量均居中国粮食作物第二，面积较大的省份有湖南、黑龙江、江西、安徽、湖北等；其中湖南播种面积第一，占全国的13.3%（表3-3），黑龙江省近年来水稻面积增长较快，播种面积已经上升为全国第二，其产量位居全国之首。

表 3-3　中国水稻主产省份生产情况(2018—2022 年平均)

位次	省份	播种面积/万 hm^2	占全国比例/%	省份	产量/万 t	占全国比例/%
1	湖南	395.9	13.3	黑龙江	2775.4	13.2
2	黑龙江	378.7	12.7	湖南	2649.5	12.6
3	江西	340.9	11.4	江西	2060.4	9.8
4	安徽	251.5	8.4	江苏	1971.9	9.3
5	湖北	229.9	7.7	湖北	1891.3	9.0
6	江苏	220.8	7.4	安徽	1609.1	7.6
7	四川	187.2	6.3	四川	1475.9	7.0
8	广东	181.6	6.1	广东	1083.9	5.1
9	广西	174.8	5.9	广西	1013.6	4.8
10	吉林	83.8	2.8	吉林	666.9	3.2

资料来源:根据国家统计局统计数据整理。

(三)玉米

玉米是高产的 C_4 作物,为全球栽培面积第二大粮食作物,总产量居谷物总产量之首,占谷物总产量的 38.6%。玉米主要分布于美洲和亚洲,其次为欧洲和非洲,大洋洲分布最少。玉米种植面积较大的国家有中国、美国、巴西、印度、墨西哥等。美国为全球玉米总产量最大的国家,总产量占全球玉米总产量的 31.1%。中国居第二位,总产量约占全球玉米总产量的 23.0%。玉米单产水平最高的国家是以色列,达 21854.1 kg/hm^2(详见二维码 3-3)。

玉米为中国第一大粮食作物,播种面积和总产量均居第一。中国玉米栽培几乎遍及全国,主产区集中分布在从东北黑龙江、吉林、辽宁经山东、河北、山西、河南、内蒙古到西南的四川、云南、贵州及陕西的斜长弧形玉米分布带上。北方为春玉米产区,黄淮流域为夏玉米产区,西南为春夏玉米产区。我国栽培的玉米以饲用为主,专用玉米如甜玉米、糯玉米、高油玉米等栽培面积较小。玉米种植面积和总产量最大省均为黑龙江省,种植面积占全国种植面积的 14.3%,总产量占全国总产量的 14.9%(表 3-4)。

表 3-4 中国玉米主产省份生产情况(2018—2022 年平均)

位次	省份	播种面积/万 hm^2	占全国比例/%	省份	产量/万 t	占全国比例/%
1	黑龙江	603.4	14.3	黑龙江	3951.2	14.9
2	吉林	432.2	10.2	吉林	3055.0	11.5
3	内蒙古	394.8	9.4	内蒙古	2851.5	10.7
4	山东	388.6	9.2	山东	2591.8	9.8
5	河南	385.0	9.1	河南	2253.6	8.5
6	河北	343.5	8.1	河北	2028.2	7.6
7	辽宁	271.4	6.4	辽宁	1861.7	7.0
8	四川	184.9	4.4	四川	1064.9	4.0
9	云南	183.3	4.3	山西	979.9	3.7
10	山西	175.8	4.2	云南	960.6	3.6

资料来源:根据国家统计局统计数据整理。

二、豆类作物

豆类作物分布遍及全球各大洲,以美洲和亚洲种植面积最大,大洋洲分布极少。豆类包括大豆、鹰嘴豆、蚕豆、豌豆、绿豆、红小豆等,以大豆种植面积最大。

二维码 3-4
全球大豆、薯类、棉花生产情况

大豆起源于中国,但在美洲有较大发展。美洲大豆种植面积占全球大豆种植面积的 75.5%。巴西种植面积、总产量均为最大,分别占全球种植面积的 29.5%和全球总产量的 34.7%。美国和阿根廷播种面积和总产量居全球第二、三位。中国播种面积居全球第五位,总产量居全球第四位。单产水平最高的国家是土耳其(详见二维码 3-4)。

我国的豆类作物种类多、分布广,遍及全国各个省(自治区、直辖市)。我国的豆类主要有大豆、蚕豆、绿豆、红小豆等,其中以大豆播种面积最大,占豆类播种面积的 84.4%,总产量占豆类总产量的 84.7%(表 3-5、表 3-6)。黑龙江省是我国最大的大豆生产省,栽培面积较大的还有内蒙古、安徽、四川、河南等地区。东北三省及内蒙古为春大豆区,黄淮海平原为夏大豆区。

表 3-5 我国豆类作物主产省份生产情况(2018—2022 年平均)

位次	省份	播种面积/万 hm^2	占全国比例/%	省份	产量/万 t	占全国比例/%
1	黑龙江	442.2	40.3	黑龙江	821.1	38.5
2	内蒙古	129.0	11.8	内蒙古	232.0	10.9
3	安徽	65.7	6.0	四川	135.8	6.4
4	四川	59.9	5.5%	云南	116.5	5.5
5	云南	47.9	4.4	安徽	99.6	4.7
6	河南	40.3	3.7	河南	93.8	4.4
7	吉林	36.5	3.3	吉林	71.0	3.3
8	贵州	33.7	3.1	江苏	70.1	3.3
9	江苏	26.8	2.4	山东	53.7	2.5
10	湖北	25.0	2.3	重庆	41.8	2.0

资料来源:根据国家统计局统计数据整理。

表 3-6 我国大豆主产省份生产情况(2018—2022 年平均)

位次	省份	播种面积/万 hm^2	占全国比例/%	省份	产量/万 t	占全比例/%
1	黑龙江	430.0	46.4	黑龙江	806.2	44.6
2	内蒙古	112.0	12.1	内蒙古	210.8	11.7
3	安徽	61.8	6.7	四川	98.9	5.5
4	四川	43.5	4.7	安徽	94.3	5.2
5	河南	37.0	4.0	河南	89.4	4.9
6	吉林	30.2	3.3	吉林	62.8	3.5
7	湖北	22.1	2.4	山东	52.6	2.9
8	贵州	20.9	2.3	江苏	51.6	2.9
9	江苏	19.7	2.1	云南	40.0	2.2
10	山东	18.5	2.0	湖北	35.4	2.0

资料来源:根据国家统计局统计数据整理。

三、薯类作物

薯类作物包括甘薯、马铃薯、木薯等作物。甘薯喜温,主要分布于亚洲和非洲,全球有 108 个国家和地区种植甘薯;其中,中国种植面积最大,占全球甘薯种植面积的 31.0%,总产占全球总产量的 56.0%。甘薯种植面积较大的国家有尼日利亚、坦桑尼亚、马拉维、乌干达等。马铃薯喜凉，主要分布于亚洲和欧洲，全球有157个国家和地区种植马铃薯，总收获面积为1723.6万hm^2，总产量达36975.3万t。中国是全球最大的马铃薯生产国，占全球马铃薯播种面积的29.0%，其次为印度，乌克兰居第三（详见二维码3-4）。

我国的薯类作物主要有马铃薯、甘薯、木薯，遍及全国各地。其中以马铃薯播种面积最大，占薯类总面积的64.5%，总产量占薯类总产量的60.7%。我国马铃薯主要分布于东北、西北和西南地区。除北京市、上海市、江苏省、山东省、河南省外，其他省份都有种植。贵州播种面积最大，分布较多的还有四川、甘肃、云南、重庆等地（表3-7、表3-8）。

表3-7 我国薯类作物主产省份生产情况(2018—2022年平均)

位次	省份	播种面积/万hm^2	占全国比例/%	省份	产量/万t	占全国比例/%
1	四川	127.2	17.6	四川	549.2	18.6
2	贵州	94.0	13.0	贵州	302.1	10.2
3	重庆	67.0	9.3	重庆	283.4	9.6
4	甘肃	57.3	8.0	甘肃	215.9	7.3
5	云南	56.2	7.8	云南	192.8	6.5
6	陕西	33.9	4.7	河北	143.2	4.9
7	湖北	32.2	4.5	内蒙古	130.2	4.4
8	内蒙古	28.6	4.0	湖北	106.0	3.6
9	广西	26.7	3.7	山东	103.5	3.5
10	河北	22.5	3.1%	广东	99.8	3.4

表3-8 我国马铃薯主产省份生产情况(2018—2022年平均)

位次	省份	播种面积/万hm^2	占全国比例/%	省份	产量/万t	占全国比例/%
1	贵州	76.8	16.5	四川	291.5	16.3
2	四川	69.3	14.9	贵州	250.9	14.0
3	甘肃	57.3	12.3	甘肃	215.9	12.1
4	云南	49.6	10.7	云南	177.1	9.9
5	重庆	33.3	7.2	内蒙古	128.9	7.2
6	陕西	30.1	6.5	重庆	120.2	6.7
7	内蒙古	28.4	6.1	河北	100.5	5.6

续表3-8

位次	省份	播种面积/万 hm^2	占全国比例/%	省份	产量/万 t	占全国比例/%
8	湖北	23.9	5.1	陕西	85.6	4.8
9	山西	16.1	3.5	湖北	74.6	4.2
10	河北	15.6	3.3	山西	52.1	2.9

资料来源：根据中国国家统计局数据整理。

四、油料作物

(一)全球油料作物

油料作物为全球第二大类作物，各大洲均有种植，以亚洲种植面积最大。大豆、油菜、花生和向日葵为全球四大油料作物(表 3-9)。

表 3-9 全球各大洲主要油料作物播种面积(2018—2022 年平均) 万 hm^2

作物	全球	亚洲	欧洲	美洲	大洋洲	非洲
大豆	12744.1	2223.2	566.0	9622.2	2.1	330.6
油菜	3646.7	1464.2	926.5	979.7	263.9	12.4
花生	3054.5	1183.5	0.1	139.1	1.2	1730.6
向日葵	2807.8	334.4	1985.7	254.0	1.4	232.3

资料来源：根据 FAO 统计数据整理。

大豆种植情况在前面豆类作物已作介绍，不再赘述。

油菜喜冷凉，是第二大油料作物，全球总播种面积为 3646.7 万 hm^2。亚洲分布最多，占全球总播种面积的 40.2%，其次是美洲，占全球总面积的 26.9%，非洲分布最少。油菜播种面积最大国家是加拿大，占全球总面积的 23.8%，中国居第二位，占全球总面积的 18.7%，印度为第三。油菜总产量以加拿大居第一，占全球总产的 24.6%，中国居第二位，占全球总产的 18.8%。

花生集中分布在亚洲和非洲，总播种面积为 3054.5 万 hm^2，非洲分布最多，占全球总播种面积的 56.7%，亚洲收获面积第二，占全球收获面积的 38.7%。印度花生收获面积最大，占全球 17.1%，中国花生收获面积第二，占全球的 15.2%。中国花生总产量居全球第一，为 1795.0 万 t，占全球总产量的 34.0%。

向日葵主要分布于欧洲、亚洲和非洲，欧洲收获面积占全球总收获面积的 70.7%。播种面积较大的国家有俄罗斯、乌克兰、阿根廷、罗马尼亚、坦桑尼亚、中国等国，其中俄罗斯播种面积居第一，占全球总面积的 31.0%。

(二)中国油料作物

我国的油料作物有大豆、油菜、花生、向日葵、芝麻、胡麻等。中国除海南外,其他省(自治区、直辖市)都有油菜种植。油菜主要分布于华东和华南地区,东北与华北油菜分布较少。湖南播种面积最多,四川总产量最高(表 3-10)。

表 3-10 我国油菜主产省份生产情况(2018—2022 年平均)

位次	省份	播种面积/万 hm^2	占全国比例/%	省份	产量/万 t	占全国比例/%
1	湖南	130.6	19.1	四川	319.7	22.5
2	四川	129.5	19.0	湖北	236.7	16.7
3	湖北	103.0	15.1	湖南	223.0	15.7
4	江西	49.4	7.2	安徽	88.9	6.3
5	贵州	46.5	6.8	贵州	83.0	5.8
6	安徽	36.7	5.4	江西	71.6	5.0
7	重庆	25.9	3.8	云南	53.8	3.8
8	云南	25.6	3.7	江苏	51.9	3.7
9	内蒙古	24.6	3.6	重庆	51.4	3.6
10	江苏	17.7	2.6	河南	45.5	3.2

资料来源:根据中国国家统计局数据整理。

我国花生栽培主要分布于黄淮平原和华南沿海地区。河南、山东、广东、辽宁、四川、河北等是我国花生主产省,其中河南省花生种植面积最大,总产量最高(表 3-11)。

表 3-11 我国花生主产省份生产情况(2018—2022 年平均)

位次	省份	播种面积/万 hm^2	占全国比例/%	省份	产量/万 t	占全国比例/%
1	河南	125.4	26.7	河南	589.5	32.9
2	山东	65.1	13.9	山东	286.0	16.0
3	广东	34.3	7.3	广东	111.4	6.2
4	辽宁	30.4	6.5	辽宁	100.0	5.6
5	四川	27.9	6.0	河北	96.1	5.4
6	河北	24.7	5.3	湖北	85.0	4.8
7	湖北	24.3	5.2	吉林	79.7	4.5
8	吉林	23.5	5.0	四川	72.9	4.1
9	广西	22.1	4.7	安徽	71.6	4.0
10	江西	17.2	3.7	广西	68.4	3.8

资料来源:根据中国国家统计局数据整理。

向日葵也是我国主要油料作物之一，除海南、西藏、青海、上海、广东外，其他省份都有种植向日葵，种植面积较大的有内蒙古、新疆、河北、甘肃、山西等地，内蒙古播种面积和产量均居第一（表 3-12）。

表 3-12 我国向日葵主产省份生产情况(2018—2022 年平均)

位次	省份	播种面积/万 hm^2	占全国比例/%	省份	产量/万 t	占全国比例/%
1	内蒙古	52.6	65.2%	内蒙古	151.1	65.0
2	新疆	10.0	12.4	新疆	33.3	14.3
3	河北	4.7	5.8	河北	13.9	6.0
4	甘肃	3.5	4.3	甘肃	11.6	5.0
5	山西	2.6	3.3	山西	5.6	2.4
6	陕西	1.9	2.3	陕西	4.6	2.0
7	吉林	1.3	1.6	吉林	2.9	1.2
8	贵州	0.8	1.0	宁夏	2.1	0.9
9	宁夏	0.7	0.8	贵州	1.6	0.7
10	河南	0.6	0.7	河南	1.3	0.6

资料来源：根据中国国家统计局数据整理。

芝麻是我国传统的调味油作物，除西藏、青海、甘肃、宁夏外，全国其他省份都有芝麻栽培，但栽培面积较少，主要集中分布于河南、湖北、江西、安徽、湖南等省，河南播种面积占全国播种面积的 40.8%，湖北播种面积占全国 26.5%。

我国油用亚麻（胡麻）主要分布在西北和华北北部的干旱、半干旱地区。全国有 14 个省份种植胡麻，全国种植面积为 19.9 万 hm^2，其中以甘肃、内蒙古、河北、山西、宁夏种植面积较大。甘肃播种面积占全国播种面积的 38.8%，内蒙古播种面积占全国 20.3%。

五、纤维作物

（一）全球纤维作物

全球主要纤维作物有棉花、黄麻、红麻、亚麻等。棉花是全球分布最广，种植面积最大的纤维作物，主要分布于亚洲，其次为美洲和非洲，再次为欧洲和大洋洲。全球棉花生产面积最大的国家为印度，其次为美国，中国居第三位；中国是棉花总产量最高的国家，总产量占全球棉花总产量的 25.7%，印度总产量居第二位，美国居第三位（详见二维码 3-4）。

(二)中国纤维作物

我国的纤维作物主要有棉花和麻类,麻类播种面积比较小,为6.13万hm^2,我国棉花播种面积近年来也减少明显。除青海、宁夏、重庆、西藏、吉林、黑龙江、广东、海南外,其他省份均有棉花种植,以新疆、河北、山东、湖北、湖南为主产区(表3-13)。随着种植业结构的连续调整,新疆已成为我国最大的产棉区,其播种面积占全国播种面积78.9%,产量占全国的87.1%,长江流域和黄河流域传统产棉区的栽培面积减少明显。

表3-13 全国主要省份棉花生产情况(2018—2022年平均)

位次	省份	播种面积/万hm^2	占全国比例/%	省份	产量/万t	占全国比例/%
1	新疆	250.7	78.9	新疆	515.9	87.1
2	河北	17.2	5.4	河北	19.5	3.3
3	山东	14.4	4.5	山东	17.6	3.0
4	湖北	13.8	4.3	湖北	12.3	2.1
5	湖南	6.2	2.0	湖南	8.1	1.4
6	安徽	5.3	1.7	安徽	4.8	0.8
7	江西	3.1	1.0	江西	4.6	0.8
8	河南	2.2	0.7	甘肃	3.4	0.6
9	甘肃	1.9	0.6	河南	2.2	0.4
10	江苏	0.9	0.3	江苏	1.2	0.2

资料来源:根据FAO统计数据整理。

中国麻类作物主要以苎麻为最多,黄麻和亚麻种植较少。麻类种植以华南地区为最多,其次为东北地区,华北和西北地区种植较少。

六、糖料作物

(一)全球糖料作物

全球糖料作物以甘蔗和甜菜为主。据2018—2022年数据统计,全球有103个国家(地区)种植甘蔗,以亚洲和南美洲为集中产区;全球甘蔗总收获面积为2624.2万hm^2,巴西为最大甘蔗生产国,其次为印度,中国居第三。全球甘蔗总产量190976.3万t,巴西总产量占全球总产量38.7%,印度占21.0%,中国占5.6%。

据2018—2022年数据统计,全球有56个国家(地区)种植甜菜,播种面积为451.5万hm^2,主要分布于欧洲,其次为亚洲。主产国有俄罗斯、美国、法国、德国、土耳其等国。全球甜菜总产量为 26697.1 万 t，总产量俄罗斯最高，占全球的 16.5%，其次为法国，占全球的 12.7%，美国居第三。

（二）中国糖料作物

我国糖料作物主要为南方的甘蔗和北方的甜菜。据 2018—2022 年数据统计，甘蔗种植面积占甘蔗和甜菜总种植面积的 87.7%。中国有 17 个省（自治区、直辖市）种植甘蔗，主要分布在华南地区和西南地区，华北、东北地区无甘蔗种植。全国甘蔗种植面积为 135.1 万 hm^2，总产量 10713.0 万 t，种植面积最大的省份是广西，占全国播种面积 64.5%，总产量占全国 68.5%；较大的省份还有云南、广东、海南、江西等。

中国有 17 个省份种植甜菜，大部分在华北、东北和西北地区，南方种植甜菜较少。据 2018—2022 年数据统计，全国甜菜种植面积为 19.0 万 hm^2，其中以内蒙古种植最多，占全国种植面积的 56.7%，其次为新疆、河北、黑龙江、甘肃等。甜菜总产量也是内蒙古最高，为 502.6 万 t，占全国总产量的 48.0%。

七、嗜好作物

全球嗜好类作物主要包括烟草、茶叶、咖啡、可可等。茶叶栽培以亚洲为主，中国、印度、巴基斯坦、肯尼亚为主要产茶国。咖啡、可可栽培主要分布于赤道两侧地区，南美洲的巴西、哥伦比亚是全球最大的咖啡生产国，非洲的科特迪瓦、埃塞俄比亚、赤道几内亚等国以生产咖啡、可可著称。

烟草是嗜好类作物，主要分布于亚洲，据 2018—2022 年数据统计，亚洲烟草种植面积占全球种植面积的 63.6%，其次为美洲、非洲，欧洲和大洋洲极少种植。中国的烟草种植面积最大，占全球烟草面积的 31.5%，其他烟草主产国有印度、巴西、印度尼西亚等。全球烟草总产量为 600.4 万 t，中国烟草总产量居全球第一，占全球总产量的 37.7%。

中国烟草除了北京、天津、上海、江苏、西藏外，其他省份都有种植，但中国烟草主要分布于西南地区，其次为华南地区，华北地区种植最少。据 2018—2022 年数据统计，中国烟草种植面积为 103.1 万 hm^2，总产量为 216.8 万 t，主要是烤烟，播种面积占烟草总面积的 95.3%，总产量占烟草总产量的 94.5%。云南省为全国最大烟草生产省，占全国烟草种植面积的 39.9%，总产量占全国总产量的 39.0%，其次为贵州和河南。此外，湖南、四川、福建、湖北、重庆等地种植面积也较大。

复习思考题

1. 栽培作物与野生植物有哪些差异?
2. 1975年瑞典的泽文和茹可夫斯基共同修订的作物起源中心内容是什么?
3. 小麦、玉米、水稻、甘薯是如何传播的?
4. 我国栽培作物来源于哪些地方?
5. 按照作物生物学特性将作物如何分类?
6. 按照作物的用途与植物学系统相结合将作物如何分类?
7. 小麦、玉米、水稻的全球分布情况如何?
8. 大豆的全球分布与生产情况如何?
9. 马铃薯和甘薯的全球分布与生产情况如何?
10. 棉花的全球分布与生产情况如何?
11. 油料作物的全球分布情况如何?
12. 通过学习作物分布情况内容,分析我国作物生产在全球的地位和作用。

第四章 作物生长发育及产量品质形成

本章内容简介

本章主要介绍作物生长与发育的基本内涵、两者关系及其调控途径，作物生育期、生育时期及器官建成，作物产量构成、形成基础和增产途径，作物品质的基本内涵、品质形成过程及提高途径。

学习目标

掌握作物生长发育的基本内涵、两者关系；作物生育期、生育时期及器官建成；作物产量构成、形成基础；作物品质的基本内涵、品质形成过程等内容。了解作物生长发育的调控途径、作物增产途径及品质提高的途径。

第一节 作物的生长发育

一、作物生长和发育的内涵

（一）作物生长

作物生长是指作物个体、器官、组织和细胞在体积、质量和数量上的增加，是通过细胞分裂和伸长来完成的作物植株或器官由小到大、或由轻到重的不可逆的量变过程，它是通过细胞分裂和伸长来完成的数量增长过程。作物生长包括营养体（根、茎、叶）的生长和生殖体（花、果实、种子）的生长。但是风干种子在水中的吸胀，只是体积上的量变，不能称之为生长。

（二）作物发育

作物发育是指作物一生中其形态、结构、机能的质变过程，表现为细胞、组织和器官的分化，最终导致植株根、茎、叶和花、果实、种子的形成。发育是作物发生形态、结构和功能上质的变化，有时这种过程是可逆的，如幼穗分化、花芽分化、维管束发育、分蘖的产生、气孔发育等。如叶的长、宽、厚、质量的增加称为生长；而叶脉、气孔等组织和细胞的分化则称为发育。

（三）作物生长与发育的关系

作物的生长和发育是交织在一起进行的。没有生长便没有发育，没有发育也不会有进一步的生长，因而作物生长和发育是交织进行的。

二、营养生长与生殖生长关系及调控

（一）营养生长与生殖生长的内涵

作物生长发育通常经历营养生长和生殖生长两个阶段。作物发育前期的营养器官（根、茎、叶）生长称为营养生长；发育后期的生殖器官（花、果实、种子）生长称为生殖生长。

作物营养生长和生殖生长的划分一般以花芽分化或穗分化为界限，花芽或穗分化之前，为营养生长阶段，其后进入生殖生长阶段。实际上，两种生长之间并无严格界限，有相当一段时间营养生长和生殖生长同时进行，常常交错在一起，称为并进时期。例如，麦类作物在拔节前幼穗已分化，同时茎、叶也继续生长，两者并进生长（图 4-1）。

（二）营养生长与生殖生长的关系

1. 营养生长是作物转向生殖生长的必要准备

一般就作物而言，只有根深叶茂，才能穗大粒饱。在营养生长期间，若植株生长健壮，地下有强大的根系吸收水分和养分，地上有大量的绿色叶片制造并积累有机物质，就能促进生殖器官的生长发育。

2. 营养生长和生殖生长彼此影响

由于营养生长和生殖生长在相当长的时间内交错在一起，并进生长。在同一时间，根、茎、叶、果（穗）、种子等各自处于生育进程的不同时期，彼此之间不可避免地会发生相互影响。比如小麦，在拔节时茎的节间迅速生长，穗在分化，而低位叶片已趋向老化。此时，若及时适量施肥浇水则有良好的增产效果；但如果施肥灌水过多，则往往造成营养生长过盛，茎叶徒长，植株倒伏，籽实反而不饱满。

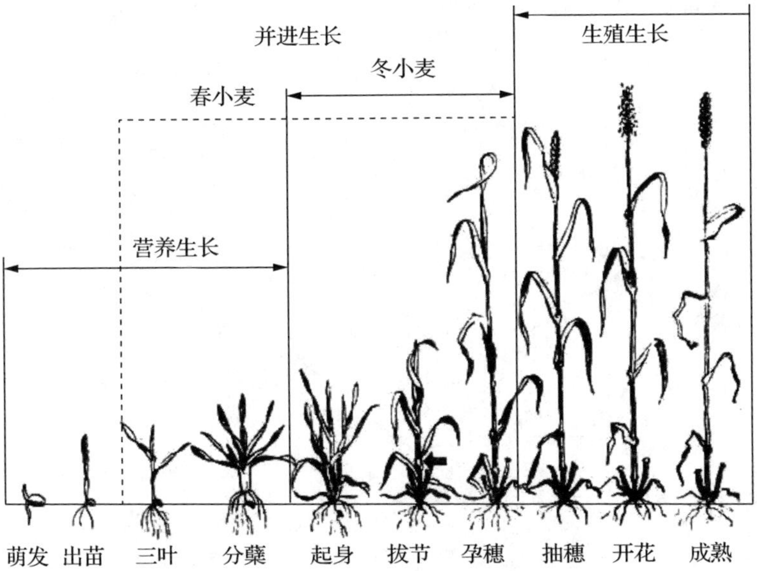

图 4-1　小麦生育时期与三段生长

（三）营养生长和生殖生长的调控

由于不同作物的收获器官不同，在促控植株的生长发育、调节营养生长和生殖生长上就要因作物而异。对于以果实或种子为收获对象的作物，在开花之前，重点要培育壮苗，使营养器官生长发育健壮，先“搭好丰产架子”，为花、果、种子的生长发育奠定物质基础，但也要注意防止营养器官生长过旺，以免进入生殖生长阶段时不能建立起生殖器官生长的优势。而对于以根、茎、叶器官为收获对象的作物，则可适当延迟营养生长的时间，促进物质向收获器官转移，延缓进入生殖生长的进程。

三、作物 S 形生长进程及应用

（一）作物 S 形生长过程

1. S 形生长曲线

作物器官、个体、群体的生长通常是以大小、数量、重量来度量的。作物植株个体或器官的生长过程、群体的建成及产量形成过程均呈现出前期较慢、中期加快、后期又慢以至停滞衰落的过程。这种生长随时间的延长而变化的关系，在坐标图上可用曲线表示。如果以时间为横坐标，以作物生长量为纵坐标画出一条曲线，则曲线呈英文字母“S”形状,因此把这条曲线称为S形生长曲线(图4-2)。

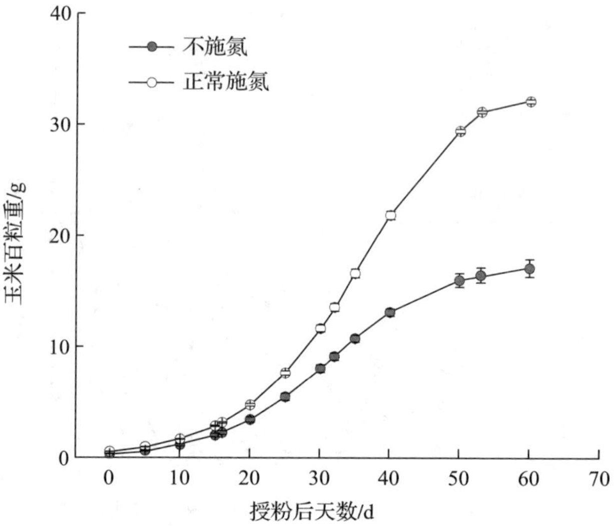

图4-2 玉米百粒重积累曲线

2. S形曲线变化过程

作物S形生长过程(以群体干物质积累为例)可划分为缓慢增长期、直线增长期和减缓停滞期三个阶段。

(1)缓慢增长期 在作物生长初期,作物叶面积较小,干物质积累量较少,生长比较缓慢,呈指数增长,也叫指数增长期。

(2)直线增长期 在这一时期,植株变大,叶面积增长较快,群体干物重的增长速度维持定值,呈直线增长趋势。

(3)减缓停滞期 随着叶片变黄(或脱落)和机能衰退,群体干物质积累速度减缓。当到成熟期时,生长进入停滞状态,干物质积累停止,植株干重趋于稳定不再增加。

(二)S形生长进程的应用

1. 检验作物的生长发育进程

作物的群体、个体、器官、组织乃至细胞,它们的生长发育过程都是符合S形生长曲线的。如果在某一阶段偏离了S形曲线的轨迹,未达到或超越了,都会影响作物的生育进程和速度,从而影响作物最终产量。因此,在作物生育过程中应密切注视苗情,使之达到该期应有的长势长相,向高产优质方向发展。

2. 指导促控措施的应用

(1)促控措施要适时　各种促进或抑制作物生长的措施，都应该在作物生长发育最快速度到来之前应用。例如，用矮壮素控制小麦拔节，应在基部节间尚未伸长前施用，如果基部节间已经伸长，再施矮壮素，就达不到控制该节间伸长的效果；水稻晒田可使基部1～2节间矮壮，若晒迟了，不但达不到这一目的，反而可能影响穗的分化。

(2)促控措施要兼顾器官差异性　同一作物的不同器官，通过S形生长周期的步伐不同，生育速度各异，在控制某一器官生育的同时，应注意这项措施对其他器官的影响。例如，拔节前对稻麦施用速效性氮肥，虽然能对稻麦的小花分化起促进作用，但同时也能促使基部1～2个节间的伸长，而易引起以后植株的倒伏。

四、作物生育期和生育时期

(一)作物生育期

1. 作物生育期内涵

作物从出苗到成熟之间的天数，称为作物的生育期。在生产上，由于作物收获的产品器官不同，生育期的计算方法也不同。根据收获对象的不同，有以下几种情况：

(1)收获籽粒　一般以籽粒为播种材料又以新的籽粒为收获对象的作物，其生育期是指籽粒播种后从出苗开始到成熟所经历的总天数。这类作物在生产上最多，如小麦、玉米、大豆、高粱等。

(2)收获营养体　对于以营养体为收获对象的作物，如麻类、薯类、牧草、绿肥、甘蔗、甜菜、烟草等，其生育期是指播种材料出苗到主产品收获时期的总天数。烟草的生育期是从出苗到“工艺成熟”之间的天数。

(3)育苗移栽　需要育秧(育苗)移栽的作物，如水稻、甘薯、烟草等，通常还将其生育期分为秧田(苗床)期和大田期。秧田(苗床)期是指从出苗到移栽的天数，大田期是指从移栽到成熟的天数。

(4)棉花　棉花具有无限生长习性，在棉花开始吐絮后，要持续很长时间才能收获完毕。一般将播种出苗至开始吐絮的天数称为生育期，而将播种到全田收获完毕的天数称为大田生育期。

2. 作物生育期长短的影响因素

作物生育期长短不尽相同，主要取决于作物的遗传性和所处的环境条件。

(1)遗传因素　基因型差异导致不同作物、同一作物不同类型或品种的生育期长短不同。如北京地区，冬小麦生育期为 250 d 左右，春小麦生育期仅 100 d 左右。同为冬小麦又有早熟品种、中熟品种和晚熟品种之分。早熟品种生长发育快，主茎节数少，叶片少，成熟早，生育期较短；晚熟品种生长发育缓慢，主茎节数多，叶片多，成熟迟，生育期较长。中熟品种的各种性状均介于二者之间。

（2）环境因素　温度和日照时长变化会引起生育期变化。如玉米、大豆、水稻等喜温短日照作物，当从南方向北方引种时，由于纬度增高，温度较低，日长较长，其生育期延长；相反，从北方向南方引种，由于纬度低，日长较短，温度较高，生育期缩短。强冬性小麦为低温长日照作物，若作春小麦栽培则当年不能抽穗成熟。不同海拔高度和栽培措施对作物生育期各有影响。如在相同纬度下，高海拔地区温度较低，作物生育期较长；低海拔地区温度较高，生育期较短。

（3）栽培因素　同一玉米品种在春播时生育期较长而夏播情况下较短。同一作物品种在肥沃条件下种植，或者肥水条件优越，会导致营养生长阶段延长（贪青）而延迟成熟。

3. 作物生育期与产量

作物的生育期与产量之间的关系并不是简单的正相关或负相关，而是受到多种因素的影响。一般来说，早熟品种单株生产力低，晚熟品种单株生产力高，但这也不是绝对的。如湖南、江西两省晚熟油菜品种产量低于中熟油菜品种产量，其主要原因是这两地入春后，温度上升快，晚熟品种灌浆成熟时，常遇高温逼熟，导致产量和种子含油量下降，而中熟品种则成熟条件好，产量和种子含油量高。对小麦而言，若其生育期长，光照时间长，气温适宜，土壤水分充足，有利于小麦产量的提高。相反，如果生育期短，就会影响小麦的产量。就水稻而言，在一定生育期范围内（＜152 d），生育期与生物产量以及经济产量呈极显著正相关，但进一步延长生育期，对产量的提高无明显作用，甚至会降低产量。此外，从群体产量看，早熟品种多适于密植，而晚熟品种多适于稀植，因此，早熟品种群体产量也不一定比晚熟品种低。

（二）作物生育时期

生育时期是指作物一生中植株外部形态呈现显著变化的若干时期。依此显著变化可将作物的一生划分为若干个生育时期。常见作物的生育时期划分如下：

（1）稻、麦类　一般划分为出苗期、分蘖期、拔节期、孕穗期、抽穗期、开花期、成熟期。

（2）玉米　一般划分为出苗期、拔节期、大喇叭口期、抽雄吐丝期、灌浆期、成熟期。

(3)豆类　一般划分为出苗期、分枝期、开花期、结荚期、鼓粒期、成熟期。

(4)棉花　一般划分为出苗期、现蕾期、花铃期、吐絮期。

(5)油菜　一般划分为出苗期、现蕾抽薹期、开花期、成熟期。

对各种作物生育时期的划分，目前尚未完全统一，有的划分粗略些，有的划分精细些。例如，成熟期还可细划为乳熟期、蜡熟期和完熟期。

(三)作物的物候期

作物生育时期是根据其物候期的起止来确定的。所谓物候期是指作物生长发育在一定外界条件下所表现出的形态特征，人为地制定一个具体的标准，以便科学地把握作物的生育进程。水稻、小麦、棉花、大豆物候期详见二维码 4-1。

二维码 4-1
水稻、小麦、棉花、大豆物候期

各种作物判断标准为观测单个植株时的标准。对于群体物候期的判断标准是：当 10%左右的植株达到某一物候期的标准时称为这一物候期的始期，50%以上植株达到标准时称为这一物候期的盛期。

五、作物器官建成

(一)种子及种子萌发

1. 种子的概念

作物生产上所说的种子是泛指用于播种繁殖下一代的播种材料，它包括植物学上的三类器官：一是由胚珠受精后发育成的种子，即植物学上的种子，如豆类、麻类、棉花、油菜、烟草等作物的种子；二是由子房发育而成的果实，如稻、麦、玉米、高粱、谷子等的颖果，荞麦和向日葵的瘦果，甜菜的聚合果等；三是进行无性繁殖用的根或茎，如甘薯的块根，马铃薯的块茎，甘蔗的茎节等。

近来，随着农业生物技术在作物育种领域的应用，通过组织培养技术，把植物组织的细胞培养成在形态及生理上与天然种子胚相似的胚状体(体细胞胚)，把胚状体包埋在胶囊内形成球状结构，使其具备种子机能。这种颗粒体称为人工种子(artificial seeds)，又称合成种子(synthetic seeds)或体细胞种子(somatic seeds)。

2. 种子的组成

除用于无性繁殖的营养器官，如根和茎外，作物的种子一般由种皮、胚和胚乳三部分组成。具体有以下几种情况：

(1)单子叶作物　小麦、玉米、高粱等禾谷类作物的种子有胚、胚乳，不仅有种皮，还有果皮包被着，种皮和果皮紧密相连不易分开(图 4-3)；而水稻、大麦、谷子等甚至还包括果实以外的内外稃(壳)。胚乳是种子养分的贮藏场所，有胚乳的种子，一般内胚乳比较发达。

(2)有胚乳的双子叶作物　种子由胚、胚乳、种皮三部分组成，如蓖麻、荞麦、黄麻、苘麻、烟草等。

(3)无胚乳的作物　种子有胚、种皮，但没有胚乳，养分贮藏于胚内，尤其是子叶内，如棉花、油菜、芝麻、甜菜及大豆、花生等作物。由于胚乳或子叶中贮藏养分多少关系到种子发芽和幼苗初期生长的强弱，所以选用粒大、饱满、整齐一致的种子，对保证全苗壮苗有重要意义。

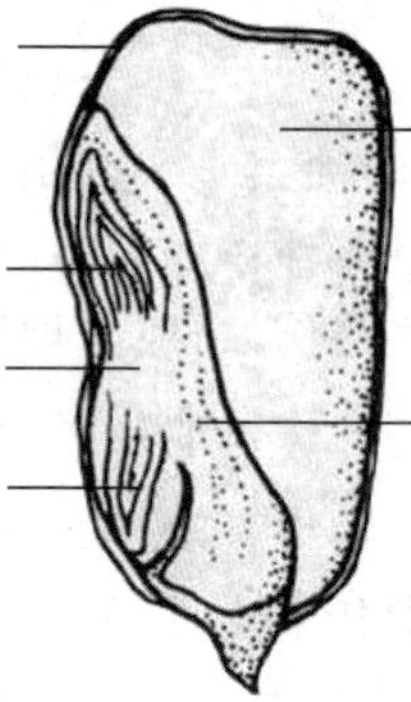

图 4-3　玉米种子内部构造

3. 种子发芽条件

种子和用于进行繁殖的营养器官能否发芽，首先取决于自身是否具有发芽能力，只有具有发芽能力的种子才可能发芽。除自身因素外，水分、温度和空气是发芽的主要外部条件，种子发芽要求水分、温度和空气三个因素的适度配合，三者缺一不可。

(1)水分　是制约种子发芽的首要因素。种子必须在吸足水分后才能萌发，如吸收水分不足，即使其他条件满足种子也不能开始发芽。不同作物种子发芽所需水量也不同，含淀粉多的种子吸水量较少，如小麦为种子干重的 150%～160%，玉米为 137%；含蛋白质、脂肪较多的种子则吸水量较多，如大豆为 220%～240%。

(2)温度　作物种子发芽是在一系列酶的参与下进行的，而酶的催化活力与温度有密切关系。不同作物种子发芽所需最低、最适、最高温度不同，即使同一种作物，也因生态型、品种或品系不同而有差异。一般原产于北方的作物需要温度较低，如小麦种子发芽的最低温度为 3～5℃，最适温度为 15～20℃，最高温度为 35～40℃；原产于南方的作物所需温度较高，如水稻种子萌发的最低温度为 10～12℃，最适温度为 28～32℃，最高温度为 40～42℃。

(3)氧气　在种子发芽过程中，旺盛的物质代谢和物质运输等需要强烈的有氧呼吸作用来保证，因此氧气对种子发芽极为重要。各种作物种子萌发需氧程度不同，花生、大豆、棉花等种子含油较多，萌发时较其他种子要求更多的氧。水稻种子与一般作物种子有些不同。水稻正常发芽也需要充足的氧气，但在缺氧情况下，水稻种子具有一定限度的忍受缺氧的能力，可以进行无氧呼吸，但缺氧时间不能过久，否则影响幼根、幼叶生长，并且导致酒精中毒。

此外，有些作物种子发芽还需要一定光照条件，如烟草种子在间歇照光时萌发率较高。

4. 种子萌发过程

(1)有性繁殖作物　种子的萌发分为吸胀、萌动和发芽三个阶段。①吸胀阶段,种子吸收水分膨胀达到饱和。②萌动阶段,贮藏物质中的淀粉、蛋白质和脂肪通过酶的活动,分别水解为可溶性糖、氨基酸、甘油及脂肪酸等,这些物质运输到胚的各个部分,作为种子萌发的结构物质和提供能量;继而在适宜的温度和通气条件下,胚根伸长突破种皮,露出白嫩的根尖,即完成萌动阶段。③发芽阶段,胚继续生长,禾谷类作物当胚根长至与种子等长,胚芽长度达到种子长度 1/2 时,即为发芽。

(2)无性繁殖作物　以块根繁殖的甘薯,依靠块根薄壁细胞分化形成的不定芽原基的生长发育,突破周皮而发芽。马铃薯、甘蔗、苎麻等的发芽,则是由茎节上的休眠芽在适宜条件下伸长并长出幼叶。

这类根、茎萌发的共同点是:一般都可萌发 2 个以上的芽,形成一种多芽,以后又可分离成独立的植株;根、茎都具有顶端优势,即在块根、块茎的顶部(开始膨大的一端)和上部茎节上的芽首先萌发,依次向下,在一种多芽的情况下,上部芽常常会抑制下部芽的萌发;块根、块茎内本身含水量较多,所以没有吸胀过程,只要有一定湿润的土壤环境,温度与空气适宜时就可以萌发。

5. 种子寿命和休眠

(1)种子寿命　是指种子从采收到失去发芽力的时间。在一般贮存条件下,多数种子的寿命较短,一般为 1～3 年,如花生种子的寿命仅有 1 年,小麦、水稻、玉米、大豆等种子为 2 年。也有少数作物种子寿命较长,如蚕豆、绿豆能达 6～11 年。种子寿命长短与贮存条件有密切关系,如低温贮存可以延长种子的寿命,保持种子密封干燥也可延长种子寿命。

(2)种子休眠　具有生活能力的新种子,即使在适宜的萌发条件下亦不能发芽的现象称为种子的休眠。休眠是植物对不良环境的一种适应。稻、小麦、大麦、玉米、高粱、豆类、棉花、油菜的种子和马铃薯的块茎等大多具有休眠特性。

(3)种子休眠的原因及破除方法　种子休眠的原因大致分为三种类型。①胚的后熟,是种子休眠的主要原因,即种子收获或脱落时,胚组织在生理上尚未成熟,因而不具备发芽能力。这类种子可通过低温和水分处理,促进后熟,使之发芽。②硬实引起休眠,硬实种皮不透水,不透气,故不能发芽,如豆类作物在干燥、高温、氮肥多的环境下种植容易产生硬实。为促使硬实种子发芽,一般采用机械磨伤种皮或用酒精、浓硫酸等化学物质处理使种皮溶解,增强其透性。③种子或果实中含有某种抑制发芽的物质,如种子中含有脱落酸、酚类化合物、有机酸等而未能发芽,在这种情况下,可通过改变光、温、水、气等条件,或采用植物激素等予以处理,使休眠解除。

6. 子叶出土类型

作物种子在田间萌发出土的过程中，根据下胚轴伸长与否，将子叶出土情况分为子叶出土、子叶不出土及子叶半出土三种类型。

(1)子叶出土的作物　种子发芽时，其下胚轴生长快且伸长，能将子叶带出地面，随后展开变绿，下胚轴成为幼茎，如棉花、大豆等。此类作物播种时，要求土壤要疏松，播种不能太深，否则不易出苗。

(2)子叶不出土(留土)的作物　种子发芽时，下胚轴不伸长，只有上胚轴伸长，将胚芽带出地面，而子叶残留在土中，直至养分耗尽，其幼茎由上胚轴转成，如蚕豆、豌豆等。另外，小麦、玉米等种子发芽时，首先钻出地面的是锥状的胚芽鞘，它的钻土能力强。胚芽鞘一出地面见到光照立即停止生长，包在里边的真叶则从胚芽鞘孔口处伸出地面(图 4-4)。

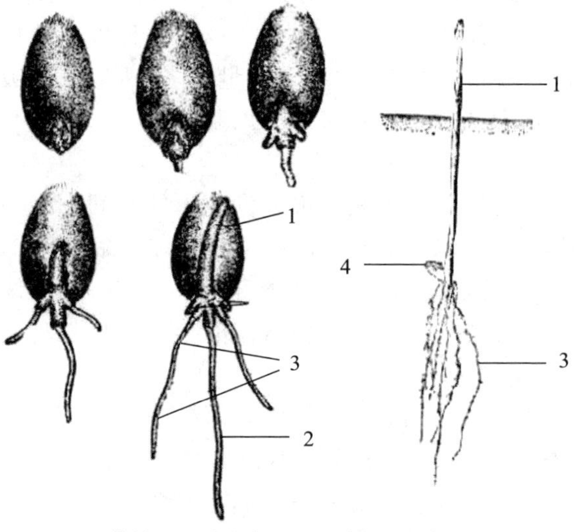

1.胚芽鞘　2.主胚根　3.胚根　4.种子

图 4-4　小麦种子萌发和出苗

(3)子叶半出土作物　种子在萌发时，其上胚轴和胚芽生长较快，同时下胚轴也相应生长。当播种较深时，子叶不出土；而当播种较浅时，则可见子叶露出地面，如花生种子。

由于上述情况，在生产上确定播种深度时，应考虑到作物子叶是否出土以及根茎(胚轴)长短等特性。一般子叶出土或根茎短的作物播种要浅一些，子叶不出土或根茎长的作物播种要深一些。

(二)根

1. 作物的根系

作物的根系由初生根、次生根和不定根组成。作物的根系可分为两类:一类是须根系,如单子叶作物的根;另一类是直根系,如双子叶作物的根。

(1)须根系　单子叶作物如禾谷类作物的根系属于须根系。它由种子根(初生根或胚根)和茎节上发生的次生根(不定根、节根)组成。种子萌发时,先长出 1 条初生根(有的可长出 3~7 条),随着幼苗的生长,基部茎节上长出次生根,次生根是从地下接近土表的茎节上发生的,所以叫节根,因为其数目不定,所以又叫不定根;节根的生出顺序是自芽鞘节开始,渐次由下位节移向上位节,节根在茎节上呈轮生状态。当拔节以后,多数作物的茎节不再生出节根,但有些作物(玉米、高粱、谷子)则在近地面茎节上常发生一轮或数轮较粗的节根,称为支持根,又叫气生根,这些根入土以后,对植株抗倒伏和吸收水分、养分都有一定作用,还具有合成氨基酸的作用(图 4-5)。

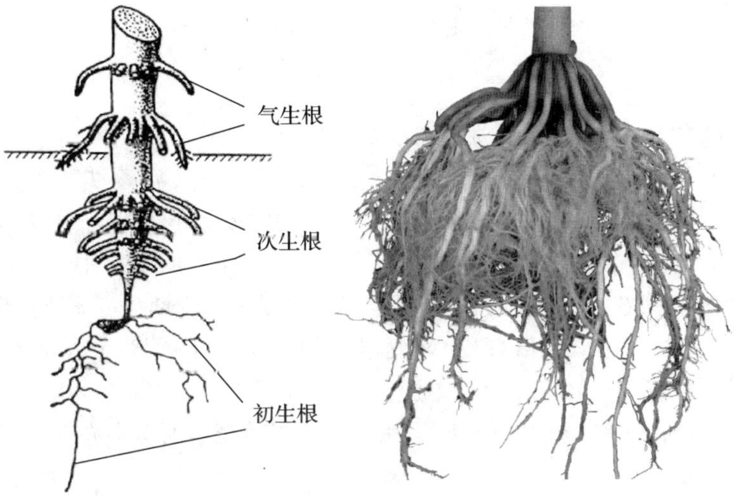

图 4-5　玉米的根系

(2)直根系　双子叶作物如豆类、棉花、麻类、油菜等的根系属直根系。它由 1 条发达的主根和各级侧(支)根构成。主根由胚根不断伸长形成,逐步分化长出侧根,主根较发达,侧根逐级变细,形成直根系(图 4-6)。

1.主根 2.侧根 3.细根 4.根瘤

图 4-6 大豆的根系

2. 根的生长与分布

禾谷类作物根系随着分蘖的增加根量不断增加,生长前期横向生长显著,拔节以后转向纵深伸展,到孕穗或抽穗期根量达最大值,以后逐步下降。根入土较深,水稻可达 50～60 cm,而小麦可达 100 cm 以上。小麦根系主要分布在 0～20 cm 耕层土壤中,占总根量的 70%～80%,20～40 cm 的土层中占 10%～15%。

双子叶作物棉花、大豆等的根系也是逐步形成的,苗期生长较慢,现蕾后逐渐加快,至开花期根量达最大值,以后又变慢。棉花根入土深度可达 80～200 cm,约 80%的根量分布在 0～40 cm 土层中。

一般说来,作物在 0～30 cm 耕层中根系分布最多,所吸收的养分和水分也主要来自这一土层。

3. 根生长的趋向性

(1)向水性　根系入土深浅与土壤水分有很大关系。水田中水稻根系扎得较浅,而旱地作物根系较深。适度的表层土壤干旱,有利于根系下扎。当然土壤极度干旱或土壤严重淹涝,都不利于根系的生长。为了后期生长健壮,苗期要控制水分供应,可促使根系向纵深发展。

(2)趋肥性　在肥料集中的土层中,一般根系比较密集。所以在生产上强调深施肥,不仅可以提高肥料利用率,还可促进根系下扎。

(3)向氧性　根系有向氧性,所以要求耕层土壤通透性要好,这是根系生长的必要条件。在生产上经常中耕,使土壤疏松通气,是促根的常用手段之一。

根据作物根的这三个特性,生产上经常采用“蹲苗”措施来控上促下,培育壮苗。而蹲苗的3个措施就是不灌水、不施肥、勤中耕。

(三)茎

1.作物的茎

(1)单子叶作物的茎　禾谷类作物的茎多数为圆形,大多中空,如稻、麦等。但有些禾谷类作物的茎被髓所充满而成实心,如玉米、高粱、甘蔗等。茎秆由许多节和节间组成,节上着生叶片。禾谷类作物的茎主要靠每个节间基部的居间分生组织的细胞进行分裂和伸长,使每个节间伸长而逐渐长高,其节间伸长的方式为居间生长。禾谷类作物拔节后不久几个节间同时生长,是茎伸长最快的时期。

禾谷类作物基部茎节的节间极短,密集于土内靠近地表处,称为分蘖节,分蘖节上着生的腋芽在适宜的条件下能长成分蘖。从主茎叶腋长出的分蘖称为一级分蘖,从一级分蘖上长出的分蘖称为二级分蘖,从二级分蘖上长出的分蘖称为三级分蘖,以此类推。

(2)双子叶作物的茎　双子叶作物的茎一般接近圆形,实心,由节和节间组成。此类作物茎的生长有两种方式。一种是单轴生长,即主轴从下向上呈无限生长,主轴上的侧芽可发展为侧枝。单轴生长的茎秆外形直立,如向日葵、无限结荚习性的大豆、棉花的主茎和营养枝等。另一种是合轴生长,即主轴生长了一段时间之后停止生长,由靠近顶芽下方的一个侧芽代替顶芽形成一段主轴,以后新的主轴顶芽又停止生长,再由其下方侧芽产生新的一段主轴,依次类推,便形成稍有弯曲的茎枝,如棉花的果枝。双子叶作物的茎,主要靠茎尖顶端分生组织的细胞分裂和伸长,使节数增加,节间伸长,植株逐渐长高,其节间伸长的方式为顶端生长。

茎的节数因作物种类及品种而异;每节着生一叶,叶腋间都有腋芽,可萌发为分枝。分枝习性因作物种类不同而不同,分枝性强的作物,如棉花、油菜、花生、豆类等,其分枝对产量构成的作用较大,在栽培上,要促分枝早生、多发。分枝性弱的作物,如烟草等,分枝对叶的产量和品质不利。

2.影响分枝(分蘖)生长的因素

(1)作物种类和品种　不同的禾本科作物分蘖特性不同,稻、麦类分蘖能力强,在生产上,稻、麦类可形成数十个分蘖,一般有5～10个分蘖能够成穗。玉米、高粱分蘖能力弱,产生的分蘖少,而且普通玉米分蘖不能成穗,高粱分蘖成穗率较低。同一作物不同品种分蘖能力也有很大差异,如冬小麦品种分蘖能力比春小麦分蘖能力强；大豆不同品种之间分枝差异也大，有的品种无分枝，有的品种有 4～5 个分枝，有的品种可达 10～15 个分枝。

(2)种植密度　合理种植密度和较稀种植，有利于作物主茎的生长。对于分枝(或分蘖)的作物，种植密度影响分枝(或分蘖)的形成。总的说来，苗稀，单株营养面积大，光照充足，植株分枝(或分蘖)力强；反之，苗密，则分枝力(或分蘖力)弱。

(3)施肥　施足基肥、苗肥，增加土壤中的氮素营养，可以促进主茎和分枝(分蘖)的生长。如氮磷钾施用比例得当，则更有利于主茎和分枝(分蘖)的生长。但氮肥过多，碳氮比例失调，对茎枝(分蘖)生长不利。

(四)叶

1. 作物的叶

叶是作物光合作用的主要器官，作物生产依赖于叶片的光合作用，在作物生产中特别重视叶片的生长状况。

(1)单子叶作物的叶　单子叶作物的叶为单叶，一般包括叶片、叶鞘、叶耳和叶舌 4 部分，叶的下方为叶鞘，包围着节间。叶片位于叶鞘上方，呈扁平形状，有利于接受阳光。在叶片和叶鞘相连处的内侧，有叶舌，其形状、大小以及茸毛有无因作物种类而不同。有些禾谷类作物在叶片基部的两侧还各有一个叶耳。叶舌和叶耳可作为鉴别作物、杂草的标志(图 4-7)。

(2)双子叶作物的叶　双子叶作物的叶由叶片、叶柄和托叶三部分构成。棉花、苦麻、大豆、向日葵的叶三部分俱全，叫完全叶(图 4-8)。缺少任何一部分或两部分的叶，叫不完全叶，如甘薯、油菜的叶无托叶，烟草的叶无叶柄。

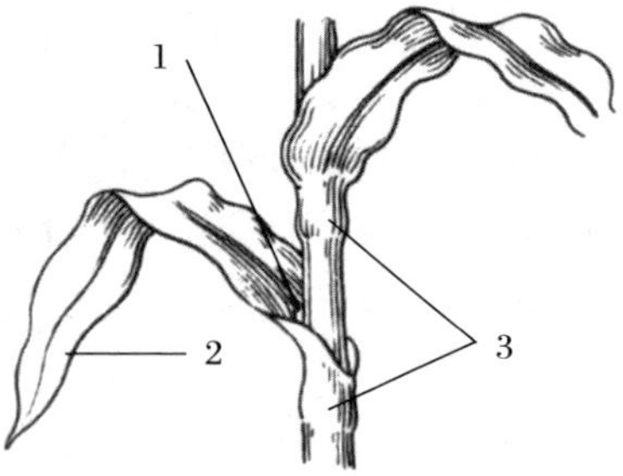

1.叶舌　2.叶片　3.叶鞘

图 4-7　高粱叶构造

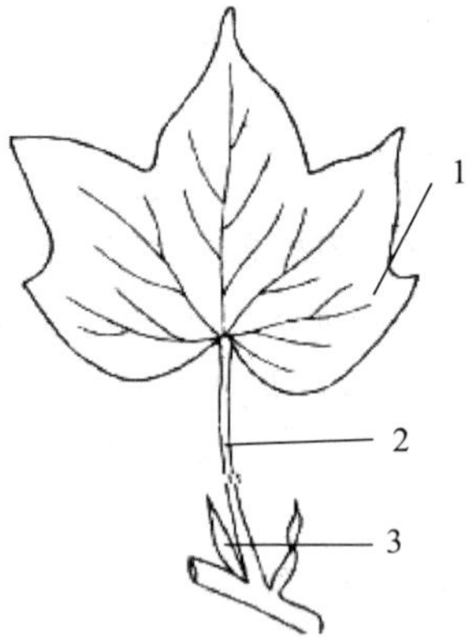

1.叶片　2.叶柄　3.托叶

图 4-8　棉花的叶

叶可分为单叶和复叶。凡一个叶柄上只生一片叶，不论其完整与否，都叫单叶，如棉花、向日葵、油菜等作物的叶。叶柄上着生着两个以上完全独立的小叶片，叫复叶。复叶又分羽状复叶，如豌豆、花生、紫云英的叶；豆类中的大豆、红小豆、绿豆叶片由三片小叶构成，称三出复叶。

2. 叶的功能期

作物的叶片展开后，即可进行光合作用，在叶片生长定型后不久光合作用达到峰值，后因叶片年龄老化，而逐渐衰老枯死。叶片的光合产物除部分用于本身的呼吸和生理代谢消耗外，大部分向植株其他器官输出。叶从开始输出光合产物到失去输出能力所持续时间的长短，称为叶的功能期。禾谷类作物叶片的功能期一般为叶片定长到 1/2 叶片变黄所持续的天数；双子叶作物则为叶平展至全叶 1/2 变黄所持续的天数。

3. 影响叶生长的因素

叶的分化、出现和伸展受温、光、水、矿质营养等多种因素的影响。较高的气温对叶片长度和面积增长有利，而较低的气温则有利于叶片宽度和厚度的增长。光照强，叶片的宽度和厚度增加；光照弱，则对叶片长度伸长有利。充足的光照有利于叶绿素的形成，叶片光合效率高。充足的水分促进叶片生长，叶片大而薄；缺水使叶生长受阻，叶片小而厚。矿质营养中，氮能促进叶面积增大，但过量的氮又会造成茎叶徒长，对产量形成不利。在生长前期，磷能增加叶面积，而在后期却又会加速叶片的老化。钾对叶有双重作用，一是可促进叶面积增大，二是能延迟叶片老化。

（五）花器的分化与发育

1. 禾谷类作物穗的分化与发育

禾谷类作物的花序通称为穗。它们的小穗由 2 片护颖和 1 朵或数朵小花组成。小花有外颖、内颖各 1 片，雄蕊 3 个（水稻 6 个）、雌蕊 1 个（图 4-9）。禾谷类作物幼穗分化开始较早，稻、麦作物一般在主茎拔节前后或同时，粟类作物则在主茎拔节伸长以后。禾谷类作物穗的分化可概括为五个阶段：生长锥伸长期，穗枝梗（圆锥花序）或穗轴节片（穗状花序）分化期，小穗、小花分化期，雌雄蕊分化期及性细胞形成期。主要作物花序的种类和特点详见二维码 4-2。

二维码 4-2
主要作物花序的种类和特点

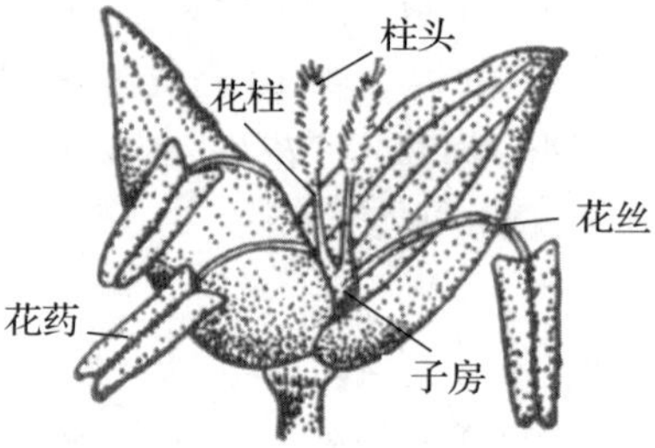

图 4-9 高粱小穗中花器构造

2. 双子叶作物花芽的分化与发育

双子叶作物的花均由花梗、花托、花萼、花冠、雄蕊和雌蕊组成(图 4-10)。双子叶作物花芽分化一般也较早,如棉花在 2～3 叶期即开始花芽分化;南方冬油菜一般 10 多片叶时开始花芽分化;有的花生品种在主茎只有 3 片真叶时(出苗后 3～4 d),第一花芽即开始分化。由于双子叶植物花器比较分散,花芽分化开始和结束时间各不相同。花的分化发育过程可概括为五个阶段:花萼形成期,花冠和雄、雌蕊分化期,花粉母细胞和胚囊母细胞形成期,四分体形成期,胚囊和花粉粒形成期。

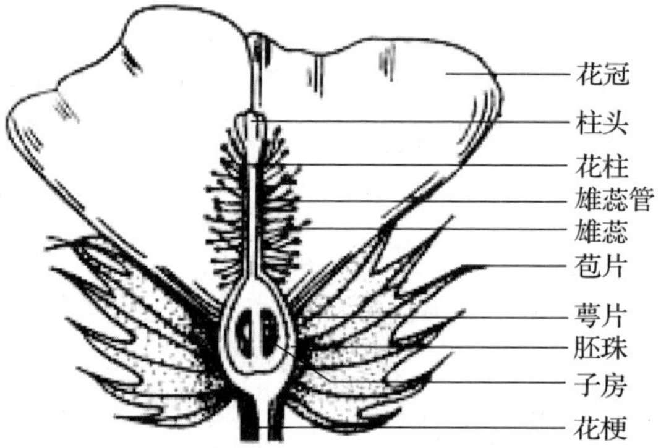

图 4-10 棉花花器纵剖面

(六)开花、授粉和受精

1. 开花

开花是指花朵张开,已成熟的雄蕊和雌蕊(或两者之一)暴露出来的现象(图 4-11)。禾本科作物由于花的构造较为特殊,开花时内、外稃张开,花丝伸长,花药上升,散出花粉。各种作物开花都有一定的规律性,具有分枝(分蘖)习性的作物,通常是主茎花序先开花,然后是第一次分枝(分蘖)花序、第二次分枝(分蘖)花序依次开花。同一花序上的花，开放顺序因作物而不同；由下而上的有油菜、花生和无限结荚习性的大豆等；中部先开花，然后向上向下的有小麦、大麦和玉米及有限结荚习性的大豆等；由上而下的有稻、高粱等。

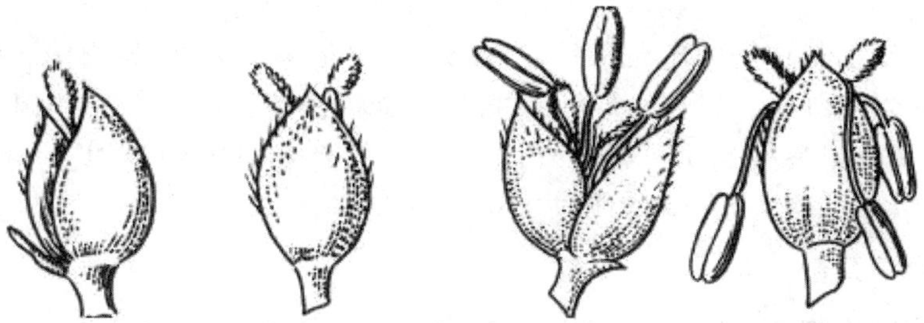

图 4-11 高粱开花过程

2. 授粉

成熟的花粉粒借助外力的作用从雄蕊花药传到雌蕊柱头上的过程，称为授粉。作物的授粉方式有三种：①自花授粉，异交率小于 5%，如小麦、大麦、水稻、大豆、豌豆、花生等。②异花授粉，异交率 50%以上，如玉米、蓖麻、白菜型油菜等。③常异花授粉，异交率 5%～50%，如棉花、高粱、蚕豆等。

3. 受精

作物授粉后，雌雄性细胞即卵细胞和精子相互融合的过程，称为受精。其过程是：花粉落在柱头上后，通过相互“识别”或选择，花粉粒开始在柱头上吸水、萌发，长出花粉管，穿过柱头，经花柱诱导组织向子房生长，把两个精子送到位于子房内的胚囊，分别与胚囊中的卵细胞和中央细胞融合，形成受精卵和初生胚乳核，完成“双受精”过程。

第二节 作物的产量及产量形成

一、作物的产量

（一）生物产量和经济产量

作物的产量是指单位面积作物产品的数量。作物产量通常分为生物产量和经济产量。生物产量是指作物一生中生产和积累的有机物质的总量(含有一定水分),即整个植株(一般不包括根系)的总收获量。经济产量(即一般所指的产量)则是指栽培目的所需要的产品收获量。

由于作物种类和人们栽培目的的不同,作物被利用作为产品的部分也不同,如禾谷类、豆类、油料作物的产品是籽粒;薯类、甜菜是块茎块根;棉花是纤维和种子;麻类作物是韧皮纤维;烟草是叶片;绿肥是整个植株等。同一作物,因利用目的不同,其产量概念也发生变化。如玉米,收获籽粒作为粮食或饲料,其籽粒便是经济产量;若收获茎、叶作为青饲料,则茎叶便是经济产量。

(二)经济系数

在一定的生物产量中,究竟能得到多大比例的经济产量,这就要看生物产量转化为经济产量的效率,这种转化效率即经济产量与生物产量的比值,称为经济系数或收获指数。

经济系数(收获指数)= 经济产量/生物产量

经过人类长期的选择和培育,作物经济系数已达到相当高的水平。在正常生长情况下,各种作物的经济系数是相对稳定的。例如,禾谷类作物的水稻和小麦的经济系数为0.35～0.50;玉米为0.30～0.50;薯类作物为0.70～0.85;甜菜、烟草为0.6～0.7;油菜0.28;大豆0.25～0.40;棉花(籽棉)0.35～0.40;皮棉0.13～0.16;叶菜类可接近1.0等。

不同作物的经济系数差异较大,这与人们所需要的器官及其化学成分有关。一般凡是以营养器官作为主产品的作物(如薯类作物、甜菜、烟草等),由于形成主产品的过程比较简单,所以经济系数较高;凡以生殖器官作为主产品的作物(如禾谷类、豆类、油料等作物),由于其经济产量的形成要经历生殖器官的分化发育直到结实成熟,同化产物要经过复杂的转化过程,因而经济系数较低。主产品的化学成分不同,经济系数也不一样。产品以碳水化合物为主的,在形成过程中需要的能量较少,而含脂肪和蛋白质较多的产品,在形成过程中需要的能量较多。因此,大豆、花生及油菜的经济系数较禾谷类作物低,但它们单位产量所贮积的能量较高。

必须指出,经济系数的高低表明光合作用的有机物质转运到有主要经济价值的器官中的效率,单用经济系数并不能说明产量的高低,欲提高经济产量,只有在提高生物产量的基础上,提高经济系数,才能达到提高经济产量的目的。

二、产量构成因素

(一)产量的构成因素

在作物生产实践中，作物产量是按单位土地面积上有经济价值的产品数量来计算的。一般地，作物产量是由单株平均产量与单位面积上的株数(或穗数)两个因素构成的。例如，禾谷类作物产量的构成为：

产量＝单位面积的穗数×平均单穗产量
＝穗数×单穗粒数×单粒重量

上式中穗数、单穗粒数及单粒重量(粒重)称为产量的构成因素。作物种类不同，它们的产量构成因素也不同(表4-1)。

表4-1　不同作物产量构成因素

作物种类	产量构成因素
水稻、玉米、小麦等禾谷类	穗数、穗粒数、粒重
大豆、蚕豆、绿豆等豆类	株数、单株荚数、荚粒数、粒重
马铃薯、甘薯等薯类	株数、单株薯块数、薯块重
棉花	株数、单株成铃数、铃重、衣分
油菜	株数、单株分枝数、分枝荚果数、荚果粒数、粒重
甘蔗	茎数、茎重
烟草	株数、单株叶数、叶重
苜蓿、草木樨、三叶草等牧草	株数、单株鲜重

(二)产量构成因素间的相互关系

1. 相互制约

从理论上讲，各个产量构成因素的数值越大，作物产量就越高，但事实上这些因素很难同步增长，它们之间有一定的相互制约关系。例如，如果增加禾谷类作物的穗数，则单穗粒数或单粒重就有下降的趋势。在作物生产上，主要强调的是各个产量构成因素间的相互协调，使它们的乘积达到最大值，从而使产量达到最高。

2. 相互补偿

作物的产量构成因素之间有自动调节能力。作物种类不同，其补偿能力也不同。禾谷类作物产量构成因素之间的补偿能力最具代表性。

(1)穗数　穗数是禾谷类作物产量构成中补偿能力最大的因素。成熟时候的穗数，是生育期中分蘖的发生和消亡演替的结果。分蘖发生的多少和最后成穗的数量，表明了作物对环境响应的有效调节能力。在一定群体范围内，通过补偿作用的调节，可达到一定的产量水平。当因播种量不足等造成密度不够时，就可以通过大量发生分蘖形成较多的穗数来补偿；当单位面积上穗数的增加不能弥补单株产量减少的损失时，就会出现减产。

(2)小穗和小花　小穗原基对产量有一定的补偿能力。以小麦为例，若早期有效分蘖少，而且在小穗分化期间的外界环境有利于小穗原基大量发生时，就能起到较大的补偿作用。小花也有一定的补偿能力，例如，小麦穗中部的小穗可能出现10个小花原基，在良好的条件下，可能有6个完全小花，通常只结实3～4粒。在生产上，每穗结实籽粒只占总小花数的20%～30%，其余的均退化或不育。

(3)粒重　在穗数、穗粒数不足时，小麦的粒重也可略做补偿。

禾谷类作物产量构成因素的补偿作用表现为生长前期的补偿作用往往大于生长后期，而补偿程度则取决于种或品种，并随生态环境和气候条件的不同而有较大差异。

三、作物产量形成

(一)禾谷类作物的产量形成

禾谷类作物单位面积穗数是由株数(基本苗)和单株成穗数决定，因此穗数的形成从作物播种就开始。播种密度和播种质量决定了株数，分蘖期是成穗数的决定阶段，这一时期分蘖的多少对穗数影响特别大；拔节、孕穗期是巩固阶段；分蘖期形成的分蘖要在抽穗前进行两极分化，有效分蘖可以抽穗结实，无效分蘖则退化。

每穗粒数的多少取决于小穗、小花的分化和退化。每穗粒数的形成开始于幼穗分化期，取决于开花期。粒重取决于籽粒容积与充实度，主要决定期是籽粒灌浆成熟时期。

(二)双子叶作物的产量形成

不同的双子叶作物其产量构成因素不同，产量形成过程也各有特点。一般来说，单位面积果数(棉花的铃数、大豆的荚数、油菜的角果数)取决于单位面积株数和单株成果数。单位面积株数与播种量和出苗率有关，作物定苗(或育苗移栽成活)株数确定，单株果数从花芽分化开始形成，开花结实阶段是决定时期，果实发育期是巩固阶段。每果种子数开始于花芽分化，取决于果实的发育。粒重由果实发育成熟时期来决定。

四、作物产量潜力与增产途径

(一)作物产量潜力

作物单位面积产量究竟能达到多高水平，也就是作物的生产能力究竟有多大，这是人们十分关心的问题。对于作物生产潜力的大小有多种估算方法，最常用的是根据对太阳辐射的光能利用率进行估算。

太阳辐射能进入地球大气后，能量是相当大的，这些射到地面作物群体上的太阳能有3个去向，一是一部分被反射掉，二是一部分漏射到地面被土壤吸收，三是部分被作物群体利用。在被作物吸收的这部分当中也并不能全部用于光合作用，能够用于光合作用的部分(光合有效辐射)约占总辐射的47%，其余的1/2多转化成热而散失于空气中。光合有效辐射也不能全部转化到光合产物中，据测定，光合作用的最大转化效率为28%。

假设在最优条件下，按反射和漏射占15%，光合有效辐射占总辐射的47%，最大光合作用转化效率为28%，呼吸消耗占50%，非光合器官吸收10%，那么：

$$\text{最大光能利用率}=(1-0.15)\times0.47\times0.28\times(1-0.5)\times(1-0.1)\approx5\%$$

也就是说，太阳总辐射的最大利用率的理论值为5%左右。国内外不少学者也得出了5%～6%的结论。而目前我国农田的平均光能利用率仅为0.32%～0.40%，全世界农田平均为0.2%，地球上水陆植物平均仅有0.1%，可见作物产量还有很大的潜力可挖。

(二)作物增产途径

从理论上讲，要达到光合潜力理论值的高限(5%～6%)，必须具备下列条件：①具有充分利用光能的高光合效能的作物品种；②空气中CO_2浓度正常；③环境因素均处于最佳状态；④具备最适于接受和分配阳光的群体结构。在作物生产上提高光能利用率应从改良品种和改善环境两方面考虑。

1.培育高光效、多抗作物品种

要求作物品种具有高光合能力，低呼吸消耗，光合作用能保持较长时间，叶片大小、着生角度适当，株型、长相均有利于田间群体最大限度地利用光能。随着现代生物育种技术的发展，为应对极端和频发的逆境环境事件，作物实现高产对品种培育提出了多抗属性需求，包括：抗病、抗虫、抗倒伏、抗极端高(低)温等逆境条件。

2.合理安排种植制度

充分利用生长季节，合理安排种植制度。采用间作、套种及复种等方式，增加复种指数,在温度许可的范围内,一年内在同一块土地上延长作物生长时间,特别是在光合潜力最大的时期,使单位土地面积上有较大的绿叶面积,以求提高光能利用率。

3. 采用科学的栽培技术

首先,要因地制宜合理安排种植方式,调节群体内的光分布,建立一个合理的群体结构,最大限度地利用光能。其次,要加强科学管理,正确运用水肥促控措施,以满足作物各个阶段对外界环境的要求,适时防治病虫害和使用化控技术,保证作物健壮生长。

4. 智慧信息技术的应用

随着智慧农业领域的快速发展和作物生产集约化程度的提高,作物生产过程智慧控制技术日益受到人们的重视。利用现代数学方法和电子计算机等手段建立作物生长模型,利用多指标多手段监测和调控作物生长发育向有利于人们需要的方向发展;作物模式化栽培、专家决策支持系统、地膜覆盖技术、化控技术等的应用,对挖掘作物增产潜力均起了很重要的作用。

第三节 作物品质及品质形成

一、作物品质

(一)品质的内涵

作物品质是指作物产品满足人们某种特定需要所具备的特性,直接关系到产品的使用价值和经济价值,如营养品质、加工品质、食用品质、外观品质等。作物产品品质的评价标准,即所要求的品质内容因产品用途而异。在生产中,人们总希望生产优质的农产品,优质主要是指农产品自身及其延伸所表现出的优良品质。对大多数粮食作物及饲料作物来说,作物产品的品质主要体现在食用品质和营养品质两个方面。而对大多数经济作物而言,评价品质优劣的标准通常为工艺品质和加工品质。对所有农产品来说,实现农产品的顺利销售,商业品质十分重要。

1. 营养品质

营养品质是指农产品所含的营养成分,如蛋白质、脂肪、淀粉以及各种维生素、矿质元素、微量元素等;还包括人体必需的氨基酸、不饱和脂肪酸、支链淀粉与直链淀粉及其比例等。营养品质反映产品的营养价值。好的营养品质一方面要求富含营养成分,另一方面要求各种营养成分的比例合理。

2. 食用品质

食用品质主要指适口性,即人食用时的感觉好坏,也就是通常说的好吃不好吃。如稻米蒸煮后的食味、黏性、软硬、香气等的差异,就表现为不同的食用品质。小麦、黑麦、大麦等麦类作物的食用品质主要是指烘烤品质,烘烤品质与面粉中面筋含量和质量有关。一般面筋含量越高,其品质越好,烘制的面包质量越好。

3. 工艺品质

作物的工艺品质是指影响产品质量的原材料特性。例如,棉花纤维的长度、细度和强度等;烟叶的色泽、油分、成熟度等。不同工艺可以加工成不同质量的产品。例如,棉花纤维长度与成纱指标有密切的关系,在其他品质指标相同时,纤维越长,其纺纱支数越高,强度越大。优质棉要求纤维长度在 29～31 mm。

4. 加工品质

加工品质一方面指农产品是否适合加工,另一方面指加工以后所表现出来的品质。加工品质不仅与农产品质量有关,还与加工技术有关。加工品质的评价指标随作物产品不同而不同。水稻的碾磨品质是指出米率,品质好的稻谷糙米率大于 79%,精米率大于 71%,整精米率大于 58%。小麦的磨粉品质是指出粉率,一般籽粒近球形、腹沟浅、胚乳大、容重大,粒质较硬的白皮小麦出粉率高。

5. 商业品质

商业品质是指农产品的外观和包装等,也包括是否有化学物质的污染。农产品中的植酸、单宁、芥酸、棉酚等,从营养学观点看是一类有害的化学成分。植酸的存在,影响人体对钙、磷的吸收;高粱中的单宁,不仅有涩味,还会降低蛋白质的利用率;油菜中的芥酸,在人体内消化吸收较慢,并可能带有毒性;棉酚的存在影响棉花系列产品的综合利用。由此可见,农产品中有害化学成分的高低,直接影响着人类的健康,但通过选用无毒品种或采用一些物理、化学、生物方面的脱毒技术,即可提高其品质。

(二)作物产品品质指标

1. 生化指标

生化指标中包括作物产品所含的生化成分,如碳水化合物、脂肪、蛋白质、微量元素、维生素等,还有有害物质含量以及化学农药、有毒金属元素等污染物质的含量等。

2. 物理指标

包括产品的形状、大小、色泽、滋味、香气、种皮厚度、整齐度、纤维长度及纤维强度等。不同作物根据其利用方面的不同，对其品质的要求不同，如水稻的出米率、小麦的面筋含量、棉花的纤维长度、油料作物的含油量等；同一作物，用途不同，品质要求也不同，如玉米作为淀粉工业原料时，要求玉米籽粒淀粉含量较高，煮食时要求玉米为糯玉米或甜玉米。

在生产实践中，作物品质优劣通常要根据物理指标和生化指标综合评定，生化指标和物理指标不是彼此独立的。某些生化指标和物理指标关系密切。如优质啤酒对大麦要求为：发芽率和发芽势高，千粒重高，浸出率大，蛋白质含量低，淀粉含量高。

二、作物产品品质形成过程

作物产品的化学成分和品质是在作物干物质积累的总过程及产品器官或组织的生长、发育和成熟过程中形成的。在作物产品生化成分中，蛋白质、脂肪、糖类含量高低对作物的品质影响最大，下面简单叙述这三种成分在作物产品品质形成过程中的积累规律。

（一）蛋白质的积累过程

作物的种子内含有贮藏性蛋白质，在豆类作物种子中尤为丰富，大豆种子的蛋白质含量可达40%左右。豆类作物在果实、种子形成前，植株体内一半以上的蛋白质和含氮化合物都贮藏于叶片中，并主要存在于叶绿体内。在果实形成后，则开始向果实和种子转移。在豆类种子成熟过程中，果实的荚壳常起暂时贮藏的作用，即从植株其他部位运输而来的含氮化合物及其他物质先贮藏在荚壳内，到了种子发育后期才转移到种子中去。

谷类作物种子中的贮藏性蛋白质，在开花后不久便开始积累。在成熟过程中，种子中所含的蛋白质总量持续增加，但蛋白质的相对含量则由于籽粒不断积累淀粉而逐步降低。

（二）脂类的积累过程

作物种子中贮藏的脂类主要为甘油三酯，包括脂肪和甘油。油料作物种子含有丰富的脂肪，如向日葵种子可达56%左右，油菜可达40%左右。在种子发育初期，植株光合产物和体内贮藏物质以蔗糖的形态被输送至种子后，以糖类的形态积累起来，以后随着种子的成熟，糖类逐步转化为脂肪，使脂肪含量逐渐增加。

油料作物种子在形成脂肪的过程中，先形成的是饱和脂肪酸，然后转变成不饱和脂肪酸；同时，在种子成熟过程中，先形成脂肪酸，以后才逐渐形成甘油酯。因此，种子只有达到充分成熟时，才能完成这些转化过程。如果油料作物种子在未完全成熟时就收获，由于这些脂肪的合成过程尚未完成，种子不但含油量低，而且油质也差。

(三)糖类的积累过程

作物产量器官中贮藏的糖类主要是蔗糖和淀粉。蔗糖以液体的形态,淀粉以固体(淀粉粒)的形态积累于薄壁细胞内。在甘蔗和甜菜中贮藏的主要是蔗糖,在禾谷类作物的种子和薯芋类作物的块根块茎中贮藏的是淀粉。

蔗糖的积累过程比较简单,叶片等器官的光合产物以蔗糖的形态经维管束输送到贮藏组织后,先在细胞壁部位被分解成葡萄糖和果糖,然后进入细胞质合成蔗糖,最后转移至液泡中贮藏起来。

淀粉的积累过程与蔗糖有些类似,经维管束输送的蔗糖分解成葡萄糖和果糖后,进入细胞质,在细胞质内果糖转变成葡萄糖,然后葡萄糖以累加的方式合成直链淀粉或支链淀粉,形成淀粉粒。通常禾谷类作物在开花几天后,就开始积累淀粉,因此在整个种子发育过程中籽粒内可溶性糖含量都很低。

三、提高作物产品品质的途径

(一)培育和选用优质品种

随着育种技术的不断进步,优质育种越来越受到重视,粮、棉、油等主要作物的优质品种,有很多得到了推广。如"四低一高"(低纤维、低芥酸、低硫代葡萄糖苷、低亚麻酸、高亚油酸)的油菜品种;高蛋白质、高脂肪的大豆品种;高赖氨酸的玉米品种;抗病虫的转基因棉花品种等,都对我国的高产优质农业起到了推动作用,以后在提高作物产品品质方面,仍将起着重要的作用。

(二)优化栽培技术

在作物生长发育过程中,采取适当的栽培措施可以影响产品的品质(详见二维码 4-3),因此科学的栽培技术是提高产品品质的途径之一。

二维码 4-3　影响作物品质的因素

1. 合理轮作

合理轮作可以通过改善土壤状况、提高土壤肥力来提高作物产量和品质。如棉花和大豆轮作,可使棉花产量增加、成熟提早、纤维品质提高;马铃薯和玉米间作,可防止马铃薯病毒病、提高其品质等。

2. 合理密植

作物的群体过大,个体发育不良,可使作物的经济性状变劣,产品品质降低。如小麦群体过大,后期引起倒伏,籽粒空瘪,蛋白质和淀粉含量降低,产量和品质下降。但是纤维类作物,适当增加密度,能抑制分枝、分蘖的发生,使主茎伸长,对纤维品质的提高有促进作用。

3.科学施肥

营养元素是作物品质提高不可缺少的因子之一，用科学的方法施肥，能增加产量，改善品质。如棉花，适当增施氮肥能增重棉铃、增长纤维；施磷肥可增加衣分；施钾肥可提高纤维细度和强度；施用硼、钼、锰等微量元素能促进早熟，提高纤维品级等。对烟草而言，过多施用氮素，会造成贪青晚熟，难以烘烤，使品质下降。所以，要针对不同的作物，科学施肥，以提高其品质。

4.适时灌溉与排水

水分的多少也会影响产品品质。水分过多，会影响根系的发育，尤其对薯类作物的品质极为不利，可使其食味差、不耐贮藏、肉色不佳，甚至会产生腐烂现象。如土壤水分过少，也会使薯皮粗糙，降低产量和品质。

5.适当化学调控，加强病虫害防治

适时化学调控促使作物产品外观和加工品质向满足人们需求和提高经济价值方面改善；加强病虫害防治，避免作物产品品质受到影响，多措并举为优质产品形成创造有利条件。

6.适时收获

小麦要求在蜡熟期收获，到了完熟期蛋白质和淀粉含量均有下降；水稻收获过早，糠层较厚；棉花收获过早或过晚都会降低棉纤维的品质，因此要尽量做到适时收获。

(三)提高农产品的加工技术

农产品加工是改进和提高其品质的重要措施之一。农产品中的有害物质(单宁、芥酸、棉酚等)可以通过加工的方法降低或消除，如菜籽油经过氧化处理后，将几种不同脂肪酸的油脂调配成"调和油"，极大地改善了菜籽油的品质；将稻谷加工成一种新型的超级精米，使80%的胚芽保留下来，其品质较一般米优良。另外，在食品中添加人类必需的氨基酸、各种维生素、微量元素等营养成分，制成形、色、味俱佳的食品，大大提高了农产品的营养品质和食用品质。

(四)建立优质农产品产业带

地理环境条件对作物产品品质提升具有重要影响，包含光温、水分、土壤等多方面因素。如禾谷类作物(小麦、水稻、玉米、大麦、黑麦)籽粒蛋白质含量由北向南、由西向东逐渐提高；而大豆是南高北低；同时小麦的蛋白质含量随纬度或海拔高度的降低而逐渐降低。高纬度和高海拔地区，由于气温低、雨量少、日照长、昼夜温差大，有利于油分的合成。而温度适宜，光照充足有利于农产品糖分、淀粉、纤维素、蛋白质、脂肪等物质的合成与积累。因此，地理条件严重影响着作物的品质，针对性建立优质农产品产业带是作物产品品质提升的重要途径之一，如东北的黄金玉米带、新疆优质棉区等。

复习思考题

1.什么是作物的生长和发育，二者的关系如何？

2.S形生长曲线在生产上有哪些应用？

3.什么是作物的生育期和生育时期？根据收获对象不同作物生育期有什么不同？

4.作物种子萌发的条件有哪些？

5.种子休眠的原因有哪些？如何打破种子休眠？

6.单子叶和双子叶作物根系各有什么特点？

7.禾谷类作物主茎和分蘖与双单子叶作物主茎和分枝各有什么生长规律？

8.单子叶作物和双子叶作物叶构造的特点各是什么？

9.作物的花序主要有哪些，这些花序各有什么特点？

10.什么叫生物产量、经济产量和经济系数？如何提高作物产量？

11.什么是作物品质？衡量作物品质有哪些指标？

12.提高作物的产品品质的途径有哪些？

第五章

作物品种选育与生产利用

本章内容简介

本章主要介绍了作物品种选育与生产利用的关键内容，包括作物品种及其在农业生产中的作用、作物的繁殖方式与品种类型、作物育种方法和技术以及品种审定与种子生产等方面，帮助读者深入了解作物品种选育与生产利用的重要性和相关知识。

学习目标

1. 理解作物品种的概念和特征，掌握良种在农业生产中的重要作用。

2. 掌握不同作物的繁殖方式和品种类型，了解不同类型品种的特点和适用场景。

3. 熟悉作物育种的各种方法和技术，包括引种、系统育种、杂交育种、杂种优势利用、诱变育种、分子育种等。

4. 理解品种审定的过程和意义，掌握种子生产的程序；能够应用所学知识，为作物品种选育与生产利用提供科学指导和支持。

作物品种选育是指育种家利用农作物的种质资源，根据育种目标，通过育种方法，选择符合需要特征特性的过程，是农作物新品种的主要来源。作物新品种选育出来经审定或登记后，就要不断地进行繁殖，在保持其优良种性的同时生产出数量多、质量好、成本低的种子，供大田生产使用。

第一节 作物品种及其在农业生产中的作用

一、品种的概念

(一)品种的含义

品种(cultivar 或 variety)指人类在一定的生态条件和经济条件下,根据需要所选育的某种作物群体。

品种是人类劳动的产物,是经济上的类别。任何栽培作物均起源于野生植物,在野生植物中,只有不同的类型,没有品种之分。人类经过长期栽培和选择,选育出具有一定特点、适应一定自然和栽培条件的作物品种。因此,作物品种虽然有其在植物分类学上的地位,属于一定的种及亚种,但不同于分类学上的变种。更重要的是,作为农业上重要生产资料的品种,首先在于它在生产和生活上的经济价值,所以说品种是经济上的类别。水稻栽培品种的特点与应用见二维码 5-1。优良品种必须具有高产、稳产、优质等优点,深受群众欢迎,生产上广泛种植。2023 年农业农村部发布目前应用较好的主粮作物品种见二维码 5-2。

二维码 5-1
水稻栽培品种的特点与应用

二维码 5-2
2023 年农业农村部发布目前应用较好的主粮作物品种

(二)品种的特征

品种具有 5 个方面的特征。其中,特异性、一致性和稳定性,简称 DUS,是作物群体成为品种的 3 个必要条件。另外,品种还具有使用上的地区性和时间性。

1. 品种的特异性

品种的特异性(distinctness)是指与同一作物的其他群体相比在特征、特性上有所区别。

2. 品种的一致性

品种的一致性(uniformity)是指同一品种的群体在形态特征、生物学特性和经济性状上应该基本一致,这样才便于栽种、管理、收获,便于产品的加工和利用。许多作物品种的株高、抗逆性和成熟期的一致性对产量和机械收获等影响很大,如棉花品种纤维长度的整齐一致性,对纺织加工有重要意义。但对品种在生物学、形态学和经济性状上一致性的要求,不同作物、不同育种目的要区别对待。

3. 品种的稳定性

品种的稳定性(stability)是指任何作物品种,在遗传上应该相对稳定,否则由于环境变化,品种不能保持稳定,优良性状不能代代相传,就无法在生产上应用和满足农业生产的需要。

4. 品种的区域性

任何一个作物品种都是在一定的生态条件下形成的,所以其生长发育也要求种植地区有适宜的自然条件、耕作制度和生产水平。当条件不适宜时,品种的特定性状便不能发育形成,从而失去其生产价值。适宜平原的不一定适宜山区,适宜高水肥地的不一定适合贫瘠的土地。

5. 品种利用的时间性

任何品种在生产上被利用的时间都是有限的。每个地区随着耕作栽培及其生态条件的改变、经济的发展、生活水平的提高,对品种的要求也会提高,所以必须不断地选育新品种以更替原有的品种。没有一个优良品种可以适应一切地区,也没有一个优良品种可以长时间地推广下去。

二、良种在农业生产中的作用

良种特指优良的品种,是指在一定地区和栽培条件下能符合生产发展要求并具有较高经济价值的品种。它包括两方面含义,一是品种好;二是种子饱满,成熟好。优良品种必须具有高产、稳产、优质、多抗和广适等优点。选用良种应包括两个方面,一是选用优良品种;二是选用优良种子。良种是重要的农业生产资料,在农业生产中的作用主要表现在以下 6 个方面。

(一)提高产量

良种一般丰产潜力较大,在相同的地区和栽培条件下,能够显著提高产量。我国人口的增长和耕地的减少都要求所种作物有较高的产量。目前,我国各地都普遍推广增产显著的良种,尤其是矮秆品种和抗病品种的育成增产效果极为明显,一般可增产 20%~30%,玉米杂交种可增产 40%以上,有的可达 50%,个别成倍增产。

（二）改善品质

优质是人们对优良品种的又一要求。随着国民经济的发展和人民生活水平的提高，人们希望提高粮食作物蛋白质和赖氨酸含量，提高油料作物含油量，纤维作物在丰产的基础上，希望品质优良以满足纺织工业发展的需要。根据用途不同，对品质又有不同要求，如对加工面包的小麦要求蛋白质含量高，而加工糕点的小麦则要求蛋白质含量低。

（三）增强抗逆性

病虫害和其他非生物逆境是造成农作物产量低而不稳，以及品质下降的重要原因。良种对经常发生的病虫害和环境胁迫如干旱、涝渍、高温、寒害、土壤盐碱等具有较强的抗逆性，在生产中可减轻或避免产量的损失和品质的变劣。如 20 世纪 50—70 年代推广的抗病品种农大 183、北京 8 号和农大 139，对控制小麦条锈病起了重大作用。

（四）适应性广

良种适应多种栽培水平和栽培地区，适应肥力范围也较宽。例如，抗寒、早熟的水稻品种可以引种到我国最北边漠河地区种植。

（五）促进农业机械化发展

农业机械化是现代农业的重要内容。适应农业机械化，就要有与之相适应的作物品种，如稻、麦品种要求茎秆坚韧，易脱粒而不易落粒；棉花品种要求吐絮集中、苞叶能自然脱落、棉瓣易于离壳等。

（六）改进耕作制度

不同生育期、不同特性、不同株型的优良品种，有利于缓解作物之间争季节、争水肥、争积温等矛盾，有利于改进耕作制度，提高复种指数。中华人民共和国成立以前，我国南方很多地区只栽培一季稻，随着早、晚稻品种以及早熟丰产油菜、小麦品种的育成和推广，现在南方各地双季稻、三熟制的面积大幅度提高，促进了粮食和油料作物生产的发展。

第二节 作物的繁殖方式与品种类型

一、作物的繁殖方式

作物的繁殖方式是指在一般生产条件下，作物延续后代的方式。主要有有性繁殖和无性繁殖两类。

(一)有性繁殖

有性繁殖(sexual reproduction)是指由雌雄配子结合，经过受精过程，最后形成种子来繁衍后代的繁殖方式，是作物繁殖的基本方式。根据雌雄配子是否来源于同一植株，可分为自花授粉、异花授粉和常异花授粉(表 5-1)。不同授粉方式的作物的花器构造、开花习性、传粉情况以及遗传特点不同。

表 5-1 作物有性繁殖方式类型及特征

授粉方式	特征				作物类型
	个体基因型	群体基因型	表型	遗传稳定	
自花授粉	纯合	单一	整齐一致	稳定	水稻、小麦、大麦、燕麦、马铃薯、花生、大豆、豌豆、绿豆、小豆、芝麻、亚麻、烟草
异花授粉	杂合	复杂	不一致	不稳定	雌雄异株(木瓜)；雌雄同株异花(玉米、蓖麻、瓜类)；雌雄同花但自交不亲和(黑麦、甘蓝、甘薯、白菜型油菜等)；雌雄同花但雌雄异熟(向日葵、甜菜、油梨)
常异花授粉	多数纯合，少数杂合	复杂	分离不显著	较稳定	棉花、高粱、苜蓿、甘蓝型和芥菜型油菜等

1. 自花授粉

(1)自花授粉(self-pollination) 指同一朵花的花粉传播到同一朵花的雌蕊柱头上，或同株的花粉传播到同株的雌蕊柱头上的授粉方式。自花授粉作物(self-pollinated crops)又称自交作物。自交作物的自然异交率一般低于1%，个别可高达5%。小麦、水稻的异交率为0.2%～4%，大豆的异交率在0.5%～1.0%，大麦的异交率在0.04%～0.15%。

(2)自花授粉作物的遗传特点　①个体基因型纯合。自花授粉作物由遗传性相同的两性细胞结合产生的同质结合子进行后代繁殖，所以后代每一个体的基因型都是纯合的(homozygosity)。即使个别单株或个别花朵偶然发生异交，也会因其连续自花授粉，而使其遗传基础很快趋于纯化(一般F6代以后不再分离)。②群体内基因型单一。后代群体中各个体的基因型是同质的(genetic uniformity)。③群体内个体之间表现型整齐一致。由于它们的遗传基础相同，产生的结合子是同质结合体，所以后代的个体在外观上总是相对相似的。通过表型选择的优良性状，可以稳定地遗传给后代。④遗传稳定。自花授粉作物通过多代自交，它既能保持纯合的后代，又不会因长期自交而严重降低生活力，品种的优良遗传性能稳定地保持下去。在一定时间和条件下，自花授粉作物优良品种表现稳定。

2. 异花授粉

(1)异花授粉(cross-pollination)　指同一朵花的花粉落到异株的另一朵花的柱头上的授粉方式。异花授粉作物(cross-pollinated crops)又称异交作物。异花授粉作物的自然异交率在50%以上，很多作物可达100%。

(2)异花授粉作物的遗传特点　①个体基因型杂合。异花授粉作物精细胞和卵细胞来源不同，产生的后代是异质结合体。②群体内基因型复杂。群体内个体间的基因型和表现型的差异性很大，遗传基础十分复杂。③群体内个体之间表现不一致。选择的优良个体总是会出现性状分离现象，往往外观上(表现型)的优株，后代中会分离出劣株。所以，异花授粉作物的育种，必须在适当人工控制授粉的条件下，自交或姊妹交(近亲繁殖)，进行多次选择，才能获得较为稳定的后代。④遗传不稳定，自交衰退。通过若干世代的自交和选择(一般3～6代)，可使异花授粉作物的后代逐渐趋于纯合，获得性状优良而又相对稳定的自交系。但伴随自交系的同质化，生活力也显著衰退，使生产上不能直接利用。因此必须把遗传基础不同的优良自交系进行杂交，得到具有杂种优势的杂种。例如，玉米等作物的育种都利用自交系杂交种或综合品种，以充分利用其杂种优势。同时，在玉米育种上为了防止劣株串粉的干扰和克服自交有害的影响，首先使用了轮回选择法。

3. 常异花授粉

(1)常异花授粉(often cross-pollination)　是指一种作物同时依靠自花授粉和异花授粉两种方式繁殖后代的方式。常异花授粉作物(often cross-pollinated crops)又称常异交作物，以自花授粉为主，天然异交率介于自花授粉和异花授粉两种作物之间，常因作物种类、品种、生长地环境等有变化，一般自然杂交率为5%～50%。

(2)常异花授粉作物的遗传特点　①群体内多数个体的基因型纯合，少数杂合。常异花授粉作物表现为自花授粉占优势。②群体内遗传基础复杂。由于常异花授粉作物的花器构造和传粉方式比较易于接受异花花粉，因而遗传基础比较复杂，自然群体一般处于异质结合状态，只是异质化程度不如异花授粉作物显著，同时在主要性状上多处于同质结合状态。③自交衰退不明显。由于自花授粉占优势，自交产生基因型纯合的个体，在人工控制条件下进行连续自交，与异花授粉作物相比，后代一般不会出现显著的退化现象，分离也不太显著。

(二)无性繁殖

无性繁殖(asexual propagation)指不经过雌、雄配子结合繁殖后代的方式。利用无性繁殖方式繁殖后代的作物称为无性繁殖作物(asexually propagated crops)。无性繁殖可分为营养繁殖和无融合繁殖。

1. 营养繁殖

营养繁殖(vegetative propagation)是指利用种子以外的营养器官(根、茎、叶、块根、块茎、球茎、鳞茎、匍匐茎、地下茎等)繁殖后代的繁殖方式。常见的有甘薯、马铃薯、木薯、甘蔗、苎麻等。根据植株营养体部分的再生能力，采取分根、扦插、压条、嫁接等方法繁殖后代。从一个营养体通过无性繁殖产生的后代，称为无性繁殖系，简称无性系(clone)。

这类作物不能开花或开花不结实，但是在适宜的或人工控制的条件下，营养繁殖作物也能开花结实进行有性繁殖，如马铃薯为典型的自花授粉作物，甘薯为典型的异花授粉作物。

利用植物的细胞、组织或器官，在人工控制条件下繁殖植物的方法称为组织培养(tissue culture)。它是根据植物细胞全能性的原理，在无菌的条件下，配制适宜的培养基，将离体的植物细胞、组织、器官或原生质体等进行培养，促使其分裂分化或诱导成苗的技术，是常规营养繁殖方式的一种扩展和延伸。根据培养材料的来源及特性，可将植物组织培养分为七类：植物培养、胚胎培养、器官培养、愈伤组织培养、组织培养、细胞培养和原生质体培养。

2. 无融合生殖

无融合生殖(apomixes)是指不经过雌、雄配子融合而由未经受精的卵或胚珠内某部分细胞直接发育成胚的现象，如孤雌生殖、孤雄生殖、无孢子生殖、二倍体孢子生殖、不定胚生殖等。其共同特点是未经过受精过程，只具有母本或父本一方的遗传物质,仍属于无性繁殖的范畴。

二、作物的品种类型

根据作物的繁殖方式、遗传基础和利用形式等,可将品种分为纯系品种、杂交种、群体品种和无性系品种等类型,但生产上推广的作物品种主要是纯系品种、杂交种和无性系品种 3 种类型。

(一)纯系品种

纯系品种(pure line variety)是对突变或杂合基因型经过连续多代自交加选择而得到的同质结合体。包括自花授粉作物和常异花授粉作物的纯系品种,以及异花授粉作物的自交系。我国生产上种植的大多数小麦、大麦、大豆和花生等自花授粉作物的品种就是纯系品种。玉米的自交系,当作为推广杂交种的亲本使用时,由于它具有生产和经济价值,也属于纯系品种。其特点为:

1. 个体基因型纯合

对于纯系品种群体中的每一个个体来说,都是经过多代自交得到的。因此,纯系品种中的个体基因型是纯合的。

2. 个体基因型相同

对于一个纯系品种的群体来说,各个体的基因型是相同的,所以群体是同质的。

(二)杂交种

杂交种(hybrid)是在严格选择亲本和控制授粉的条件下生产的各类杂交组合的 F1 群体。杂交种通常只种植 F1,即利用 F1 的杂种优势。F2 基因型便发生分离。生产上利用的杂交种品种主要是杂交玉米和杂交水稻,其次是杂交棉花、杂交高粱、杂交油菜等。其特点为:

1. 个体基因型杂合

杂交种是自交系间杂交或自交系与自由授粉品种间,或由雄性不育系与恢复系间,或由自交不亲和系间杂交产生的 F1,所以,对于杂交种的每个个体来说基因型高度杂合。

2. 个体基因型相同

对于一个杂交种的群体来说,各个体的基因型是相同的,都是杂合体,所以群体是同质的。

(三)群体品种

群体品种(population variety)是指由基因型不同的植株组成的个体群。因作物种类和群体的组成方式不同，群体品种可分为异花授粉作物的自由授粉品种、异花授粉作物的综合品种、自花授粉作物的杂交合成群体和多系品种 4 种类型。玉米的地方品种就是自由授粉品种，1959 年 Borlaug 在墨西哥育成的抗秆锈病的小麦多系品种和 1968 年美国在艾奥瓦州发现的抗锈病的燕麦多系品种，都能减轻病害。群体品种的特点是群体内植株间的基因型不一致，既有纯合的，又有杂合的。

(四)无性系品种

无性系品种(clonal variety)是指由一个无性系或几个近似的无性系经过营养体无性繁殖而形成的品种类型。许多薯类作物都是无性系品种。无性系品种的基因型由母体决定，表型和母体相同。

第三节　作物育种方法与技术

一、引种

(一)作物引种的概念及作用

引种 (introduction) 泛指从外地或外国引进新品种(或品系)，经过适应性试验后，在本地区直接推广种植的生产实践。引种工作的特点是简单易行，可收到立竿见影的效果，是解决生产中迫切需要良种的有效措施。

(二)引种的原理

1. 气候相似论

引种地区与原产地区之间的主要气候因素，包括温度、光照、降水、无霜期等应尽可能相似，以保证品种互相引种成功。例如，美国中部的小麦品种引种到我国华北北部比较适应，美国的棉花品种和意大利的小麦品种比较适合我国长江流域和黄河流域，就是因为生长季的气候条件和土壤条件基本相似。

2. 生态条件和生态型相似性原理

与作物品种形成及生长发育有密切关系的环境条件称为生态条件(ecological condition)，如气候、土壤、生物等。生态条件相似的地区之间相互引种易于成功。作物通过自然选择和人工选择，形成与该地生态环境及生产要求相适应的类型，称为生态型(ecotype)。同一物种会有不同的生态型，如水稻中的籼稻是适应热带、亚热带高温、高湿、短日照环境条件的气候生态型；粳稻是适应温带和热带高海拔、长日照环境条件的气候生态型。相似生态型之间相互引种较易成功。

3. 纬度、海拔、发育特性与引种的关系

纬度相近的东西地区之间比经度相近而纬度不同的南北地区之间的引种有较大的成功可能性，这是由于温度和日照是随着纬度高低而变化的。我国地处北半球，在高纬度的北方，冬季温度低，夏季日照长；在低纬度的南方，冬季温度高，夏季日照短。

引种工作还必须考虑海拔高低。据估计，海拔每升高 100 m，相当于纬度增加 1°，年均温降低 0.5℃ 以上，活动积温减少 200～300℃。因此，同纬度的高海拔地区和平原地区之间的相互引种不易成功，而纬度偏低的高海拔地区与纬度偏高的平原地区相互引种成功的可能性较大。例如，北京地区的冬小麦品种引种到陕西省北部往往适应良好；玉米的引种，在我国沿着由东北到西南这条斜线也比较容易成功。

在作物的发育过程中，存在着对温度、日照反应不同的发育阶段，即感温（春化）阶段和感光阶段。感温阶段是作物发育的第一阶段，在此阶段温度条件不能满足，作物的发育就会停止。感光阶段是作物对日照长度的反应，此阶段光照时长得不到满足，作物不能开花结实。当地光照和温度条件能够满足引入品种的要求才能引种成功。

（三）作物引种的一般规律

引种时首先必须掌握原产地与引种地区生态条件的差异程度以及作物品种的感温性和感光性强弱；其次是根据品种对温、光反应的特性，掌握耕作栽培技术特点。高海拔高纬度区（北）的生态区特点为低温长日照；低海拔低纬度区（南）的生态区特点为高温短日照。

对于长日照作物，如小麦、大麦、油菜等，花芽分化要在低温长日照条件下才能完成。如果从低温、长日照区（北）向高温、短日照区（南）引种，在低海拔低纬度地区（南）的生态区会因不能及时满足其条件而延迟抽穗，植株会表现生育期延长、植株高大的特点。另外，还要考虑当地无霜期天数能否满足其生长，因而引种品种生育期应尽量短一些。如果从高温短日照区（南）向低温长日照区（北）引种，在高海拔高纬度区（北）的生态区因及时满足其花芽分化条件而提早抽穗，植株会表现生育期缩短、植株变矮、产量降低的特点。

对于短日照作物，如水稻、大豆、玉米、甘薯、棉花、烟草等，花芽分化需要在高温短日照条件下才能完成。如果从低温、长日照区（北）向高温、短日照区（南）引种，在低海拔低纬度（南）生态区会因提前满足其条件而提早抽穗，植株会表现生育期缩短、植株变矮、产量降低的特点。这时，要考虑减产幅度的问题，因而引种品种的生育期尽量要长。如果从高温短日照区（南）向低温长日照区（北）引种，植株会表现生育期延长、植株高大的特点。

二、传统育种方法

传统育种方法，有别于后来出现的现代分子育种方法，是早期育种的主要方法，包括系统育种法、杂交育种法、诱变育种法、杂种优势利用等，但现代生物技术与传统育种方法不是取代，而是互补，常常结合使用。

（一）系统育种方法

1. 系统育种的概念及理论基础

系统育种（pedigree breeding）也称为选择育种（selection breeding），是指对现有品种群体中出现的自然变异进行鉴定、选择，从而培育新品种的育种方法，即采用单株选择法，优中选优，群众俗称其为“一株传”“一穗传”和“一粒传”。从现有大田生产的优良品种中，利用自然界出现的新类型，选择具有优良性状的变异单株（穗），分别种植，每个单株（穗）的后代为一个品系，通过试验鉴定，选优去劣，育成新品种，然后繁殖应用于生产。这样由自然变异的一个个体，发育成为一个系统的新品种，叫作系统育种，是最基本的育种方法之一。

自然变异产生的原因有内因和外因。内因主要是生物内部遗传物质的变化，通常有以下 4 个方面：一是自然杂交引起基因重组；二是基因突变；三是染色体的数目或结构上发生变异；四是一些新品种的遗传基础本来不纯，在长期栽培过程中，微小差异逐渐积累发展为明显的变异。由于这些遗传基础的变异，使品种出现了新的性状变异。遗传基础的变异往往离不开外因即环境条件的影响。引进异地品种时，原产地与本地之间的环境条件差异较大，使品种的变异变得更加迅速而明显。如小麦品种“阿夫”和棉花品种“岱字 15 号”从国外引入我国栽培后，在形态、经济性状、生物学性状等各方面均发生了变异。

2. 系统育种的程序

系统育种从选择单株开始，到新品种育成、推广，需要经过一系列试验、审定（登记）过程（图 5-1）。

（二）杂交育种方法

1. 杂交育种的概念

杂交育种（cross breeding）是通过两个遗传性不同的生物体进行杂交获得杂种，继而对杂种后代加以培育选择，从而创造新品种的方法。杂交育种是国内外应

第1年	大田选株	选择优株（穗、铃），分别脱粒
	↓	
第2年	株行试验	每株（穗、铃）一行，与对照比较鉴定，选择优良株得，淘汰不良株行
	↓	
第3～4年	品系比较试验	分系播种，比较鉴定，选出最优品系，淘汰其余品系
	↓	
第5～6年	区域试验、生产试验	进行区域试验和生产试验，选出有推广前途的品系
	↓	
	审定合格或登记	品种审定委员会审定合格或登记后定名推广
	↓	
第7年	品种大田推广	

图 5-1　系统育种程序示意图

用最广泛，成效最大的育种方法之一，也是人工创造变异和利用变异的重要育种方法。

2. 杂交亲本的选配

选择亲本必须根据既定的育种目标，根据所掌握种质资源的主要特性及其遗传规律，选用符合目标设计的亲本，采用适宜的杂交方法和技术路线，在利于目标性状表现的环境条件下进行评价和筛选。亲本选配是科学理论和实践经验的有机结合，虽然各育种单位会形成自己有特色的方法，但总体上都遵循以下 5 条基本规律：

(1)双亲具有较多的优点、较少的缺点，在重要目标性状上优点能弥补缺点　根据品种改良既定的育种目标，选择亲本时双方或之一必须具有目标性状，尽量避免有共同的缺点，这样才利于把双亲的优良性状集合在杂种后代同一个体上。而且，许多经济性状表现为数量性状遗传，杂种后代群体的经济性状表现与亲本性状平均值有密切关系，所以要求亲本的优点要多，这样才可能把多个优良性状综合在后代个体上。

(2)双亲具有较大的遗传差异　选用生态类型、亲缘关系或地理位置相差较大的品种组配，品种间的遗传背景差异人，杂交后代分离广而差异明显，易选到性状超越亲本的新品种。

(3)亲本之一的主要目标性状遗传力强　需要改良的亲本存在目标性状上的缺点,那么选取的另一个亲本在该性状上应具有优点,且遗传传递力强,能把该性状传递给后代。如,高抗稻瘟病品种红阳矮 4 号是华南农业大学利用高抗稻瘟病亲本朝阳 18 育成的。

(4)亲本应具有较强的配合力　配合力强的亲本杂交后代中能分离出优良性状,易筛选到具有优良目标性状的品种。有的优良品种是好亲本,在其后代中能分离出优良株型,但有的优良亲本后代很难获得优良株型。因此,在选配组合亲本时,首先注意育种亲本材料的优缺点,更多的是通过育种实践认识亲本潜在价值,明确亲本配合力,以便合理应用。

(5)亲本之一是能适应当地条件的推广良种　品种对生产环境条件的适应性是影响其丰产、稳产的重要因素。用当地适应性好的推广良种(纯合)作亲本,杂交培育的后代具有较好的适应性和丰产性。

3. 杂交组配方式

杂交组配方式是指一个杂交组合里用几个亲本,以及各亲本间如何配置的问题。作物杂交育种的组配方式有单交、复交和回交。

单交(single cross)是指只有两个亲本(一为母本一为父本)进行的杂交,当两个亲本的亲缘关系不远,性状基本能符合育种目标,优缺点能够互补时,采用单交方式,简单易行,育种年限短。两个亲本杂交后,子一代再与双亲中的一个亲本进行杂交称为回交(back cross),当亲本亲缘关系远(如亚种间、种间的亲本的遗传差异大)时,宜采用单交结合回交的方式,可克服杂交后代性状分离大和遗传稳定慢的缺点,而且用其中一个优良亲本回交,易选择得到具有预期目标性状的后代。复交(multiple cross)是三个或者三个以上的亲本进行多次杂交,复交组合的杂交亲本至少有一个是杂种,复交杂种的遗传基础比较复杂,产生的变异类型多,易创制出更多优良株型,但性状稳定较慢。

4. 杂交技术

杂交技术是杂交育种的一个基本环节。开始杂交前,要了解作物的花器构造、开花习性、去雄授粉方式、花粉寿命等。不同作物的杂交方法和技术有较大的差异,但基本原则是相同的。杂交主要有以下 5 个步骤:

(1)选择亲本　根据育种目标,选择具有典型性状、生长发育良好、无病虫害的单株作杂交亲本植株。

(2)调节开花期　如果双亲的生育期不一样,可以通过分期播种使亲本间花期相遇,也可以通过地膜覆盖、增施肥料、调整密度、中耕断根、减除大分蘖和激素处理等栽培措施提早或延迟开花。

（3）母本去雄 这是保证杂种真实性的重要一环。去雄的方法主要有人工夹除雄蕊法（如小麦）、剥除花冠去雄法（棉花）、温汤杀雄法（水稻）、化学药剂杀雄法和麦管切雄法等。可以根据不同作物的花器特点采用适当的方法。

（4）采粉授粉 就是采集父本的花粉授给已去雄的母本雌蕊的柱头上，使其受精结实。作物最适宜的授粉时间是每日开花最盛的时候，此时，也是采集花粉最容易的时间。小麦、玉米集中在上午 9～11 点开放，花生、大豆则在每天的凌晨集中开放。

（5）杂交后的管理 给授粉后的花或穗挂牌，标明杂交组合名称和授粉日期。杂交种子成熟后，连同纸牌及时收获，妥善保存，以备来年播种。

5. 杂交后代的选择

一般而言，在杂交的低世代（如 F2 和 F3 代）性状分离大，各组合种植群体要大，充分展现单株性状差异，筛选优良基因重组个体的概率大。在 F4 代及以上世代，农艺性状逐渐趋于稳定，群体内单株性状差异很小，可减少各组合的种植群体。在实际育种过程中，配制杂交组合会很多，一旦各杂种世代群体种植过大，需要有充裕的经济和人力条件支撑。

在选择上，通常依据选择性状遗传率高低来决定是低世代选择还是高世代选择。一般地，遗传力较高的性状，如作物的抽穗期、株高、穗长、粒形、粒重等性状，宜在较低世代选择，从 F2 代起选择效果较好。抗病虫性状多由单基因控制，适于从 F2 代起选择，在高发区自然诱发并结合人工接种进行选择效果好。遗传力较低的性状，如分蘖数、穗粒数、结实率、产量、品质等性状，宜在高世代选择。此外，选择时，据显、隐性可分为相对显性或隐性性状，如目标性状在世代中是显性性状，即在分离群体中目标性状个体株数较多，一般相似的目标表型要多选几株，以便在以后世代中易选出稳定株系。如目标性状在世代中是隐性性状，即分离群体中目标性状个体株数较少，一般较稳定，可少选几株，以减少工作量。

6. 杂交育种程序

整个杂交育种工作的进程，由以下 6 个环节组成，并形成一定的育种程序。

（1）原始材料圃和亲本圃 原始材料圃种植国内外搜集来的原始材料，归类种植，每份种几十株。要严防机械混杂和天然杂交，保持其纯度和典型性。从原始材料圃中每年选出若干材料作杂交亲本，种于亲本圃。

（2）选种圃 种植杂种后代（F1～F4）的地段称为选种圃。在选种圃内连续选择单株，直到选出优良一致的品系为止。杂种株系在选种圃内的年限，因性状稳定所需要的世代而异。

（3）鉴定圃 种植从选种圃中选出的优良株系的地段称为鉴定圃。鉴定圃内种植选种圃升级和上年鉴定圃留级的材料。其任务是对这些材料进行产量比较、鉴定其一致性及进一步对各性状进行观察比较。

(4)品种比较试验圃　种植鉴定圃升级和上年品种比较试验留级的材料。在较大的面积上进行更精确、更有代表性的产量试验,并对品种的生育期、抗性、丰产性等做更详细和全面的研究。

(5)区域试验和生产试验　从品种比较试验圃选出的优良品系,需要参加国家或省(自治区、直辖市)农业主管部门主持的区域试验和生产试验,以测定其适应性和适宜推广的地区。

(6)品种审(认)定与推广　在区域试验和生产试验表现优异的新品系,报请品种审定委员会进行品种审(认)定或登记。符合品种审定条件的品系才能被审定为可以在生产上大面积推广的品种。

(三)杂种优势利用

1. 杂种优势的概念及特点

杂种优势(hybrid vigor, heterosis)是指基因型不同的亲本个体杂交产生的第一代杂种,在生长势、生活力、繁殖力、抗逆性、产量和品质等一种或多种性状上优于两个亲本的现象。杂种优势具有以下特点:①杂种优势不是某一两个性状单独表现突出,而是许多性状综合表现突出;②杂种优势的大小,取决于双亲的遗传差异和互补程度;③亲本基因型的纯合程度不同,杂种优势的强弱也不同;④杂种优势在 F1 代表现最明显,F2 代以后逐渐减弱。

2. 杂种优势利用方法

利用杂种优势,首要的问题是怎样获得大量的杂交种,这要依各类作物的特点而定。获得大量杂交种的方法主要有人工去雄法、化学杀雄法、标志性状的利用、自交不亲和性的利用、雄性不育系的利用等。

(1)人工去雄法　是杂种优势利用的常用方法之一。此法适用于雌雄异花、繁殖系数高、花器较大、易于去雄授粉的作物。如玉米是雌雄同株异花作物,杂交制种时,只要把父母本按一定行比相间种植在一个隔离区,到抽穗时,把母本已抽出但尚未散粉的雄穗用手拔掉,任其自由授粉,产生大量供生产用的杂交种。棉花、番茄、烟草等作物的雄蕊外露,繁殖系数高,在组合确定之后,可采用人工去雄后进行人工杂交,以获得适量的种子。

(2)化学杀雄法　是克服人工去雄困难的一种有效途径。在花粉发育的关键时期,用适当浓度的化学药剂溶液喷洒植株,以抑制花粉的正常发育过程,使花粉败育,但不妨碍雌花的生长发育,将杀雄的植株授以其他品种的花粉,以产生大量杂交种。如一些雌雄同花而且雄蕊很小的自花授粉作物(水稻、小麦、高粱等)靠人工授粉困难,种子繁殖系数又低,可采用化学药剂杀雄来保证杂交制种。

(3)标志性状的利用　标志性状是指在F1中能够区别出其假杂种的性状,可以是显性性状,也可以是隐性性状。在杂种优势利用中,可以利用标志性状识别和剔除F1中的假杂种,保留真杂种,省去人工去雄的麻烦。具体做法是:给父本转育一个苗期出现的显性性状,或给母本转育一个苗期出现的隐性性状,然后相间种植,任其自由授粉杂交,从母本上获得自交和杂交的两种种子。下次播种后根据标志性状间苗,拔除隐性性状的幼苗,即假杂种或母本苗,留下具有显性性状的幼苗。这种留下的幼苗即为杂种植株。

(4)自交不亲和性的利用　同一植株上机能正常的雌、雄两性器官和配子,因受自交不亲和基因的控制,不能进行正常交配的特性,称为自交不亲和性。自交不亲和性广泛存在于禾本科、十字花科、豆科、茄科等作物。如油菜类作物,它的某些品系虽然雌雄蕊正常,但花粉授予本植株或系内株间传粉均不结实或极少数结实,因此用这种品种或品系做母本,另一自交不亲和的品种或品系做父本,就可以不经人工去雄而获得杂交种。如果双亲都是自交不亲和系,就可以互为父本、母本,从两个亲本上采收的种子都是杂交种,从而提高制种效率。

(5)雄性不育系的利用　植株正常开花,但雄蕊没有授粉能力,而雌蕊发育正常,授予正常的花粉,就能正常结实,这种现象称为雄性不育。按照遗传方式可分为核质互作雄性不育和细胞核雄性不育。目前生产上主要利用核质互作雄性不育性。利用雄性不育性制种省去了人工去雄的麻烦。

①核质互作雄性不育。指由细胞质基因和核基因互作控制的不育类型。核质互作雄性不育系通过“三系”法进行利用。“三系”指不育系、保持系和恢复系。

不育系又称细胞质雄性不育系,是指具有雄性不育特性的品种和自交系。雄性不育系的植株和正常的植株是一样的,只是它的雄蕊发育不良,花药瘦小、干瘪、不裂开、无花粉或只有少量空瘪花粉,因而自交不能结实。但雌性器官正常,能接受外来品种的花粉而受精结实。因此用不育系作母本,可获得杂交种子。一个优良的不育系,不育性应该稳定,不育度和不育株率都达100%,可恢复性好,配合力强,异交结实率高,便于繁殖制种。

保持系又称雄性不育保持系,指在后代中能使不育系的不育特性保持下去的正常品种或自交系。雄性不育系凭借保持系所提供的花粉来传宗接代。有的保持系除在雄性的育性上与不育系不同外,其他的特性特征几乎完全一样,制种效果也相同。每一个不育系都有其特定的同型保持系。

恢复系又称雄性不育恢复系,是指能使雄性不育系的育性在杂种第一代中恢复正常的品种或自交系。如果把雄性不育系和它的恢复系在田间相间种植，雄性不育株的雌蕊就可以通过自然传粉或人工辅助授粉，接受恢复系散布的花粉，而得到杂交种子。

有了“三系”，就可以大量配制杂种（图 5-2），种子生产安全，可利用地理远缘亚种内和亚种间的杂种优势，杂种 F1 代表现优势强、产量高、抗病抗逆性强和适应性广的特点，但三系法杂交育种的组合配制受恢复、保持关系的制约，配组自由度小，优良组合选育效率较低，繁殖制种技术复杂，种子生产成本高。

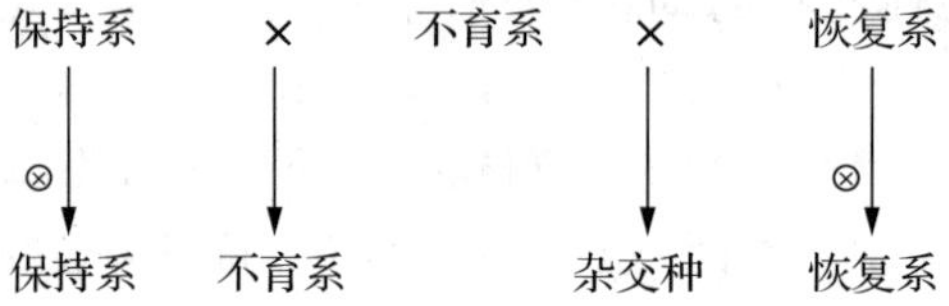

图 5-2 不育系、保持系和恢复系的关系

②细胞核雄性不育。由细胞核内染色体上纯合的不育基因（隐性）所决定的雄性不育性，称为细胞核雄性不育。两系法是指只用不育系和恢复系配制杂种种子的方法，生产上应用的两系法属于细胞核雄性不育类型。目前已发现水稻、高粱、棉花、小麦、油菜、大豆等作物普遍存在光敏不育、温敏不育和光温互作不育现象。如水稻光温敏系在特定温光（高于不育临界温光），如海南高温、短日照条件下，表现不育，可用作不育系；在特定温光（低于不育临界温光），如在北京低温、长日照条件下，表现可育，可自行繁殖不育系。

理论上，两系法杂交作物在配组上不受恢复、保持关系的制约，所有材料均可作恢复系，配组效率高，更利于亚种间杂种优势利用。但其不育性受核不育基因和环境光/温的共同影响，制种存在风险，如制种遇到低温，产生自交结实，种子纯度下降，损失巨大，而且不育系起点温度鉴定程序复杂。目前认为温敏核雄性不育性对温度的敏感时期是幼穗的花粉母细胞减数分裂期，为抽穗前 8～11 d。育性转化温度的高低决定了温敏不育系的应用价值和适宜的生态区域，临界温度低，其生产安全性就高。临界温度为 23℃左右的不育系实用价值较大。光敏核不育性对光周期的敏感时期是二次枝梗原基分化期到花粉母细胞形成时期，临界光照长度为 13.5 h，当光长＞13.5 h 表现雄性不育，光长＜13.5 h 表现可育或部分可育。

3. 不育系的繁殖和杂交制种

三系两区制种要实行严格隔离技术。用于繁育不育系的繁殖区，保证配制杂交种时的母本种子纯度和供应；用于杂交制种的制种区，保证父本恢复系的单一。两系法不育系和保持系，一系两用，但繁殖不育系和制种在不同的适宜生态区，同样做好隔离，保证纯度。

繁殖区：用于繁殖不育系和保持系的隔离区，在此隔离区内，交替种植不育系和保持系，一般地，保持系种植 2 行或 4 行，不育系种植 10 行或 20 行。由于不育系没有花粉，花粉从保持系而来。因此，开花期间，借助无人机赶粉或人工赶粉，以提高繁殖效率。因而，从不育系收获的种子是不育系，从保持系收获的种子是保持系。

制种区：用于生产杂交种子的隔离区，在此隔离区内，交替种植不育系和恢复系，一般地，恢复系种植 2 行或 4 行，不育系种植 10 行或 20 行。由于不育系没有花粉，花粉从恢复系而来。因此，开花期间，借助无人机赶粉或人工赶粉，以提高制种效率。从不育系植株上收获的种子是可以供大田使用的优势杂交种，而从恢复系植株上收获的种子仍是恢复系。

4. 杂种优势利用与杂交育种的异同

生产上，常常把用杂交方法培育优良品种或利用杂种优势都称为杂交育种，事实上，两者之间既有相同点，又有区别。相同点是都需收集种质资源，选配亲本进行有性杂交、品种比较试验等。但二者在育种理论、育种程序和种子生产等方面有区别。

(1)在育种理论方面　杂交育种利用的主要是加性效应和部分上位效应，是可以遗传的部分；而杂种优势利用的则是加性效应和不能固定遗传的非加性效应。

(2)在育种程序方面　杂交育种是先杂后纯，即先杂交，然后自交分离选择，最后得到基因型纯合的优良性状稳定的定型品种；而杂种优势利用则是先纯后杂，通常首先选用自交系，经过配合力分析和选择，最后选育出优良的基因型杂合的杂交组合。

(3)在种子生产方面　杂交育种过程比较简单，每年从生产田或种子田内植株中收获种子，即可供下一年生产播种用；而杂交种则是通过年年配制 F1 杂交种用于生产，每年必须专设亲本繁殖区和杂交种子生产或制种区。

(四)诱变育种

利用物理或化学的因素诱变处理作物的种子、植株和其他器官，诱发基因突变和遗传变异，然后通过人工挑选有利变异类型，培育出符合育种目标的优良品种，这种方法称为诱变育种(mutation breeding)。

(1)物理诱变育种 (physical mutation breeding)　是指用各种辐射因素处理而诱发突变进行的育种。诱变因素可分为电磁辐射和粒子辐射 2 大类。电磁辐射包括无线电波、微波、热波、光波、紫外线、X 射线和 γ 射线等。粒子辐射包括 α 射线、β射线、电子、中子、质子、离子束及介子等。处理方法一般采用半致死剂量，即用同位素射线处理后植株成活率在50%左右，结实率在30%以下。

航天育种又称为空间诱变育种，是利用卫星、飞船等返回式航天器，将植物种子、组织、器官或生命个体送到宇宙空间，在太空高能离子辐射、微重力、高真空、交变磁场等因素的诱导下，使植物材料发生基因突变，再经过地面繁殖、栽培、测定试验，筛选出能够稳定遗传的优质、高产、抗逆性强的新品种。如育成的水稻品种华航1号、华航2号、航育1号等。

(2)化学诱变育种(chemical mutation breeding)　是采用多种化学诱变剂而诱发突变进行的育种。化学诱变剂是指能和生物体的遗传物质发生作用，并能改变其结构，使后代产生遗传性变异的化学物质。化学诱变剂主要有烷化剂、碱基类似物和叠氮化物等。目前以甲基磺酸乙酯(EMS，ethyl methane sulfonate)诱变为主。EMS诱变对种子胚的危害较轻，具有突变频率高、操作简单、突变专一及多效性的特点。

(3)生物诱变育种　是利用有一定生命活性的生物因素来诱发产生变异，进而产生有价值的突变体的方法。生物诱变因素主要包括病毒入侵、T-DNA插入、外源DNA、转座子和反转录转座子等，生物诱变可以引起基因沉默、基因重组、插入突变以及产生新基因。

三、现代分子设计育种方法

随着生物技术的迅速发展，作物分子育种时代已经来临。作物分子育种主要包括分子标记辅助选择育种和转基因工程技术育种。

(一)分子标记辅助选择育种

现阶段作物育种方法已从传统表型选择发展到分子标记辅助选择(molecular marker assist selection，MAS)育种。分子标记是指以个体间遗传物质内核苷酸序列变异为基础的遗传标记，是DNA水平遗传多态性的直接反映。MAS育种是将与目标基因紧密连锁的分子标记选择和传统杂交育种、回交育种技术相结合的新型育种技术。自20世纪80年代以来，由于DNA标记的出现，基因组研究取得了快速的发展。水稻因较小的基因组和丰富的遗传多样性，成为单子叶植物中第一个进行全基因组测序的模式作物，这标志着基因组研究已进入后基因组时代。

近年来，全基因组关联分析(genome-wide association studies，GWAS)将高密度的寡核苷酸多态性(single nucleotide polymorphism，SNP)标记与性状联系起来，并使得部分连锁SNP标记具有利用价值。GWAS分析方法是指为挖掘可能引起数量性状遗传变异的基因或基因座，利用自然群体历史重组的基因座间连锁不平衡（linkage disequilibrium，LD），将数量性状表型与标记基因型关联的方法。随着 SNP 检测技术不断成熟，检测成本的降低，“分子标记设计育种”已成为未来育种的发展方向。

“分子标记设计育种”是 21 世纪初提出的概念，指有目的地利用作物基因组中有利等位基因来设计并培育人类所需要的品种。作物分子标记育种具备的基础：①作物全基因组分子标记技术的普及。第一代分子标记，基于 Southern 杂交的限制性片段长度多态性标记（restriction fragment length polymorphism，RFLP）；第二代分子标记，基于聚合酶链式反应（polymerase chain reaction，PCR）技术的简单序列重复标记 SSR （single sequence repeat），也称为微卫星标记 MS（microsatellite）；第三代分子标记，基于基因测序的 SNP 标记。②基于分子标记的全基因组数量性状座位（quantitative trait locus，QTL）定位和基因遗传信息，包括各性状 QTL 的加性效应、显性效应、上位性效应和与环境的互作效应。③基于优良轮回亲本的 QTL 次级作图群体的整合。分子标记辅助选择育种的成功关键取决于标记与目标性状基因的紧密连锁，及遗传背景的高度相似或一致。

分子标记辅助选择育种的特点：①可以克服表型不易鉴定的困难；②可以克服基因型难以鉴定的困难；③可以利用控制单一性状的多个基因，也可同时选择多个性状；④允许早期选择，提高选择强度。用标记鉴定基因型，可在早期就对幼苗进行选择，如优质、耐高温、抗性等性状；⑤可进行非破坏性的性状评价和选择，如品质性状的评价往往会以损伤种子生命力为代价，病虫评价会导致收到的种子少或收不到；⑥可加快育种进程，提高育种效率。

目前最新的分子标记设计育种方法为水稻染色体片段代换系（chromosome segment substitution line，CSSL）为平台的分子设计育种方法。参见二维码 5-3。

二维码 5-3 水稻染色体片段代换系为平台的设计育种

（二）转基因工程技术育种

随着基因编辑技术和一系列生物技术的发展，基因工程技术育种也将成为重要育种手段。使用传统的育种手段，培育一个新的雄性不育系通常需要几年，有时超过十年，使用现代基因工程技术可以大大减少繁殖时间，加快育种进程。

1. 转基因工程技术育种方法

作物转基因工程技术育种（transgenic breeding）是指利用现代基因工程技术将某些与作物高产、优质和抗逆性状相关的目的基因经加工编辑或直接克隆导入受体作物，培育具有特定优良性状的新品种的方法。

(1)转基因工程技术育种相比常规育种技术的优势

①扩大了作物育种的基因库。转基因育种打破了常规育种的物种界限，来源于动植物和微生物的有用基因都可以导入作物，培育成具有某些特殊性状的新型作物品种。

②提高了作物育种的效率。作物转基因育种大大缩短了育种年限。

③改良某些单一性状却不影响品种的原有优良特性。利用基因工程技术定向提高作物的抗虫、抗病、抗逆性和改良品质等，这在常规育种中是难以想象的。

④为培育高产、优质和高抗的优良作物品种提供了崭新的育种途径。

⑤减轻了农业生产对环境的污染。转基因抗虫棉花的大面积种植和推广，不仅可以减少化学杀虫剂对棉农及天敌的危害，还可以大幅度降低用于购买农药和虫害防治的费用。另外，随着高效固氮转基因作物及高效吸收土壤中磷等营养元素的转基因作物不断问世和推广，农用化肥的利用率将极大地提高，这对减少农田污染具有重要意义。

(2)作物转基因育种程序

①转基因育种目标的制定。根据不同作物的农艺性状，同一作物在不同的生态环境、栽培条件及社会发展时期所需解决的实际需要来制定转基因育种目标。

②目的基因的获得。根据目标性状，选择、分离、克隆用于作物遗传转化的目的基因，依据不同功能，目的基因可分为功能基因(编码特定的功能性蛋白)和调控基因(编码转录因子和小 RNA 等基因表达调控因子)两大类。

③作物表达载体的构建。目的基因只有与特定的表达调控元件相连接构成基因表达盒(gene expression cassette)才能在转基因作物中有效表达。为了成功转化并筛选转基因细胞和植株，包含目的基因的作物表达载体要具有特定的结构和选择标记基因。表达载体的构建是否合理，不仅会影响到目的基因的表达效率，还将影响到转基因作物的生物安全性。

④受体作物的遗传转化。受体材料是指用于接受外源 DNA 的细胞群、组织或器官，例如原生质体、叶盘、茎尖等。遗传转化(genetic transformation)是指将外源基因导入受体细胞内，并整合到基因组或质体基因组中的过程。成熟的作物遗传转化方法包括农杆菌介导法、基因枪法、花粉管通道法以及基于原生质体的其他转化方法(如 PEG 介导法、电击法、微注射法、低能离子束介导法、超声波诱导作物组织基因转移法)。

⑤转基因植株的获得及鉴定。利用表达载体上标记基因(抗生素抗性基因、除草剂抗性基因)的表达，通过特定选择培养基(含有一定浓度的抗生素或除草剂)对

被转化的细胞进行选择性培养从而获得抗性愈伤组织，继续组织培养后获得再生植株，这种导入了外源基因的作物细胞或植株即作物转化体(crop transformant)。对作物转化体的鉴定是指对转基因植株中目的基因是否成功整合、转录、表达以及转基因植株是否获得了目标性状进行的综合分析。一般通过DNA水平、转录水平、翻译水平和表型等方面对转基因植株进行鉴定和分析。

⑥转基因材料的安全性评价。为了最大限度地避免潜在风险，在转基因作物产业化之前，需要对其进行全面科学的安全性评价，包括生物安全性和食品安全性评价两个方面。

⑦转基因材料的利用及品种选育。一般来说，通过转基因技术获得的转基因新材料不直接在生产中推广应用，而是作为重要的种质资源和常规育种相结合进行育种利用。

2. 转基因工程技术育种方法成就

目前，我国利用作物转基因工程技术在提高作物的抗虫、抗病、抗逆性、改善品质等诸多方面展现出良好的发展前景。如中国科学院成功将来源于长药野生稻的对白叶枯病抗谱最广的Xa21基因转入我国的主栽水稻品种中，获得抗白叶枯病杂交稻新组合，目前正在进行示范种植与推广，有望形成基因工程育种产业。中国水稻研究所研制的转bar基因抗除草剂水稻取得重要进展。福建省农科院也已成功选育出多个抗虫转基因水稻品系，获得了一批抗虫性好、农艺性状表现优良的三系和二系杂交稻组合。华南农业大学利用高效的多基因载体系统TGSⅡ(TransGene StackingⅡ)，实现了在水稻胚乳中特异合成虾青素(astaxanthin)的营养强化(biofortification)目标，培育出世界首例胚乳富含虾青素的新型功能营养型水稻种质“aSTARice，虾青素米”，也称“赤晶米”。

3. 作物基因编辑育种进展

目前，CRISPR-Cas9作为一种新型基因编辑系统对推动作物转基因工程技术育种起了重要作用。该技术通过RNA指导Cas9核酸酶对靶向基因进行特定DNA编辑，基因编辑效率高，载体构建与使用也更加便捷。华南农业大学利用CRISPR/Cas9系统，在TMS5的编码区中设计了10个靶位点用于靶向诱变，建立了有效的构件——TMS5ab构件，开发了11个新的“清洁遗传改良”TGMS品系，应用于水稻杂交育种。这一系统的应用，不但显著加快了不育系的繁殖，而且有利于杂种优势的利用。中国科学院遗传与发育生物学研究所首次提出了基于基因编辑的异源四倍体野生稻快速从头驯化的新策略，用于解决创制多倍体水稻新作物的难题。作物转基因工程技术育种有着广阔的应用前景，目前虽取得较大进展，但后续转基因品种的安全性尚需进行严格评价和检测。

第四节　品种审定与种子生产

近年来，我国农业种质资源保护与利用工作取得积极成效，但仍存在丧失风险加大、保护责任主体不清、开发利用不足等问题。为加快建设现代化种业基地，健全良种繁育和应急保障体系，实现重要农产品种源自主可控，确保农业生产用种安全，国务院办公厅发布了“关于加强农业种质资源保护与利用的意见”。

新引进或育成的品系、杂交种通常不能在农业生产中直接推广。能否成为品种，需要经过各省、自治区、直辖市或国家品种审定组织的审定或登记。

一、品种审定或登记

2022 年 1 月 21 日修订的《中华人民共和国种子法》规定，主要农作物是稻、小麦、玉米、棉花和大豆 5 种。在全国范围内只对主要农作物实行品种审定(variety certification)制度。主要农作物以外的其他农作物，都属于非主要农作物。国家对部分非主要农作物实行品种登记(variety registration)制度。

(一)品种审定的组织体系

《中华人民共和国种子法》规定，国家对主要农作物实行品种审定制度。主要农作物品种在推广前应当通过国家级或者省级审定。《主要农作物品种审定办法》规定，农业农村部设立国家农作物品种审定委员会，负责国家级农作物品种审定工作。省级人民政府农业主管部门设立省级农作物品种审定委员会，负责省级农作物品种审定工作。品种审定标准，由同级农作物品种审定委员会制定。

申请者可以单独申请国家级审定或省级审定，也可以同时申请国家级审定和省级审定，还可以同时向几个省、自治区、直辖市申请审定。

(二)申请品种审定的条件

《中华人民共和国种子法》规定，申请审定的品种应当符合特异性、一致性、稳定性要求。《主要农作物品种审定办法》规定申请审定的品种应当具备下列条件：①人工选育或发现并经过改良；②与现有品种(已审定通过或本级品种审定委员会已受理的其他品种)有明显区别；③形态特征和生物学特性一致；④遗传性状稳定；⑤具有符合《农业植物品种命名规定》的名称；⑥已完成同一生态类型区 2 个生产周期以上、多点的品种比较试验。其中，申请国家级品种审定的，稻、小麦、玉米品种比较试验每年不少于20个点，棉花、大豆品种比较试验每年不少于10个点，或具备省级品种审定试验结果报告；申请省级品种审定的，品种比较试验每年不少于5个点。

(三)品种试验

品种试验包括以下内容：区域试验，生产试验，品种特异性、一致性和稳定性(DUS)测试。

(四)品种审定的程序

《主要农作物品种审定办法》规定：对于完成试验程序的品种，申请者、品种试验组织实施单位、育繁推一体化种子企业分别将稻、玉米、棉花、大豆品种和小麦品种各试验点数据、汇总结果、DUS测试报告提交品种审定委员会办公室。

品种审定委员会办公室在30日内提交品种审定委员会相关专业委员会初审。

初审通过的品种，由品种审定委员会办公室在30日内将初审意见及各试点试验数据、汇总结果，在同级农业主管部门官方网站公示，公示期不少于30日。

公示期满后，品种审定委员会办公室应当将初审意见、公示结果，提交品种审定委员会主任委员会审核。主任委员会应当在30日内完成审核。审核同意的，通过审定。

审定通过的品种，由品种审定委员会编号、颁发证书，同级农业主管部门公告。

二、种子生产的程序

(一)种了生产

种子生产(seed production)是指依据作物的生殖特性和繁殖方式，通过科学的技术手段，生产出符合规定和要求的种子。包括良种繁育、种子加工、种子检验以及种子包装等环节。

一个品种按繁殖阶段的先后、世代的高低所形成的不同世代种子生产的先后顺序，称为种子生产程序。我国种子生产实行育种家种子(原原种)、原种和良种3级种子繁育体系。

1. 育种家种子

育种家种子(breeder's seed)也称原原种，是指育种家育成的遗传性状稳定的品种或亲本最原始的种子，具有本品种最典型的特征特性。一般由育种单位提供。

2. 原种

原种(original seed)是指利用育种家种子所繁殖的第1～3代种了或由正在生产上推广应用的品种经过提纯后质量达到国家规定的原种质量标准的种子，具有本品种的典型特征特性。原种一般由农业行政部门指定的具有较好的技术和物质条件的单位按计划生产。

3. 良种

良种(certified seed)是由原种繁殖第1～3代种子，特征特性和质量经检验符合要求，供应大田生产播种用的种子。自花授粉作物、常异花授粉作物良种一般可从原种开始繁殖2～3代；杂交作物的良种分为自交系和杂交种，自交系一般用原种繁殖1～2代，杂交种的种子只能使用1代。

(二)种子检验

种子检验(seed testing)是指应用科学、先进和标准的方法对种子样品的质量进行分析测定，判断其质量的优劣，评定其种用价值的一门科学技术。

种子质量包括品种质量和播种质量两方面。品种质量是指与遗传特性有关的品质，可用真、纯两个字概括。播种质量是指种子播种后与田间出苗有关的质量，可用净、壮、饱、健、干、强六个字概括。因此，种子检验就是对种子的真实性和品种纯度、净度、发芽率、生活力、活力、健康状况、水分和千粒重等进行检测。其中纯度、净度、发芽率和水分为必检指标。以下对种子检验的各步骤详细介绍。

1. 扦样

通常是利用一种专用的扦样器，从一批种子中取样。扦样的目的是从一批大量的种子中，扦取适当数量有代表性的送检样品。

2. 净度分析

种子净度是指样品中除去杂质和其他植物种子后，留下的本作物净种子重量占样品总重量的百分率。净度分析时将试验样品分为净种子、其他植物种子和杂质3种成分，并测定其百分率，同时测定其他植物种子的种类及数目。

3. 发芽试验

种子发芽力是指种子在适宜条件下发芽并长成正常幼苗的能力。通常用发芽势和发芽率表示。发芽势是指发芽试验初期(规定日期内)正常发芽种子数占供试种子数的百分率。发芽率是指发芽试验终期(规定日期内)全部发芽种子数占供试种子数的百分率。发芽试验对种子经营和作物生产具有极为重要的意义。

4. 真实性和品种纯度鉴定

种子真实性是指一批种子所属品种、种或属与文件(品种证书、标签等)是否相同，是否名副其实。品种纯度是指品种在特征特性方面典型一致的程度，用本品种的种子数占供检本作物样品种子数的百分率表示。

5. 水分测定

种子水分是指按规定程序把种子样品烘干所失去的重量占供检样品原始重量

的百分率。目前最常用的种子水分测定方法是烘干减重法和电子水分仪速测法。一般正式报告需采用烘箱标准法进行测定。

6. 生活力测定

种子生活力是指种子发芽的潜在能力或种胚所具有的生命力。在一个种子样品中全部有生命力的种子,应包括能发芽的种子和暂时不能发芽的休眠种子。种子生活力测定方法一般为四唑染色法。

7. 健康测定

健康测定主要是测定种子是否携带有病原菌(如真菌、细菌及病毒)、有害动物(如线虫及害虫)等健康状况。种子健康测定方法主要有未经培养检查和培养后检查。

8. 重量测定

种子重量一般用千粒重或百粒重表示。千粒重通常是指自然干燥状态下的1000粒种子的重量。新规程中是指国家标准规定水分的1000粒种子的重量,以克为单位。

9. 包衣种子检验

为了检查包衣物质对种子发芽和幼苗生长有无影响,可将包衣种子直接进行发芽试验,观察幼苗的根和初生叶是否正常,或者脱去包衣物质进行发芽试验对比,用来判断包衣物质对种子的危害。国家新颁布的包衣种子标准中规定,包衣种子发芽试验,须先用清水冲洗去包衣物质,再晾干后进行。丸化种子发芽试验可选用纸床和砂床或土壤床。

三、防止品种混杂和退化的措施

作物生产中,品种混杂退化是普遍存在的现象。品种混杂(mixed varieties)是指一个品种的群体中混有其他品种或其他种的种子,或上一代发生了天然杂交或基因突变,导致后代群体分离产生变异类型的现象。品种退化(variety degeneration)是指原有品种的产量和品质下降、生产力降低或丧失的现象。引起品种混杂退化的原因复杂,其中机械混杂和生物学混杂比较常见。品种防杂保纯涉及良种繁育的各个环节,必须高度重视,认真做好以下工作:

(一)防止机械混杂

预防机械混杂是保持品种纯度的一个重要环节。要制定种子生产操作规程,在种子繁育过程中,要严格检测播种用种,确保亲代种子正确。从收获到脱粒、晾晒、加工、包装、贮藏等环节都要杜绝混杂。

（二）防止生物学混杂

防止种子繁殖田里的材料在开花期间的自然杂交，是减少生物学混杂的重要途径。种子繁殖田必须采取隔离措施，方法有自然隔离、设施隔离、空间隔离和时间隔离等。

（三）正确选择

正确选择是保持品种典型性的重要举措。种子生产过程中要及时去杂去劣，选择具有性状优良、突出的单株采种，严防不当选择造成的不利影响。

（四）定期更新生产用种

生产用种要及时更新纯度高、质量好的原种或原种苗替换生产上的种子，是防止作物品种退化和长期保持其优良种性的重要措施。

复习思考题

1. 简述作物品种的含义及特征。
2. 无性繁殖与有性繁殖主要区别是什么？
3. 哪些作物属于自花授粉、异花授粉和常异花授粉？各举三例。
4. 简述作物引种的原理。
5. 简述作物的引种规律。
6. 简述系统育种的程序。
7. 简述杂交育种的程序。
8. 杂种优势利用方法有哪些？
9. 简述杂交育种与杂种优势利用的区别。
10. 简述诱变育种的特点。
11. 简述分子标记辅助选择育种的特点。
12. 转基因技术与传统育种相比有哪些优势？
13. 为什么要进行品种审定？申请品种审定的条件有哪些？
14. 种子生产程序有哪些？
15. 种子检验的必检指标有哪些？
16. 如何防止品种混杂退化？

第六章

作物种植原理与技术

本章内容简介

本章节论述与作物生产密切相关的农事管理措施，重点包括土壤耕作与培肥技术、作物播种与田间管理、覆盖栽培与水分调节技术、作物施肥与收获贮藏等。

学习目标

1. 掌握作物种植基本原理与关键技术；

2. 为推进农业农村现代化、确保国家粮食安全、推进乡村全面振兴做好理论与技术准备。

第一节　土壤耕作与培肥技术

一、土壤耕作的作用

土壤耕作(soil tillage)是通过农机具的机械力量作用于土壤，调整耕作层和地面状况，以调节土壤水分、空气、湿度和养分的关系，为作物播种、出苗和生长发育提供适宜的土壤环境的农业技术措施。耕作对土壤的机械作用改善了作物生长环境，如提高土壤蓄水保墒能力、调节土壤透气性、结合有机物料还田增加土壤有机质、减少杂草和病虫害等。机械作用如下：

1. 松碎土壤

耕层变紧、总孔隙度减少、土壤通气不良等影响微生物活动和养分释放，也影响作物根系下扎和活动。生产上要每隔一定时期进行土壤耕作，以增强土壤通透性。

2. 混拌土肥

将耕作层上下翻转，翻埋肥料、残茬、秸秆和绿肥，可改善耕层理化状况、混拌土壤、培肥地力。同时可减少杂草和病虫害，消减土壤有害物质。

3. 平整地面

通过耕作可以平整地面，减少土壤水分蒸发。地面平整便于播种作业，提高播种质量；提高浇水效率，节约用水；对盐碱地可减轻返盐，有利于播种保苗。

4. 压紧土壤

采用镇压等措施，将过于疏松的耕层土壤压紧，使大孔隙减少，增加毛细管孔隙，抑制气态水的扩散，减少水分蒸发，提高作物播种出苗率。

二、土壤耕作的类型

（一）基本耕作

基本耕作（basic tillage），又称初级耕作（primary tillage），指入土较深、作用较强烈、能显著改变耕层物理性状、后效较长的一类土壤耕作措施。目前生产中广泛采用的基本耕作方式包括翻耕、深松耕、旋耕等。

1. 翻耕

翻耕（plowing）的主要工具有铧式犁，有时也用圆盘犁。先由犁铧平切土垡，再沿犁壁将土垡抬起上升，进而随犁壁形状使垡片逐渐破碎翻转抛到犁沟中去。翻耕的主要作用在于翻土、松土和碎土，结合秸秆还田还具有土壤培肥作用。

（1）翻耕时期　翻耕是对土壤的全面作业，只有在作物收获后至下茬作物播种前的阶段内和土壤宜耕期内进行。一般有伏耕、秋耕和春耕三种类型。

（2）翻耕深度　翻耕深度要根据作物、土壤条件和气候特点来确定。生产上翻耕深度一般不超过作物主要根系分布的范围，大田生产翻耕深度旱地以 20～25 cm，水田 15～20 cm 较为适宜。不同土壤条件翻耕深度不同，土层深厚、表底土质地均匀、有犁底层存在、黏质土或盐碱土等可适当加深；土层较薄、沙质土不宜深耕。在多风、高温、干旱地区或季节，深耕会加剧水分散失。

2. 深松耕

深松耕（subsoiling）是以无壁犁、深松铲、凿形犁对耕层进行全面或间隔的深位松土。耕深可达 30～50 cm，可打破犁底层，有利于降水入渗，增加耕层土壤持水性能。由于此法只松不翻、不乱土层，保持了地面残茬覆盖，故可防止风蚀，减轻土壤水分蒸发，适合于土层深厚的干旱、半干旱地区以及耕层土壤瘠薄、不宜耕翻的盐碱土、白浆土地区。深松耕也存在一些问题，其不能翻埋肥料、残茬和杂草，不利于抑制杂草滋生。为此，生产上也采用“深松旋耕机”，在打破犁底层的同时混拌土壤。

3. 旋耕

旋耕(rotary tillage)采用旋耕机进行，可将土壤进行切割、打碎和混拌；一次旋耕既能松土，又能碎土且保持了地面的平整。水田、旱田整地都可用旋耕方法，一次作业能达到耕松、搅拌、平整的效果，可以进行旱田播种或水田放水插秧，省工省时，降低成本，但旋耕深度较浅，一般耕深 10～12 cm，起不到加深耕层的作用。无论水田还是旱田，如果多年连续单纯旋耕，极易导致耕层变浅与土壤理化性状变劣，故应与翻耕轮换应用。

(二)表土耕作

表土耕作(surface tillage)，又称次级耕作(secondary tillage)，是在基本耕作基础上采用的入土较浅、作用强度较小的一类土壤耕作措施，旨在破碎土块、平整土地、消灭杂草，为作物创造良好播种出苗和生产条件。表土耕作深度一般不超过 10 cm。随着现代机械发展，传统的耙地、耢地等单一耕作方式明显减少，出现基本耕作与表土耕作同步进行的趋势，如翻耕与耙地联合作业。

1. 耙地

耙地(harrowing)通常采用圆盘耙、钉齿耙、弹簧耙等，通过一定间距的耙齿或耙片插入土中来拨动土壤，有破碎土垡、混拌肥料、耙碎根茬杂草、平整地面、减少蒸发、抗旱保墒等作用，耙地的深度一般为 3～10 cm。钉齿耙一般用于耕后、播前、雨后、灌水后、早春土壤化冻前后、播种前后以及出苗遇到不利条件时；而圆盘耙一般用于作物收获后的浅耕灭茬、清除和翻埋杂草、绿肥，有时也用圆盘耙耙地代替耕翻。

2. 耱地

耱地(dragging)也称盖地、擦地、耢地，是旱地和水田生产中常用的一项表土耕作。耱地主要有平土、碎土和轻微压土的作用；在干旱地区还能减少地面蒸发，保持土壤水分。耱地使用的工具多为一块木板或用耐摩擦的荆条、柳条等树枝编织成的工具，现在的农机具大部分都带有耐磨的铁皮耱地机具。耱地作业深度为 3 cm 左右。一般耱地和耙地联合作业效果较好，可使表土形成一层疏松的覆盖层，减少水分蒸发，有利于保墒。播种后耱地可促进作物种子发芽、出苗。

3. 镇压

镇压(packing)是利用镇压器的重力作用，将土壤表层的土块压碎、压紧耕层、平整地面的耕作措施。镇压一般作用深度为 3～4 cm，重型镇压器可达 9～10 cm。当耕层土壤过于疏松时，镇压可使耕层紧密，减少因水分扩散或空气对流作用而造成水分损失，保墒提墒。在播种后进行镇压，种子与土壤紧密接触，有利于种子吸收水分，促进发芽和扎根。此外，镇压也常用于冬小麦越冬前的田间管理，可防止作物徒长、弥合田间裂隙以及引墒固根，提高越冬率。

4. 起垄

起垄(ridging)是某些作物或某些地区特需的一种表土耕作措施。起垄可以为块根、块茎类作物地下部生长创造深厚的土层。此外，垄作栽培使土壤表面由平面型变为波浪形增加了土壤的面积，改变了土壤的光、热、水条件和微生物活动环境，较好地协调了作物赖以生存的小气候条件，最大限度地降低了不利因素的影响。中国东北地区(如吉林西部、内蒙古东部等)低温、冷凉及涝洼地块大面积推广的秸秆覆盖垄作少耕技术将秸秆放在垄沟，垄台平整处理后直接播种，该技术不改变行距，保留了传统垄作习惯，方法简单易行。但秸秆覆盖垄作少耕在风沙干旱区存在保水抗旱效果不足、原茬播种出苗质量差的问题，仍需通过作业环节及机具的改进提升垄作少耕的播种质量。

5. 中耕

中耕(cultivating)是在作物生育期间进行的一项表土耕作，有松土、保墒、除草和调节土壤温度的作用。中耕的工具有中耕机、犁、耘锄以及人工操作的手锄和手铲。中耕的次数应根据作物种类和生长状况、田间杂草的多少、土质、灌溉条件等来确定。中耕次数不宜太多，否则会导致行间过分疏松，加快有机物质的矿质化过程，加大养分消耗；在多风地区或坡地上还容易加剧风蚀和水蚀。

(三)少耕法和免耕法

翻耕法是我国过去土壤耕作制度的主体，在传统农业乃至多熟种植时期起过重要作用。20 世纪 90 年代旋耕逐步替代了翻耕的主体地位，成为目前全国应用最广的土壤耕作技术。随着我国农业生产条件的改善和适应现代农业高效、集约、持续发展的需要，少耕法、免耕法、条耕法等保护性耕作措施越来越受到人们的重视。

1. 少耕法

少耕法(minimum tillage)是减少不必要的耕作次数，以降低生产成本、减少对土壤结构破坏的耕作方法。此方法有残茬覆盖，可蓄水保墒、减少风蚀、节约能源。目前少耕类型较多，如田间局部耕作代替耕翻、以耙代耕、以旋耕代耕翻、耕播结合、硬茬播种、免中耕等。当前国内外土壤耕作中，少耕应用面积逐年扩大。

条耕是少耕的一种，生产上主要在播种带清除秸秆并旋耕，以提高播种带地温及播种质量，减少低温冷凉区或者涝洼黏湿区由秸秆覆盖地表导致的土壤温度回升缓慢、秸秆量大控制难而影响播种质量问题。条耕技术下70%以上地表具备了秸秆覆盖免耕的特点，剩余地表又具备传统耕作的特点，两者优点相结合被认为是"最佳的耕作方法"。

2. 免耕法

免耕法（no tillage，zero tillage）又称零耕、直接播种，指作物播种前不进行土壤耕作，直接在茬地上播种，在播后和作物生育期间也不使用农具进行土壤管理的耕作方法。免耕法可节约能源和资金，投入少，成本低。

免耕法的基本原理，一是用生物措施，利用秸秆、残茬或牧草覆盖地面，保持土壤自然构造；增加蓄水量，促进有益微生物繁殖，增加土壤有机质和水稳性团粒，减少风蚀和水蚀。二是用化学措施，即利用除草剂、杀虫剂、杀菌剂代替耕作除草、翻埋害虫及病菌等的作用。

耕作整地农机具见彩图6-1。

三、土壤培肥的原理

（一）地力与肥力

土壤培肥是作物生产的基础，用地与养地有机结合，才能保证作物持续的高产稳产与优质。地力（soil productivity）是农田培肥的调控中心，是在特定的种植制度和气候条件下，由土壤物理特性、化学特性、生物学特性与作物生长相适应而具有的生产能力，又称为土地生产力。地力的含义包括两个方面：①地力通过作物生产来反映，同时受多种因素制约；②地力是在人为控制和管理下实现的，是自然与人为干预综合作用的结果。

土壤肥力（soil fertility）是指在作物生长期间土壤能够不断地供给作物水分和养分的能力。显然，地力与土壤肥力既有共同点，也有不同点。相同点是二者均具有能够生长植物的能力。不同点是地力是自然土壤经人类长期耕种后形成的农田生产能力，地力具有综合性、可培育性和可控性；而土壤肥力是土壤的基本属性和本质特征，不考虑作物的生产能力，也不一定同气象条件关联。

（二）有机质与土壤培肥

土壤有机质是地力的物质基础，其含量高低直接影响土壤的物理性状、化学性状和生物学性状，并为植物提供生长所需的营养。在生物作用下农田土壤有机质不断地发生变化：①由矿物质或简单有机质转化为腐殖质的腐殖化过程，即腐殖质的合成过程;②由腐殖质分解为各种简单的有机质或矿物质的矿化过程,即有机质的分解过程。以腐殖质为主要成分的土壤有机质占土壤固相组成的2%~8%,是土壤中养分元素的承载者、微生物活动的驱动者以及矿质转化的调节者,对于土壤功能的发挥起着关键作用。

近年来研究发现,植物残体的积累、微生物体内分解和合成、土壤酶对有机质的胞外修饰、活性矿物催化聚合和分解等过程共同推动了土壤有机质的周转。然而,当前土壤有机质的来源、结构和稳定性等重大科学问题仍未得到充分解决。土壤有机质,尤其是难以提取的部分有机质的分子质量大小仍不清楚;植物、微生物等不同来源有机质在土壤中的相对比例有待量化;土壤生物、非生物过程对有机质形成和稳定的贡献还不明确;原位条件下有机质的时空分布特征及其稳定性还缺乏实验证据。

四、土壤培肥的技术

(一)生物养地

生物养地是利用生物及其遗体培养地力或改良土壤。其主要作用有:固氮、增碳、保持水土、疏松土壤、生物排盐等。生物养地的具体措施有:

1. 增施有机肥

有机肥是一切含有机质肥源的总称,主要是农家肥。有机肥种类繁多,来源广泛。有机肥主要有厩肥、堆肥、沤肥、饼肥等,其含氮、磷、钾和多种微量元素,养分齐全,肥效持久。有机肥的改土培肥作用不仅在于供应作物所需养分,还能够改善土壤的理化性质和土壤微生物状况,创造良好的土壤生态环境。

2. 秸秆还田

推广作物秸秆机械粉碎还田、旋耕翻埋还田、覆盖栽培还田、堆沤腐解还田等多种秸秆还田方式,结合施用氮肥和磷肥,可增加土壤蓄水、保墒、保肥能力,有利于作物持续增产。针对东北地区温度低降水少、秸秆还田后腐解慢、土壤培肥与作物增产矛盾突出等问题,秸秆颗粒化连年高量深埋还田可快速提升土壤有机质并持续增产,为东北黑土区通过秸秆还田实现地力保育与提升提供了新的可行技术途径(图6-1)。

3. 种植豆科绿肥

豆科绿肥是偏氮的半速效性肥料,可直接翻压施用。翻压时间以产量最高、积累氮多、木质化程度低的时期为好,一般为初花期或初荚期。一般翻压期要使供肥期与作物需肥期相适应,并翻入10~20 cm土层,以不露出土表为度。

4. 合理轮作

通过合理的作物布局和轮作倒茬,把用养特性不同的作物合理搭配,如禾本科

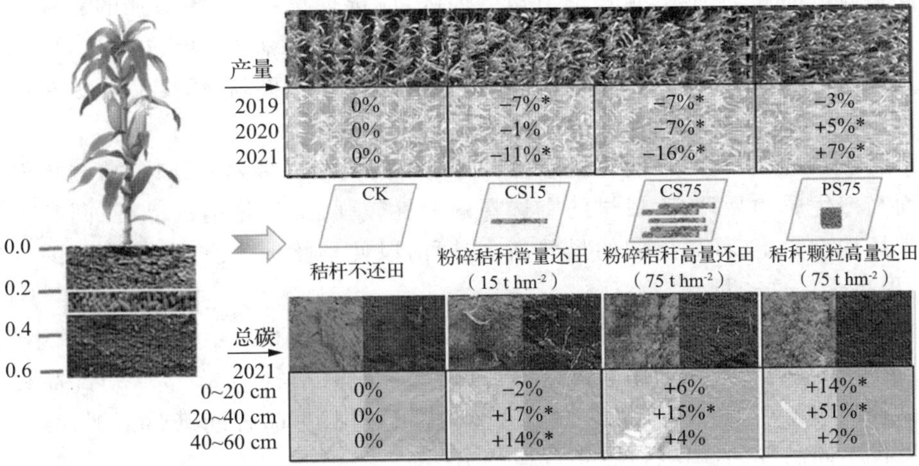

图 6-1 东北地区秸秆颗粒高量深埋还田培肥增产效果

* 表示 $P<0.05$

(资料来源:Wang 等,2023)

和豆科结合,一年生与多年生作物结合,做到用养结合,有利于维持土壤养分的平衡和扩大农田物质的循环。

(二)化学养地

合理施用化学肥料已经成为用地养地的一项基本手段。化学肥料的肥效快,但后效短、养分单一,采用有机肥与无机肥配合,以无机促有机,氮、磷、钾与微肥配合施用,增施优质有机肥料可起到作物持续增产和土壤快速培肥的双重作用。

第二节 作物的播种与田间管理

一、品种选择与种子处理

(一)品种选择

作物播种材料的选用,不论从外地引种,还是利用当地培育的品种,必须具备优质、高产、抗逆和适应性强的特点。各地要根据具体情况,因地制宜选用良种。

首先,根据当地自然条件和生产条件,选择抗御当地主要自然灾害且与生产水平相适应的品种。例如,生长季节短的地区,应选择早熟、耐寒性强的品种。地势低洼或盐碱地区,宜选择耐湿和耐盐碱力强的品种。在病虫害严重地区,要选择抗病虫性强的品种等。随着生产水平和良种选育水平的提高,优良品种更新速度越来越快。

其次,在作物和品种间应注意茬口与季节的衔接。多熟制地区,应选择熟期适当而高产优质的品种;茬口早的宜选择耐寒性较强、适于早播的品种;间套作地区宜选择株型紧凑、秆矮抗倒的早熟高产品种,以便早腾地,发挥各季作物的生产潜力,提高全年总产量。

最后,不同品种合理搭配。不同品种对水分、肥料和土壤条件的要求不同,丰产、抗逆性有差异。在选用品种时,应选择1个主栽品种和2～3个搭配品种。主栽品种的丰产性、稳产性、抗逆性较好,保持相对稳定;品种间进行搭配,有利于充分发挥不同品种的优良特性,实现稳产丰产。

(二)种子清选

良种必须在纯度、净度、发芽率、水分等方面符合种子质量标准(表6-1)。常用种子的清选方法有以下几种。

表6-1 常见谷类作物良种质量标准 %

作物	纯度 不低于	净度 不低于	发芽率 不低于	水分 不高于
水稻(常规种)	99.0	99.0	85	13.0(籼)、14.5(粳)
水稻(杂交种)	97.0	99.0	82	13.0(籼)、14.5(粳)
小麦	99.0	99.0	86	13.0
玉米(常规种)	97.0	99.0	88	13.0
玉米(单交种)	96.0	99.0	88	13.0
高粱(常规种)	98.0	98.0	75	13.0
高粱(杂交种)	93.0	98.0	80	13.0
燕麦	97.0	98.0	85	13.0

资料来源:摘编自国家市场监督管理局发布的《农作物种子质量标准 GB 4404.1—2024》。

1.外形筛选

主要根据种子形状、大小、长短和厚度,选择筛孔相适合的筛子,进行种子分级,筛除秕粒以及杂物,选取充实饱满的种子,提高种子的质量。

2.风力分选

利用种子的乘风率进行分选。乘风率(K)是种子对气流的阻力和种子在风流压力下飞越一定距离的能力。乘风率用种子的横断面积与种子质量之比表示：$K=C/B$；式中：C 为种子横断面积(cm^2)，B 为种子质量(g)。利用风车、粒选机、簸箕在风力作用下，空壳、秕粒因重量小乘风率大，会在较远处降落，这样就去除了空壳、秕粒和夹杂物，选到充实饱满的种子。

3. 比重筛选

利用不同比重的液体，将饱满度不同的种子分开。充实饱满的种子下沉到底部，轻粒上浮到液体表面，中等重量种子悬浮在液体中部。常用的液体有清水、泥水、盐水和硫酸铵水。按作物种类和品种，配置比重适宜的溶液，如油菜籽为1.05～1.08，粳稻为1.11～1.13。经过溶液选种后，种子需用清水洗净。为选择充实饱满的种子，先经外形筛选和风选，再用比重筛选，效果更好。

4. 色泽分选

当病变玉米种子同理想种子在外形、密度等方面没有明显差异，无法基于其他原理实现准确分离时，色泽分选是最为可靠的精选方式。色泽分选可以将霉变、病变种子和杂质等异色粒有效剔除，因此在种子精选分级中应用越来越广泛。

(三)种子处理

1. 晒种

晒种可增强种子酶的活性，提高胚的生活力，增强种子的透性，提高种子发芽率和发芽势；同时晒种也可杀死部分种子表面病菌，有一定的杀菌作用。在水泥地上晒种要薄摊勤翻，防止阳光暴晒，以免影响种子发芽率。

2. 浸种

许多病虫害可通过种子传播，如水稻的稻瘟病、棉花的枯萎病、黄萎病、谷子的白发病等，浸种消毒可预防这些病害的传播。常见的浸种消毒方法有石灰水浸种和药剂浸种，可杀死附着在种子上的病菌。

(1)石灰水浸种　用1%石灰水浸种可有效杀灭种子表面的病菌。浸种时间视温度而定，一般35℃浸种1 d即可，20℃浸种需要2～3 d。浸种后必须用清水洗净种子。浸种时，水面应高出种子10 cm，否则，水面太浅时，种子吸水膨胀后会露出石灰水面，影响消毒效果。

(2)药剂浸种　药剂浸种可杀死种子内部的病原菌和线虫。不同作物、不同病害、不同地区应选用不同的药剂浸种。有些浸种药剂有毒，操作时一定要注意人身安全。注意控制浸种时间和药剂浓度，以免产生药害。同时不能用铁器作容器，以免影响药效。处理后的种子要及时播种。

3. 拌种

药剂拌种可杀死种子表面的病原菌，并可使种子带毒，播种后在一定时间内防止病虫害对幼苗的危害。拌种用药剂较多，常用的杀菌剂有多菌灵、粉锈宁、克菌丹、托布津、福美双、拌种双等，杀虫剂有辛硫磷乳油等。拌药后的种子可立即播种，也可贮藏一段时间后播种。

4. 催芽

浸种催芽就是为种子发芽提供适宜的水分和温度条件，使种子的发芽整齐一致，提高出苗率。浸种的时间和温度，根据作物的种类和外界的温度条件确定，气温较高时，浸种时间短。在浸种过程中、水中的氧气会逐渐减少，二氧化碳和有毒物质含量增加，影响种子的发芽，因此要注意常换水，保持水质清洁。为使催芽温度均匀一致，升温后每隔 4～5 h 翻动种子 1 次。大多数作物一般不需要浸种催芽或只浸种不催芽，但在晚播条件下，浸种催芽可提前出苗 3～5 d。

5. 包衣

种子包衣是指利用黏着剂或成膜剂，将杀虫剂、杀菌剂、植物生长调节剂、抗旱剂、微肥、着色剂、填充剂等非种子物质包裹在种子外面，达到使种子成球形或基本保持原有形状，提高种子抗逆性、抗病性，加快萌发，促进出苗率，增加产量和改善品质的一项种子处理技术。种子包衣可分为种子丸化和种子包膜。

(1)种子丸化　种子丸化是指利用黏着剂，将杀虫剂、杀菌剂、染料、填充剂等黏着在种子表面，通常做成在大小和形状上没有明显差异的球形单粒种子。该方法主要适用于小粒农作物及蔬菜种子，如油菜、烟草、甜菜、胡萝卜等，以利于精量播种。包衣时加入了填充剂(一般为惰性材料)，因此种子的体积和质量都有所增加，相应地种子的单粒质量也增加。

(2)种子包膜　种子包膜是指利用成膜剂，将杀虫剂、杀菌剂、微肥、染料等包裹在种子外面，形成一层薄膜。经包膜后的种子，基本上保持原来种子的形状。这种包衣方法适用于中粒或大粒种子，如水稻、小麦、玉米、大豆等。

二、播种时期及关键技术

(一)种植时期

作物适期播种不仅保证发芽所需的各种条件，还能使作物各个生育时期处于最佳的生育环境，避开不利自然因素(高温、干旱、霜冻和病虫害)，达到趋利避害、及时成熟、获得高产的目的。确定适宜的播种期，一般应根据以下条件综合考虑：

1. 气候条件

根据各地气候变化规律、灾害性天气出现的常年变化规律和现时的气候情况来确定作物适宜的播期。在气候条件中，温度是影响播期的主要因素。如冬小麦播期以日平均气温16～18℃时为宜，冬油菜播期为旬平均气温20℃时。

2. 品种特性

品种类型不同，温光反应特性也不同，生育特性有很大差异。如冬小麦、冬油菜有冬性强弱之分，一般冬性强的品种适时早播能发挥品种的特性，有利于高产。又如春播作物有早、中、晚熟品种，一般生育期长的晚熟品种播期较早。因此，应依据不同作物的品种特性，适当调整播期。

3. 耕作制度

科学的耕作制度，应考虑好作物的换茬衔接，平衡周年生产。特别是多熟制中，如华北平原冬小麦-夏玉米一年两熟区，收种时间紧，应以茬口衔接、苗龄为依据。

4. 病虫草害

调节作物的播种期，错开病虫草害高发季节，是农业措施综合防治病虫的重要环节。如玉米适期早播，有利于苗期避开地下害虫（蛴螬）、后期避开玉米螟危害，以及减少丝黑穗病、大斑病的发生。

（二）种植密度

种植密度就是单位土地面积上作物株数。在生产实践中确定合理密度，应综合作物种类及品种、茬口、土壤肥力、栽培管理水平和气候条件等因素加以确定。

1. 作物种类和品种类型

作物种类不同，植株形态特征和生长习性都有很大差异。如棉花的种植密度主要取决于播种期早晚，播种晚的夏棉，果枝少，为了保证较多的霜前花，需要早打顶，种植密度应大些；春棉播种早，果枝多，密度应小于夏棉。同一作物不同品种的种植密度也是有差别的。例如，玉米中叶片直立的紧凑型品种应加大种植密度。

2. 土壤肥力和管理水平

土壤肥力和管理水平不同，种植密度也应适度调整。一般在肥力水平高、施肥量大和管理好的土地上，植株生长繁茂，可发挥单株生产力，密度宜小些；对单秆性作物，如玉米、高粱等则应高肥高密。而在土壤瘠薄、肥量少和管理差的条件下，植株生长较差，应适当增加密度。

3. 气候条件和播种时期

光照、温度、雨量、生长季节等气候条件，对作物的生长发育有很大影响。一般在温度高、雨量充沛、相对湿度较大、生长季节长的地区，作物植株较高大，分蘖、分枝多，密度宜小些，反之，密度宜大些。在同一地区，土壤肥力、品种相同的情况下，晚播的要比适期播种的适当增加播量。

（三）播种量

播种量的确定，一般考虑以下三种情况。

1. 密植作物

麦类作物就是这类作物。这类作物在出苗后不间苗，播种量对产量影响较大。要确定播种量，先根据地力确定产量目标，根据产量水平和品种特性确定基本苗数，再根据种子质量和田间出苗率来计算播种量。

$$播种量=\frac{每公顷基本苗\times千粒重}{种子净度\times发芽率\times田间出苗率\times1000\times1000}$$

式中：千粒重(g)、种子净度%、发芽率%可在播种前通过种子检验获得，田间出苗率(%)可根据常年出苗经验获得。播种量单位为 kg/hm^2。

2. 稀植作物

这类作物（如玉米和高粱）出苗后要进行间苗、定苗。计算这类作物播种量时，要考虑留苗密度及出苗时的基本苗数。播种量的计算因条播和穴播而不同。条播情况下，根据整地情况及病虫害情况，常常出苗后 3～4 棵苗留一棵苗，一般把这种根据实际经验得到的留苗系数称为全苗保证系数，在进行播种量计算时，要用全苗保证系数来修正。条播时的单位面积播种量公式为：

$$播种量=\frac{计划密度\times全苗保证系数\times粒重}{种子净度\times发芽率\times田间出苗率}$$

如果采用穴播（点播），则计算时不直接用到出苗率和发芽率，而是根据种子质量确定每穴播种多少粒种子。播种量计算公式如下：

$$播种量=\frac{计划密度\times每穴粒数\times粒重}{种子净度}$$

3. 精量播种

近年来由于整地质量、播种质量、种子处理技术、种子质量等的提高，玉米、高粱、谷子、大豆等作物逐步实行精量播种技术，将单粒种子按一定距离和深度准确地插入土内，使种子较为均匀一致地发芽，达到苗齐、苗全、苗壮的目的。在作物出苗后免去间苗环节，可减少种子用量 60%～80%。

（四）播种深度

播种深度主要取决于种子大小、顶土力强弱、气候和土壤环境等因素。一般以作物种子大小和顶土力强弱分为两类：小粒、顶土力弱的种子，一般播种深度为3～5 cm，如谷子、高粱、大豆、棉花等。大粒、顶土力强的种子，一般播种深度为5～6 cm，如玉米、花生、蚕豆、豌豆等。播种深度还应根据土壤质地和整地质量、土壤墒情等做适当调整。

（五）播种方式

1. 条播

条播是被广泛采用的一种方式。其优点是植株分布均匀，覆土深度比较一致，出苗齐，通风透光条件较好，便于间套作和田间管理。同时，在条播时可集中施种肥，做到经济用肥。根据条播的行距、播幅宽窄，可分为窄行条播、宽行条播、宽窄行条播等。窄行条播适于麦类作物，一般行距为15～20 cm；宽行条播适于中耕作物，如玉米、棉花等，行距为45～75 cm；宽窄行条播适于间、套作和棉花、玉米等作物。

2. 穴播

按一定株距开穴点播，也可按确定的行距开沟，于沟里按一定株距点播，一般每穴2～4粒种子。玉米、棉花、向日葵、花生、马铃薯多采用这种方式，用人工或点播机播种。

3. 撒播

将种子均匀地分撒在一定土地面积上称撒播。其特点是单位面积种子数量大，土地利用率高、省工，利于抢时播种。一般水稻、油菜、烟草等作物育苗或者种植牧草和绿肥时采用撒播方式。撒播出苗率低，杂草难防除，田间管理不便。

三、田间管理与主要措施

（一）苗期管理

1. 生育特点

苗期是作物的营养生长期，以长根、茎（或分蘖）、叶等营养器官为主。作物苗期幼苗叶小而少，制造的有机养料不多，地上部植株生长缓慢，而根系生长较快，是营养生长的中心，生长中心也包括部分叶片和刚分化的幼茎，基部几片叶是生产中心。

2. 主要措施

（1）秋冬播作物　在冬前要培育壮苗，确保作物安全越冬，为此应采取以下措施：①作物出苗后要及时查苗、补苗，保证全苗。②幼苗全苗后，要中耕、除草，有的作物（油菜）还需间苗、定苗。③在作物越冬前适时浇水和施肥。④气温低的地区应加强防冻措施，保证作物安全越冬。

（2）春夏播作物　①作物出苗后及时查苗、补苗，保证全苗。②玉米、高粱、谷子、棉花等作物要适时定苗。玉米、高粱在4～5片叶时定苗。③结合定苗，要在苗期进行中耕除草，促进幼苗生长。④在作物幼苗生长期间，要注意防治病虫，特别是地下害虫对幼苗危害较重时，可造成缺苗断垄，发现地下害虫要及时防治。此外，应根据气候、土壤和苗情，进行合理的施肥，土壤干旱时，适当浇水。

（二）中期管理

1. 生育特点

中期是作物营养体与生殖体并进生长期。当植株开始穗或花芽的分化时，则进入生殖生长期，但在并进生长前期仍以营养生长为主，根系和地上植株的生长速度明显增快，幼穗或花芽的分化也相应加快，两者对水分和养分的需求矛盾日益突出。这个时期的生长中心主要是茎、叶等营养器官。生产中心是中部若干叶片，贮藏中心开始从叶鞘、茎秆转向生殖器官。

2. 主要措施

（1）中耕培土　玉米、高粱等植株高大的作物，在中期要防止倒伏，施肥的同时应进行培土。花生大量果针发生时，需要黑暗条件才能结果，也应培土。马铃薯、甘薯进入薯块膨大期，培土有利于薯块生长。

（2）水肥调控　玉米在大喇叭口期要重施肥，浇足水；棉花要稳施蕾肥，重施花铃肥；小麦、水稻在拔节初期要控制肥水，拔节后应加大肥水供应，提高小花结实率。

（3）病虫害防治　进入中期，作物生长旺盛，也是病虫害发生较多的时期。棉花、小麦、高粱等作物蚜虫相继发生；危害玉米的玉米螟、黏虫和棉花的棉铃虫、红蜘蛛等都有可能发生，应采用适当防治方法。

（4）株型调控　在作物生长期，应根据作物的长势和长相，进行株型调控。如施用生长抑制剂，可矮化株型（如棉花）和缩短节间，防止倒伏（小麦、燕麦等）。有些作物还需要整枝，如棉花进行去叶枝等整枝工作。

（三）后期管理

1. 生育特点

后期是作物的生殖生长期。当作物植株抽穗或开花以后，由以营养生长为主转向以生殖生长为主，直至营养生长停滞，完全进入生殖生长期。以结实器官为主产品的作物，生长中心主要转向结实器官。生产中心对禾谷类作物来说是顶端几片功能叶（如小麦的旗叶）或中上部叶片（如玉米），而双子叶作物是主茎中上部叶及其分支的功能叶。贮藏中心以籽粒为收获对象的作物是果实、种子，以营养器官作为收获对象的作物是根（甘薯、甜菜）、茎（马铃薯、甘蔗）、叶（烟草）等。

2. 主要措施

（1）合理施肥，适时灌溉　小麦扬花后施肥，可以改善籽粒品质，提高籽粒蛋白质含量。在小麦、玉米、高粱等作物灌浆期，对水分需要量较多，要浇好灌浆水。

（2）防治病虫害　主要防治害虫，如黏虫、蚜虫、红蜘蛛等，以减少害虫对作物的危害。这一时期，害虫危害对作物产量和品质影响很大。如糯玉米果穗在灌浆期如遇玉米螟、棉铃虫的危害，其商品价值受到很大影响。

（3）化控或人工控旺　生长后期要控制作物植株的长相和长势。如棉花的花铃期，为了控制棉花徒长，可喷洒缩节胺或矮壮素；后期为了促进早熟，可喷施乙烯利。此外，有些作物还需要整枝，如棉花进行打顶、去赘芽和打边心等。

第三节　覆盖栽培技术

一、地膜覆盖栽培技术

（一）地膜覆盖的生态效应

1. 增温保温效应

地膜覆盖本身并不能产生热能，覆盖增温、保温主要有两个方面的原因：第一，抑制土壤水分蒸发，从而减少了由于水分蒸发造成的土体热量的消耗。第二，阻碍近地层空间的热量交换。太阳辐射可大量透过膜面被土壤吸收，由于薄膜的良好气密性以及膜内附有水滴对长波辐射的阻隔作用，使膜内向外的地面辐射减少，净辐射增加，从而升高了膜内的温度。基于中国 Meta 分析结果表明，覆膜可以增加春季表土（0～5 cm）温度 1.8～2.7 ℃，最高可增加 6.8℃。

2. 保墒提墒作用

地膜覆盖的阻隔作用，使土壤水分垂直蒸发受到阻挡，土壤水分的蒸发速度相对减缓，总蒸发量下降，使土壤水分能在较长时间内贮存于土壤中，达到良好的保墒效果。地膜覆盖后加大了热梯度的差异，促使水分上移量增加。这种能使下层土壤水分向上移动的作用，称为“提墒”。保墒提墒效应为提高土壤水分利用效率和增加产量创造了条件。

3. 改善物理结构

地膜覆盖使土壤表层避免或减缓了雨水和灌溉水的冲击，从而使土壤结构仍保持播前土壤整地时良好的松软状态。此外，由于膜内水汽不断发生胀缩运动，使土粒间空隙变大，土壤变得疏松透气，土壤物理性状得到改善。土壤容重降低、孔隙度增大，土壤变得疏松透气，固、液、气三相比得到协调发展。中国西北石羊河流域长期地膜覆盖显著增加了土壤大团聚体含量和团聚体粒径（图 6-2）。

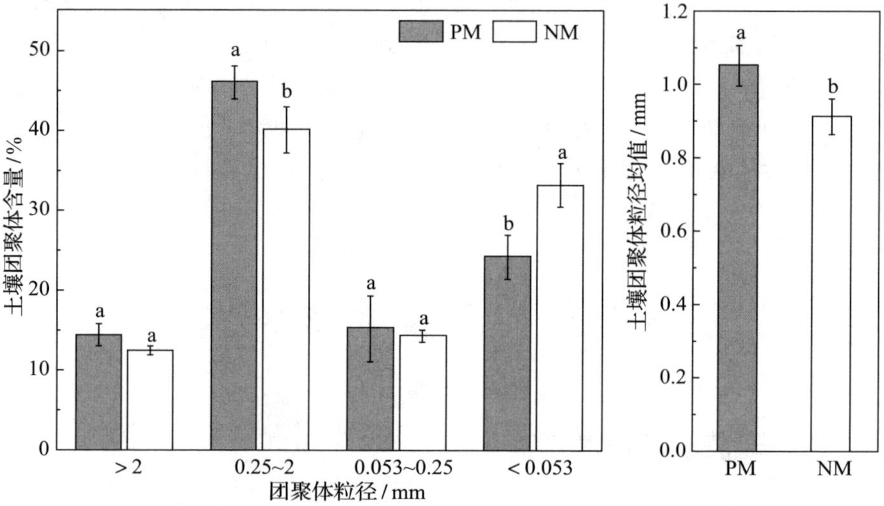

图 6-2 长期塑料薄膜覆盖下的土壤团聚体含量(A)和土壤团聚体粒径(B)

（NM，无地膜覆盖；PM，塑料薄膜覆盖）（资料来源：Bo 等，2024）

4. 促进养分分解

地膜覆盖后土壤速效养分均有不同程度增加。地膜覆盖增加了土壤的含水量，提高了土壤温度，对于土壤氮素矿化具有促进作用，提高了植物对氮素的吸收。但部分研究表明覆膜后土壤有机质、全氮、全磷、全钾均有下降趋势。因此，覆膜栽培需重视增施有机肥，补充土壤养分，提高土壤肥力。

5. 增强光照强度

地膜本身及膜下附着的水珠能反射太阳光线，增加了反射光的光照强度，使植株中下部叶片光照增强，增加了群体内光强。目前，反光薄膜覆盖已在苹果、梨、桃、葡萄、草莓等作物上逐步应用，可以明显提高光照强度和净光合速率，改善温光条件和果实品质。

6. 抑制杂草生长

地膜覆盖对杂草生长有明显的抑制作用。覆膜较好的地块，膜下地表温度可达 40～50℃，能使杂草叶色变黄、叶片卷缩，生长受抑甚至枯萎，或者幼苗直接接触地膜而被灼伤致死。黑膜透光性差，能有效抑制杂草的光合作用，从而发挥防草作用。化学除草膜是一种新型地膜，在薄膜制造过程中掺入除草剂，除具有一般地膜的增温、增光、保墒等作用外，还具有防除田间杂草的功能。

7. 抑制土壤返盐

地膜覆盖减少了土壤水分蒸发量，从而减少了盐分随水上升并积聚于地表的数量，使耕层土壤盐分明显下降，以土壤表层减轻最显著。此外，地膜覆盖结合秸秆隔层/亚表层培肥可以优化土壤物理结构，增强盐渍土水盐调控能力，抑制潜水蒸发和土壤返盐，降低盐分表层集聚；也可以增加土壤有机质和速效养分，提高土壤优势菌群丰度，增强有机物的矿化分解，是改良西北干旱区盐碱土的有效耕作措施（图 6-3）。

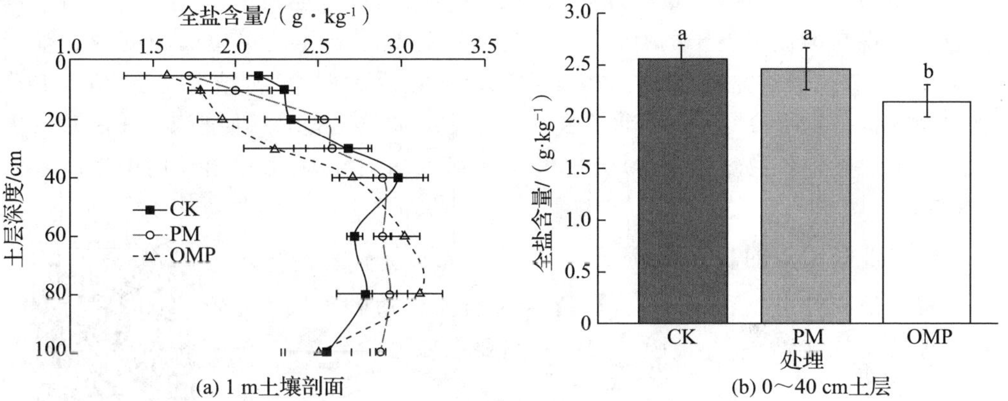

图 6-3　河套灌区春灌后土壤全盐含量

CK，地表不覆膜；PM，地膜每年覆盖；OMP，亚表层单次有机培肥＋地膜每年覆盖

（资料来源：张宏媛等，2022）

8. 农田残膜污染

连年进行地膜覆盖栽培，不注意残膜回收，会造成地膜残留于土壤之中，影响种子萌发和根系生长，造成减产减收；牲畜误食还会造成肠道疾病；大量碎膜随风飘散，也给生态环境造成污染。

（二）地膜覆盖的生产效应

1. 地膜覆盖对作物生长的影响

地膜覆盖提高了土壤温度和水分含量，给作物提供了有利的土壤环境，促进了作物的生长发育。玉米地膜覆盖可比裸地提早出苗 4～5 d，成熟提前 4～10 d，既加快了生育进程，又延长了玉米的灌浆期，可提高玉米产量。地膜覆盖对棉花的影响表现为“四早”，即早出苗、早现蕾、早开花、早吐絮。由于棉花是无限生长作物，地膜覆盖棉花打顶时间与露地棉一致，但增加了单株果枝数；地膜覆盖改善了棉花的水肥条件，减少了蕾铃脱落，提高了有效铃数；地膜覆盖吐絮时间早，从吐絮到下霜为棉花的吐絮成熟期，地膜覆盖延长了棉花的吐絮时间，提高了棉花的单株成铃数；地膜覆盖改变了棉花的“三桃”比例，增加了伏前桃和伏桃，几乎没有霜后花，提高了棉花的铃重和纤维品质，使得棉花既高产又优质。

2. 地膜覆盖对作物产量的影响

地膜覆盖对作物产量的影响表现为改变了作物的产量构成因素。在同期播种条件下，地膜覆盖在不同的作物中，增产原因不同。玉米地膜覆盖可使出苗率和成穗率提高，增加了单位面积穗数，生殖生长延长，促进了穗分化，增加了穗粒数，叶面积的增加和干物质积累量的提高促进了粒重的增长。地膜覆盖对谷子的增产作用主要表现在增加了谷子的有效分蘖数，从而提高了谷子的单位面积穗数。基于中国 36 年 788 个研究地点的 3570 组田间对比数据 Meta 分析结果显示，地膜覆盖使作物产量平均提高 45.5%，水分利用效率平均提高 58.0%，使小麦、玉米和水稻这三种主要谷物年总增产 3000 万 t，相当于额外增加 5850 万亩耕地用于生产粮食(图 6-4)。

(三)地膜覆盖的栽培要点

根据地膜种类及种植要求，在覆盖前选择合适的地膜。地膜的种类见二维码 6-1。地膜覆盖的栽培要点如下：

二维码 6-1
地膜的种类

1. 覆膜防草

地膜覆盖栽培应注重连续作业，即整地、施肥、做畦后要立即覆盖地膜，防止水分蒸发。地膜与畦面密贴，压盖牢固，以防被风吹抖动。地膜覆盖栽培若覆盖不严，地膜不能与畦(垄)表面密贴，常常引起杂草丛生。生产中要提高地膜覆盖质量，及时堵严破洞，使地膜与地表间呈相对封闭状态。在覆盖栽培时，也可喷洒适宜的除草剂。

2. 破膜放苗

先覆膜后播种方式，播种覆土后遇雨，会在播种孔上形成一个板结的蘑菇帽，要及时破碎，否则易造成憋芽，导致幼苗出土不整齐，造成大苗欺小苗的现象。

先播种后覆膜方式，作物出苗后，不能顶破地膜，需要人工放苗。如不及时破膜放苗，叶片紧贴膜面，遇到高温天气就会烫苗。放苗的方法为：用小刀、竹片或铁丝把地膜划一小口，把苗引出膜外。随即用细土沿幼苗基部封严膜孔，不要压住幼

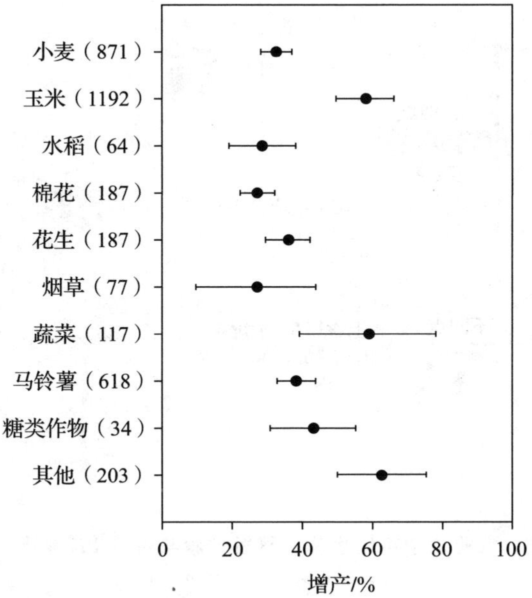

图 6-4　不同作物的塑料薄膜覆盖与不覆盖相比作物产量增加百分比

（资料来源：Sun 等，2020）

苗叶片。

3. 间苗定苗

作物出苗后，要及时间苗、定苗。如不及时间苗、定苗，常造成幼苗拥挤，互相争光、争水、争肥，从而导致根系和茎叶生长不良，形成弱苗。如果气候变化大或病虫害严重时，可适当推迟定苗时间。

4. 灌水追肥

在覆膜栽培整个生育期间，前期应适当控水，促根下扎，防止徒长。而在中后期作物旺盛生长期间，需肥量大耗水多，应适当增加灌水，并结合追施速效性氮肥，以满足作物后期肥水需求，防止早衰。

5. 残膜回收

塑料薄膜覆盖虽然增产潜力大，但存在回收难、土壤环境污染等问题，所以必须严格坚持残膜回收。残膜回收主要在前茬作物收获后至后茬作物春耕前进行，也有的在作物生育期揭膜。目前残膜处理方式有人工捡拾、机械回收及生物降解（图 6-5）等。回收后的残膜还可以再利用，如生产大棚骨架、井盖、下水管道、滴灌带、塑料凳等产品。

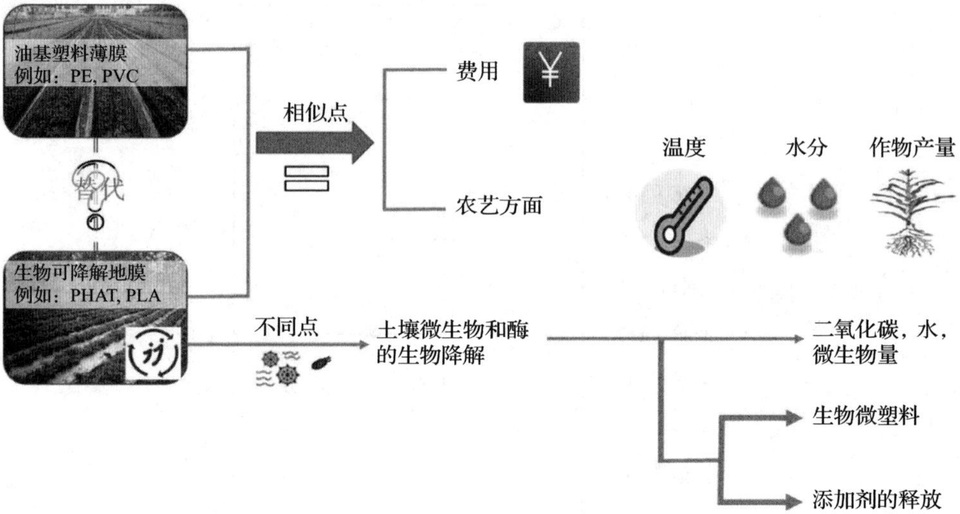

图 6-5　农业生态系统生物可降解地膜与传统 PE 地膜的比较

（资料来源：Zhou 等，2023）

二、秸秆覆盖栽培技术

（一）秸秆覆盖的概念

秸秆覆盖（straw mulching）指利用农作物的秸秆、糠壳、残茬等有机物覆盖在土壤表面，以达到保墒增产的作用。不同作物种类的秸秆在不同生态和气候区需要用不同的覆盖种植技术，其中包括秸秆覆盖量、覆盖时间、秸秆长度等。秸秆覆盖方法主要有以下几种：

1. 整秆覆盖和粉碎覆盖

根据秸秆粉碎长度，可区分为整秆覆盖和粉碎覆盖。随着联合收割机、秸秆粉碎还田机的广泛应用，整秆覆盖面积明显减少。

2. 全田覆盖和局部覆盖

根据秸秆覆盖面积，可区分为全田覆盖和局部覆盖。秸秆覆盖具有蓄水保墒的作用，但在一些高寒冷凉地区，秸秆覆盖可能降低作物产量。在东北典型黑土区，秸秆全田覆盖由于降低了播种至出苗的土壤温度，推迟了玉米的出苗时间，从而推迟了整个生育期，最终降低了千粒重和籽粒产量（图 6-6），而秸秆条带覆盖不仅有利于提高土壤有机质含量，还有利于平衡土壤水分和温度矛盾，缩短出苗时间、提高出苗质量、实现高产稳产。

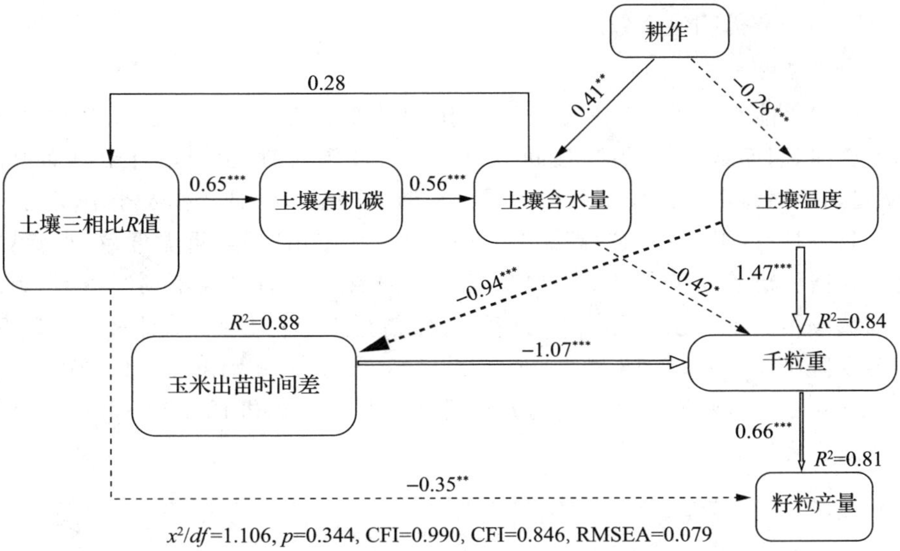

图 6-6 免耕秸秆覆盖影响玉米产量的潜在机制

** *** 分别为不同水平上的显著性

（资料来源：Li 等，2022）

3. 低留茬覆盖和高留茬覆盖

根据秸秆留茬高度，可区分为低留茬覆盖和高留茬覆盖。高留茬是指收获后留一定高度（通常为 20～30 cm）的秸秆直立于地表，在收获后到播种前这一时期内不翻动土壤。秸秆高留茬覆盖主要分布在中国北方干旱半干旱风沙区，利用作物残茬可减轻风蚀。覆盖度增加与风蚀量降低比例呈显著正相关关系，但在多风地区和季节，覆盖在地表的秸秆容易被强风吹走，因此在这种情况下，高留茬处理是更好的选择（图 6-7）。

图 6-7 不同秸秆覆盖方式

(二)秸秆覆盖的生态效应

1. 温度调节作用

秸秆覆盖能在白天大量吸收太阳辐射,使大部分热量吸收到秸秆内,不容易传导到土壤内,因而地温较低;当夜间地面放出长波辐射时,由于秸秆阻隔而返回土壤,又起到保温作用。因而秸秆覆盖后会平抑土壤温度的日变幅及季节变化,表现出低温阶段具有“增温作用”、高温阶段具有“降温作用”的双重温度效应。在中国东北地区秸秆覆盖还田会降低土壤温度,对玉米生长发育产生不利影响,是制约其在该区域应用的重要原因之一。与传统垄作秸秆不还田相比,秸秆覆盖还田 5 cm 土壤温度降低 3.5℃;5、15 和 30 cm 土层≥10℃积温分别降低 216.2、222.7 和 165.1 t·hm^{-2},≥10℃有效积温分别降低 201.9、138.7 和 123.9 t·hm^{-2};空气积温生产效率降低 9.7%~15.6%(图 6-8)。

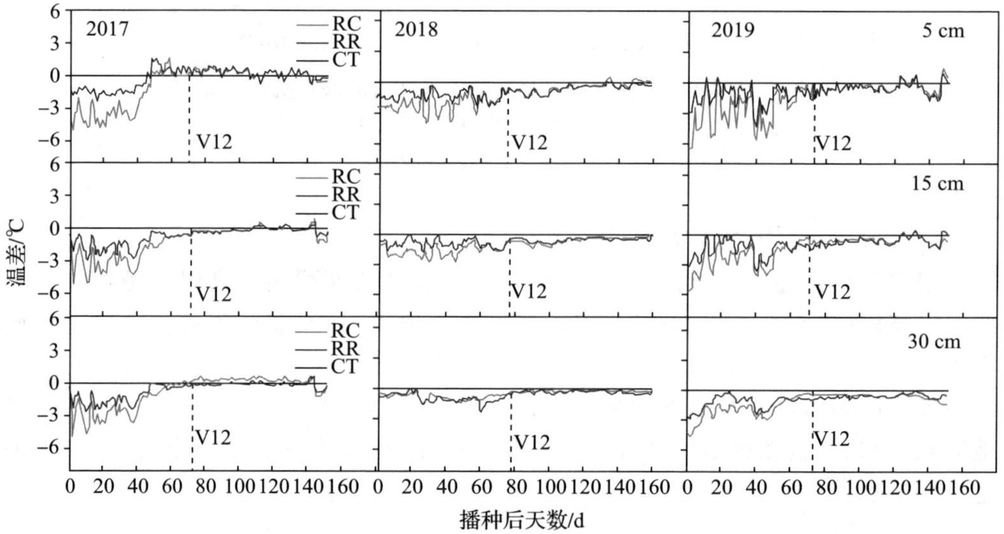

CT,常规耕作秸秆不覆盖;RC,免耕秸秆全量覆盖;RR,免耕秸秆 70%覆盖

图 6-8 中国东北地区秸秆覆盖对土壤温度的影响

(资料来源:Li 等,2022)

2. 蓄水保墒作用

地表覆盖秸秆后,在土壤表面与大气间形成了一道物理遮蔽层,阻隔了直接到达地表的太阳辐射量,进而起到了明显的降温和抑制土壤水分外蒸的作用,同时秸秆覆盖改变了土壤表面环境,使地表更加粗糙、土壤结构更加疏松,提高了土壤通

透性，增加了雨水下渗量，收集及保蓄了更多的水分供作物生长。基于东北春玉米934个样本数据Meta分析结果显示，秸秆覆盖后土壤含水量显著增加7.63%，并且与土壤质地、土层深度、生育期、年均气温、年降水量、秸秆覆盖量和方式等密切相关。

3. 减蚀增碳作用

秸秆覆盖可减弱地表径流和雨水对土壤的直接冲击，保护表层土壤结构，防止土壤板结，减少水土流失。此外，秸秆覆盖还具有土壤增碳作用。黄土高原8年定位试验表明，4.5 $t \cdot hm^{-2}$ 秸秆覆盖每年可增加0～10 cm土层有机碳0.40 $t \cdot hm^{-2}$。

（三）秸秆覆盖的管理技术

1. 病害防控技术

秸秆覆盖利于土传与种传病害加重发生。秸秆覆盖有利于增加土壤中病原菌数量，加大作物病害发生流行的潜在威胁，特别是秸秆粉碎程度不够、秸秆腐解过程缓慢，有利于病原菌越冬、繁殖，加重下茬作物病害的发生。如玉米秸秆还田后，下茬小麦纹枯病、全蚀病、根腐病等土传病害发病率都有所上升。华北平原冬小麦秸秆连续多年覆盖导致夏玉米瘤黑粉病病情指数和发病率显著提高。

2. 虫害防治技术

秸秆覆盖可为害虫提供有利的生存场所，进而增加虫害发生的风险，且随着秸秆覆盖年限的增加，害虫危害程度不断加重。如华北平原冬小麦—夏玉米一年两熟区，小麦收获后秸秆覆盖还田、玉米贴茬播种，有利于二点委夜蛾、蛴螬、地老虎等害虫的栖息产卵，造成玉米植株损伤、倒伏，死苗，导致缺苗断垄、大范围减产。因此，需结合当地主要虫害的发生特点，制定适宜的秸秆覆盖条件下的防治方案（如种子包衣技术等），调控秸秆覆盖关键参数（如秸秆覆盖量、粉碎程度等）。

3. 杂草防除技术

秸秆覆盖携带草籽并提供了有利的水热条件，草害发生的风险加大；但秸秆覆盖也会影响杂草幼苗采光，对其有一定的抑制作用。因此，秸秆覆盖需与除草剂配合，提高除草效果。

三、砂石覆盖栽培技术

（一）砂石覆盖的概念

在干旱半干旱地区，砾石覆盖因其在改善土壤生态环境，提升农业生产效能等方面的优良特性而备受推崇，即生产上常说的“压砂”，主要分布在中国西北旱区。

1. 按灌溉条件分类

按照砂田的灌溉条件来分，有水砂田和旱砂田。

(1)水砂田　是指铺在有灌溉条件的水浇地上的砂田。水砂田寿命短，仅为5～6年，前2年为新砂田，第3年为中砂田，以后为老砂田。水砂田主要用于种植蔬菜、瓜果、棉花等经济价值较高的作物。这种砂田一般采用清砂覆盖，砂石覆盖层很薄。水砂田和土壤因灌溉易于混合，因而寿命短。老砂田的砂土混合比重增加，砂田作用逐渐消失，肥力下降，产量降低。因此，一般使用3～5年后就需要起砂重新铺设。

(2)旱砂田　是指铺设在无灌溉条件的旱地上的砂田，它仅靠自然降水进行生产。旱砂田寿命长，前20年为新砂田，20～40年为中砂田，40～60年及以上为老砂田，一般可达40～60年，甚至还有近百年的。随着使用年限的延长，旱砂田的砂土混合日益严重，增温、保墒、压盐碱的效果逐年降低，同时肥力也日渐下降。因此，新砂田性能好、地力高、效益好。

2. 按砂石成分分类

按覆盖砂石成分划分，有卵石砂田和碎石砂田。

(1)卵石砂田　砂石直径一般为0.5～10.0 cm的卵石和砂粒的混合物。相较碎石砂田，卵石砂田结构疏松，不易板结，保墒保温性好。卵石在夜间降温时还具有凝聚水分的作用。

(2)碎石砂田　覆盖层是由大小不等、形状不规则的砾石、砂粒和细土混合而成。相较卵石砂田，碎石砂田因其覆盖层含土量较多，雨后易板结，渗水性差，保墒、保温、压碱等效果差。

(二)砂石覆盖的生态效应

1. 温度调节作用

砂石覆盖(砂田)因砂石地表凹凸不平，太阳辐射吸热多。砂石将白天吸收的太阳辐射热能传入下层土壤，使土壤积累热量，提高地温；夜间大气降温后，砂砾层的存在阻隔了土壤与大气层热量的交换，使土壤温度得以维持。同时砂砾层本身增温、降温快的特点，也为生长的植物提供了更好的温差效应，白天光合积累多，夜晚呼吸消耗少，因而生产的农产品品质更佳。

2. 蓄水保墒作用

农田覆盖砂石后，由于砂石层砂粒间孔隙大、渗透性好，因此降水就地渗入快，地面径流少，蓄水多。另外，砂石层覆盖，土壤蒸发失水少。砂砾层形成了土壤与大气的隔离带层，隔断了土壤的毛细管作用，减弱了土壤水分的蒸发过程，并充分利用当地的春夏干旱、秋季降雨较多的自然条件，在秋季降雨时，砂砾层使降雨渗漏到其下的土壤中，同时又不形成径流，将降水蓄积在砂砾层下的土壤中，加之白天可以减少水分蒸发，夜晚水汽遇冷凝聚成水通过石块下渗到土壤之中。据测定，与露地比较，铺砂田水分渗入率增加 9 倍，而蒸发量仅为露地的 1/5。

3. 其他生态作用

砂石覆盖具有保护土壤结构，降低水蚀、风蚀，防止土壤盐碱化的作用。在干旱少雨地区，砂石覆盖可明显减少土壤蒸发，还可有效地抑制土壤下层可溶性盐类向地表聚积。但随着种植年限的增加，砂田表层土壤水分贮存量和养分强度整体呈现下降态势，10 年左右出现明显的养分亏缺状态。

(三)砂田的栽培管理技术

1. 耕作

砂田的耕作方法因砂田类型、年限、种植作物而异，如新砂田用五齿耧，中砂田用耖耧，老砂田用老式犁。这样耕作的目的就是疏松砂层、破除板结、增强降水入渗、减少蒸发。砂田的主要缺陷之一是铺设、耕作、施肥、翻新等环节费工费力，而现代砂田已逐步使用土石分离机、砂田覆砂机、砂田翻新机等农业机械。

2. 施肥

砂田追肥是在植株旁边挖穴穴施，也可采用化肥溶液进行根外追施。水砂田可在行间或株旁撒施化肥后，再灌水使其渗入土中。膜下滴灌水肥一体化技术具有高肥料、高水分利用效率优势，已开始大面积应用于砂田中。生产上需要采取科学合理的农田管理措施以有效提升退化砂田的土壤肥力和生产力水平，如增施根际促生菌和生物有机肥等、砂田翻新施肥联合作业等。

3. 播种

部分作物(如小麦、扁豆等)可直接播种在砂层下的土壤表层，西瓜、甜瓜等作物必须扒开砂层，挖穴播种，播种后覆上盖平压实。种子播在砂层与土壤衔接处。

第四节 作物水分调节技术

一、灌溉技术

(一)灌溉定额

作物生育期间需要进行多次灌水，每次单位面积上的灌水量，称为灌水定额。

各次灌水定额之和称为灌溉定额，它因作物种类、品种、自然条件及农业技术措施的差异而异。在一定地区制订某一作物的灌溉定额，必须根据当地的丰产经验及灌溉试验资料，按水分平衡计算方法，即可制订出比较完善的灌溉定额方案。作物生育期内的灌溉定额，一般采用下列公式计算。

$$M = E - P_0 - (W_0 - W + K)$$

式中：M 为灌溉定额（m^3/hm^2）；E 为全生育期作物田间需水量（m^3/hm^2）；P_0 为全生育期内有效降水量（m^3/hm^2）；W_0 为播种前土壤计划层的原有贮水量（m^3/hm^2）；W 为作物生长期末土壤计划层的贮水量（m^3/hm^2）；K 为作物全生育期内地下水利用量（m^3/hm^2）。

制订灌水定额应收集以下资料：①当地作物田间需水量。②作物不同生育时期土壤计划湿润层深度，适宜土壤含水率及其允许的最大、最小含水率。③估算生育期中的有效降水量。④根据资料估算地下水补给量。

（二）灌水方法

1. 地面灌溉

地面灌溉仍是我国灌溉农业中常见的灌溉方式，是指水在田面流动或蓄存的过程中，借重力作用和毛管作用湿润土壤的灌水方法。

（1）畦灌　将田块用畦埂分隔成若干平整的小畦，水从输送沟、管或毛渠流入畦田，水层沿田面坡度流动，逐渐湿润土壤。畦灌投资成本低、田间工程设施简单且易于操作。

（2）沟灌　在作物行间开沟灌水，水在流动过程中借重力作用和毛管作用向沟的两侧和沟底浸润土壤。一般宽行距中耕作物（如玉米等）和薯类作物（甘薯等）多采用沟灌。

（3）淹灌　在田面保持一定深度水层，水在重力作用下不断向土壤中渗透，满足作物生长的需要，这种灌溉方式在稻田广泛采用。

2. 地下灌溉

地下灌溉是利用埋设在地下的管道，将灌溉水引入作物的根系吸收层，借毛细管作用，自下而上湿润土壤的灌溉方法。这种方法具有土壤湿润均匀、湿度适宜、地面蒸发少、节约用水、灌水效率高的优点。

3. 喷灌

利用水泵和管道系统，在一定压力下，把水喷到空中，散为细小水滴，如同降雨一样湿润土壤的灌水方法。喷灌可根据作物的需水规律，灵活掌握洒水量，并可控制喷灌强度，使地面基本不发生径流，不致破坏土壤结构，能调节土壤水、肥、气、热状况，改善田间小气候，同时可冲掉作物茎叶上的尘土，有利于作物呼吸和光合作用。因此，喷灌有节水、增产的效果，且适用于起伏不平的地形。它的缺点是需要消耗动力、投资较高、灌水质量受风力影响较大。

4. 滴灌

利用低压管道系统把水或溶有化肥的水溶液，经过滴头均匀地输送到作物主要根系分布区，使作物主要根系分布区经常保持在最优状态的一种先进灌溉技术。滴灌有省水、省工、省地、增产的效果。华北平原"滴灌冬小麦水肥一体化高效管理"技术模式的产量、水分利用效率和氮肥生产力较常规地面灌溉分别提高 13.4%、16.1%和 37.1%，节水增效十分明显。"玉米密植滴灌水肥精准调控技术"结合密植高质量群体调控与滴灌水肥一体化技术，密植是增产核心，滴灌是密植保障，通过水肥精准调控实现玉米密植群体防倒、防衰、抗逆、高整齐度和高效水肥资源利用。

二、排水技术

排水的目的在于除涝，防渍，防止土壤盐碱化，改良盐碱地、沼泽地等。通过调整土壤水分状况进而调整土壤通气和干湿状况，为作物正常生长、适时播种和田间耕作创造条件。

（一）排水作用

1. 除涝、防渍

除涝是防止作物受淹减产，旱地作物一般不耐淹，棉花、小麦等作物，10 cm 深水淹一天就要减产。防渍排水是通过降低地下水位，减少根系活动层中过多的土壤水。

2. 宜于耕作

在土壤含水量适宜时进行土壤耕作，不但效率高，而且质量好。实践证明，耕作层的土壤含水率占田间持水率的 60%～70%，一般地下水位埋深在 2～3 m 及以下时，灌水后 2～3 d 进行中耕松土，最为适宜。当地下水位较高时，表土过湿，大型耕作机械不能下田。因此，要求将地下水位降低到一个适宜的深度。

3. 防治盐碱化

为了预防灌溉区土壤次生盐渍化和改良盐碱土，要求通过排水措施将地下水位控制在一定的深度，这一水位埋深称为地下水临界深度，它的含义是在当地条件下能够防止根系活动层发生盐分积累的地下水允许的最小埋深。

(二)排水方式

农田排水方式一般有水平排水、垂直排水两种。水平排水主要指明沟排水和地下暗管排水,垂直排水也称为竖井排水。明沟排水就是建立一套完整的地面排水系统,把地上、地下和土壤中多余的水排除,控制适宜的地下水位和土壤水分。暗管排水是通过埋设地下暗管(沟)系统,排除土壤多余水分。竖井排水是在较大的范围内形成地下水位降落漏斗,从而降低地下水位。

三、保水技术

(一)材料特性

保水剂(super absorbent polymers,SAP)是一类功能性高分子聚合物,具有高膨胀性和吸水力,已被广泛应用于干旱、半干旱及风沙土区,被称为土壤“微型水库”,具有蓄水保墒作用。

1. 保水、释水

保水剂不仅可以吸附大量水分,还可以通过改善土壤团粒结构,降低土壤饱和导水率,抑制土壤水分蒸发,提高土壤的保水能力,减少土壤水分渗透和流失。保水剂吸水后膨胀为水凝胶,可缓慢释放水分供作物吸收利用,但吸收的水分减少到一定程度,根就很难再吸收保水剂所保持的水。

2. 使用寿命

保水剂在土壤中的使用寿命与其性质、土壤质地、产品用量等具有直接关系。通常情况下,聚丙烯酰胺类的保水剂使用寿命为 4～6 年,具有吸水、释水、再次吸水的作用,但反复吸水会降低保水剂吸水倍率。

(二)生产效益

基于全球 310 篇文章 1504 个数据对 Meta 的分析结果表明,施用保水剂可增加产量 12.8%,增加水分利用效率 17.2%。其与作物种类有关,比如块茎作物增产幅度最大,而蔬菜作物经济效益最高;也与灌溉条件相关,如旱作条件下保水剂施用可增加水分利用效率 18.3%,而雨养条件下增幅为 14.8%。保水材料类型、施用方式、粒径大小、土壤理化性质、农田管理等也与其生产效益密切相关。此外,保水材料配施微生物菌肥等还可以进一步提高产量,比如保水材料单施可增产 10.8%,而其复配微生物菌肥可增产 20.1%。

第五节　作物施肥技术

一、施肥原则

施肥是为了培肥土壤和供给作物正常生长所需要的营养。施肥时应综合考虑作物的营养特性、生长状况、土壤性质、气候条件、肥料性质等，经济科学施肥应遵循用养结合的原则、需要的原则和经济的原则。

（一）用养结合的原则

为了既获得作物高产，又维持地力不减，必须施肥。各种肥料中有机肥（包括秸秆）是一个多种"养分库"，对土壤的物理、化学和生物性质的改善具有良好的作用。有机肥和无机肥相结合，用地与养地相结合，才能在提高作物产量的同时又培肥土壤。

（二）需要的原则

由于作物对营养元素的吸收具有选择性和阶段性，因而施肥时应考虑作物的营养特性和土壤的供肥性能，根据作物生长所需选择肥料的种类、数量和时期合理施肥。特别是在作物营养临界期和作物营养最大效率期应及时追肥，满足作物增产的需要，提高肥料利用率。

（三）经济的原则

一般说来，施肥可以增产，但并不是施肥越多，增产幅度越大，经济效益越高。在生产条件相对稳定的情况下，施肥还存在一个"报酬递减"的问题，当只偏重供给某一种营养元素时，肥效降低，还会对作物产生毒害作用。因此，施肥时应注重营养元素的合理配比，充分发挥营养元素间的互补效应；在提高肥料利用率的同时，还应发挥肥料的最大经济效益。

测土配方施肥是通过对土壤采样和化验分析，以土壤测试和田间试验为基础，根据作物需肥规律、土壤供肥性能和肥料效应，在合理施用有机肥料的基础上，提出氮、磷、钾及中、微量元素等肥料的施用品种、数量、施肥时期和施用方法，以最经济的肥料用量和配比，获取最好的农产品产出的科学施肥技术。实行测土配方施肥不但能提高化肥利用率，获得稳产高产，还能改善农产品质量，是一项增产、节肥、节支、增收的有效措施。

二、影响因素

(一)气候条件

温度、降水量等因素影响作物对养分的吸收和肥料在土壤中的变化以及肥效发挥的快慢。在一定的温度范围内,温度升高,作物呼吸作用加强,吸收养分也增加。低温季节多施磷、钾肥,可以增加作物的抗逆性;过高的温度,可严重影响作物对养分的吸收。降水量多少,直接影响土壤水分和作物根系的吸收。如雨水过多,可稀释土壤溶液的浓度,加速养分淋失,降低肥效。若雨水过少,造成土壤干旱,引起土壤溶液的浓度过高,可影响作物根系的吸收和生长。此外,日照与作物吸收养分的关系也很大,作物在有充足光照的条件下,光合作用较强,新陈代谢旺盛,吸收养分较多,反之吸收养分则少。

(二)土壤条件

土壤的特性直接影响作物对营养物质的吸收,也影响肥料在土壤中的变化和施肥效果。土壤保肥性能与土壤类型有关,质地疏松的沙土保肥性差,施肥应少量多次,多施有机肥,改善土壤理化性质,增强保肥性。质地黏重土壤的保肥性好,施肥量可适当增加,次数相应减少。

(三)作物特性

作物对养分的吸收具有选择性。不同作物或同一作物的不同器官,其营养元素的含量有较大差别;同时作物在不同生育时期所需营养元素的种类、数量都有不同。例如,玉米、水稻、小麦等禾谷类作物是需氮较多的作物,氮肥的施用量应大些。大豆、花生等豆类作物与根瘤菌共生固氮,可以少施氮肥。

三、肥料种类

肥料的分类方法很多,作物生产上一般把肥料分为有机肥料、化学肥料和微生物肥料。

(一)有机肥料

属迟效性肥料,包括农家的各种废弃物,如人畜粪尿、厩肥、堆肥、沤肥、油饼以及绿肥、秸草、塘泥等。这类肥料的主要特点是:来源广,成本低,养分含量全,且分解释放缓慢,肥效长,可改良土壤的理化性状,提高土壤肥力。在分解有机质过程中,还能生成二氧化碳,有利于光合作用,但肥效缓慢、用工多,运输和人工成本高。有机肥主要做基肥施用,与化学肥料配合施用可以提高化学肥料的利用率;与生物菌肥配合施用可以加快养分分解，提高有机肥的利用率。

(二)化学肥料

根据化肥中所含的主要成分可分为氮肥、磷肥、钾肥、复合肥料和微量元素肥料等，属于速效性肥料，肥效快，养分含量高，方便运输且施肥用工少，但肥效短、易损失、易被土壤固定，不含有机质，长期施用会影响土壤结构，造成土壤酸化、板结，影响环境。化学肥料可用于基肥、追肥、叶面肥，用于基肥和追肥时建议采用深施、淋施的方法；注意施用浓度和养分均衡，避免出现缺素或单一元素过剩现象。

(三)微生物肥料

常用的有根瘤菌、固氮菌、抗生菌、解磷解钾菌等。通过微生物的生命活动，部分能拮抗土壤中的病虫害，促进作物根系生长，增强作物免疫力；部分能改良土壤，降解土壤中农药残留，为作物提供营养，提高肥料利用率。但微生物肥料施用条件要求严格，如对过酸或过碱、有机质含量低、过度干燥的土壤单独施用，效果都不明显。施用时应注意与有机肥料配合，并为微生物创造适宜的生活环境，以发挥其肥效。

四、施肥方法

(一)基肥

基肥是指作物播种或定植前、多年生作物在生长季初或生长季末，结合土壤耕作所施用的肥料，使土肥相融，供作物整个生长期间所需养分。其目的在于为作物生长发育创造良好的土壤条件，满足作物对营养的基本要求。用作基施的肥料主要是有机肥和在土壤中移动性小或发挥肥效较慢的化肥，如磷肥、钾肥和一些微量元素肥料。

(二)种肥

种肥是指在播种或移栽时，将肥料施于种子附近或与种子混播供给作物生长初期所需的养料。种肥的施用方法有多种，如拌种、浸种、条施、穴施或蘸根。有机肥料、化学肥料、微生物肥料均可作种肥。种肥的优点包括：用肥量少；有利于壮苗、早发；可以弥补种子胚乳贮藏少的缺陷。因为肥料和种子相距很近，应避免烧芽、烧根，影响出苗。一般挥发性较大和酸、碱性较强的肥料(如氨水、尿素、碳酸氢铵等)，还有含氯根(氯化铵、氯化钾)的肥料等都不宜作种肥。

(三)追肥

追肥是指在植物生长期间为补充和调节植物营养而施用的肥料。追肥的主要目的是补充基肥的不足和满足植物中后期的营养需求。追肥要根据作物生长的不同时期对症追肥。氮钾肥及微肥是最常见的追肥品种。生产上常用的有深层追肥、表层追肥和叶面追肥(根外追肥),喷施适用于紧急缺素状况,供应养分快,但供应量不足。

第六节 收获与贮藏

一、收获时期

适时收获有利于作物的高产、优质、高效。作物收获不及时,往往会因气候条件发生改变,如阴雨、低温、干旱、暴晒等造成发芽、霉变、落粒、工艺品质下降等,并影响到后茬作物的播种或移栽。收获过早则会因作物未达到成熟期,作物产量下降和品质变劣,因而作物适时收获特别重要。

作物的成熟,可分为生理成熟和工艺成熟。作物的收获期,根据作物种类、产品用途、品种特性、休眠期、落粒性、成熟度、天气状况而定。同一作物的收获期也因种植季节和地区、市场价格、贮藏时间等不同而有所不同。

(一)种子、果实的收获期

禾谷类、豆类、花生、油菜、棉花等作物生理成熟期即为产品成熟期。禾谷类作物穗子各部位种子成熟期基本一致,可在蜡熟末至完熟期收获。棉花、油菜等由于棉铃或角果部位不同,成熟度不一;棉花在吐絮时分批收获,油菜在全田70%～80%植株的角果呈黄绿色、分枝上部尚有部分角果呈绿色时收获。花生以大部分荚果饱满、中部及下部叶片枯落,上部叶片和茎秆转黄为收获期。豆类在茎秆变黄,植株中部叶片脱落,豆荚变黄褐色,籽粒变硬呈品种固有颜色时收获。

(二)块根、块茎的收获期

甘薯、马铃薯、甜菜的收获物为营养器官,地上部茎叶无显著成熟标志,一般以地上部茎叶停止生长并逐渐变黄,地下部贮藏器官基本停止膨大,干物质重达最大时为收获适期,同时还应结合产品用途、气候条件而定。甘薯在温度较高时收获不易安全贮藏;春马铃薯在高温时收获,芽眼易老化,晚疫病易蔓延。

(三)以茎、叶为产品的收获期

甘蔗、烟草、麻类等作物的产品也为营养器官,其收获常常是以工艺成熟为收获适期。甘蔗是在外观上蔗叶变黄时收获，同时结合糖厂开榨时间，按品种特性分期砍收。烟叶是由下往上逐渐成熟，其特征是叶色由深绿变成黄绿，厚叶起黄斑，叶片茸毛脱落，有光泽，茎叶角度加大，叶尖下垂，主脉乳白、发亮变脆时达工艺成熟期。麻类作物以中部叶片变黄、下部叶脱落为工艺成熟期。

二、收获方法

（一）刈割法

禾谷类作物多采用刈割法收获。目前我国部分地区仍以人工收获为主，用镰刀收获后再进行人工或机械脱粒；在机械化程度较高的地区，多采用联合收割机收获。另外，有些豆类、饲用作物也用刈割法收获。

（二）采摘法

棉花、绿豆等作物收获用此法。棉花植株不同部位棉铃吐絮期不一，需分期分批人工采摘，也可在收获前喷施乙烯利，然后用机械统一收获。机械收获要求棉株有一定的行株距、生长一致、株高适宜、棉花吐絮期气候条件良好。绿豆收获根据果荚成熟度，分期分批采摘，集中脱粒。

（三）掘取法

甘薯、马铃薯、甜菜等作物，先将作物地上部分用镰刀割去，然后用锄头挖掘或用犁翻出块根或块茎。采用薯类收获机或收获犁，不但收获效率高，而且薯块损坏率低，作业前需除去薯蔓。大型薯类收获机可将割蔓和掘薯作业一次完成。甜菜收获可用机械起趟，并要做到随起、随捡、随切削（切去叶与青皮）、随埋藏保管等连续作业，严防因晒干、冻伤造成甜菜减产和变质。

小麦、高粱、谷子、马铃薯、甘薯、花生的收获农机具见彩图 6-2。

三、收获物的粗加工

作物产品收获后至贮藏或出售前，进行脱粒、干燥、去除夹杂物、精选及其他处理称为粗加工。粗加工可使产品耐贮藏、增进品质、提高产品价格、缩小容积而减少运销成本。

（一）脱粒

脱粒的难易与作物的落粒性有关，易落粒的品种，容易自行脱粒，易受损失。脱粒法有两种：①简易脱粒法，使用木棒等敲打使之脱粒；②机械脱粒法，如禾谷类作物刈割后除人工脱粒外，可用脱粒机脱粒。

（二）籽粒干燥

干燥的目的是除去籽粒内的水分，防止因水分含量过高而发芽、发霉、发热，造成损失。干燥的方法有自然干燥法和机械干燥法。自然干燥法是利用太阳干燥或自然通风干燥的方法，生产中多用这种方法。机械干燥法是利用鼓风机和加温设备进行干燥处理的方法，这种方法降水快，工作效率高，但操作技术要求严格，多用于规模化生产。加热干燥应注意：切忌将种子与加热器接触，以免种子烤焦、灼伤；严格控制种温；种子在干燥过程中，一次降水不宜太多；经烘干后的种子，需冷却到常温后才能入仓。

（三）去杂

籽粒干燥后，除去夹杂物，使产品纯净，以便利用、贮藏和出售。去杂通常利用自然风或风扇以风扬的方法，除去杂物。进一步的清选可采用风筛清选机，通过气流作用和分层筛选，获得不同等级的种子。

（四）分级、包装

农产品分级包装标准化，可提高产品价值，更符合市场的不同需要，尤其是易腐性产品，可避免运输途中遭受严重损害而降低商品价值。如棉花必须做好分收、分晒、分藏、分轧、分售等“五分”工作，才能保证优质优价。

（五）烟、麻类粗加工

烟、麻类作物产品必须经初步加工调制后才能出售。烟草因种类不同，初制方法也不同。晒烟是利用自然光、温湿度使鲜叶干燥定色，有的还要经发酵调制，产品可直接供吸用，也可作为雪茄烟、混合型卷烟的原料。烤烟主要是作香烟原料，利用专门烤房干燥鲜叶，使叶片内含物转化分解，达到优质。麻类收获后应进行剥制和脱胶等初加工，才能作为纺织工业原料。

四、贮藏

收获的农产品或种子若不能立即使用，则需贮藏。贮藏方法不当，容易造成霉烂、虫蛀、鼠害、品质变劣、种子发芽力降低等现象，造成很大损失。因此，应根据作物产品的贮藏特性，进行科学贮藏。

（一）谷类作物的贮藏

大量种子或商品粮用仓库贮藏。仓库必须具有干燥、通风与隔湿等条件，构造要简单，能隔离鼠害，门窗能密闭，以便用药品熏蒸害虫和消毒。

1. 贮藏谷物的水分含量

谷类籽粒的水分含量与能否长久贮藏关系密切。水分含量高，籽粒呼吸加快，使粮温升高，霉菌、虫害繁殖也快，粮食易变质。一般谷类作物籽粒的安全贮藏水分含量必须在13%以下。

2. 贮藏的环境条件

谷物的吸湿、散湿对贮粮稳定性有密切关系，控制与减少吸湿是粮食贮藏的基本要求。在一定温、湿度条件下，谷物的吸湿量和散湿量相等，水分含量不变，此时的谷物水分称为平衡水分。一般而言，与相对湿度75%相平衡的水分含量为短期贮藏的安全水分最大限量值，与相对湿度65%相平衡的水分含量为长期贮藏的安全水分最大限量值。

昆虫和霉菌在15℃以下生长停滞，30℃以上生长繁殖加快。谷仓内谷温必须均匀一致，否则，会造成谷物间隙的空气对流，使相对湿度变化，形成水分移动，造成谷物的损坏。

3. 仓库管理

谷物入仓前要对仓库进行清洁消毒，彻底清除杂物和虫害。仓库内应有仓温测定设备，随时注意温度的变化并做好记录；在入仓前和贮存期间定期测定水分，严格控制谷物含水量；进行适度通风；注意防治仓库害虫和霉菌，密闭良好的仓库用熏蒸剂熏蒸。另外，还要消灭鼠害。

(二)薯类作物贮藏

鲜薯贮藏可延长食用时间和种用价值，是薯类产后的一个重要环节。

1. 贮藏的环境条件

甘薯贮藏的适宜温度为10～14℃，低于9℃会受冷害，引起烂薯；相对湿度在80%～90%最为适宜，相对湿度低于70%时，薯块失水，发生皱缩、糠心或干腐，不能安全贮藏。马铃薯种薯适宜温度应控制在1～5℃，最高不超过7℃，食用薯应保持在10℃以上，相对湿度85%～95%。

2. 贮藏期管理

薯块入窖前要精选，选用无伤、无病虫危害、新鲜健康完整的薯块以确保贮薯质量。贮藏窖要求保温、通风换气性能好，结构坚实，不塌不漏，干燥不渗水以及便于管理和检查。在贮藏初、中、后期，由于薯块生理变化不同，要求的温湿度不一样。入窖初期管理以通风、散热、散湿为主，当窖温降至15℃以下，再行封窖；中期在入冬以后，气温明显下降，管理以保温防寒为主，保持窖温在10～13℃；后期开春以后气温回升，雨水增多，寒暖多变，管理以通风换气为主，稳定窖温，使窖温保持在10～13℃，还要防止雨水渗漏或窖内积水。

（三）油料作物的贮藏

大豆种子吸湿性强，导热性差，高温高湿下蛋白质易变性，易丧失生活力；破损粒易生霉变质，需充分晾晒干燥后低温密闭贮藏。安全贮藏水分控制在12%以下，入库3～4周应及时倒仓过风散湿，以防发热霉变。

种用花生一般以荚果贮藏，晒干后装袋入仓，控制水分在9%～10%。脱壳后的种仁贮藏种温控制在25℃以下，水分在9%～10%。

油菜种子吸湿性强，通气性差，容易发热，含油分多，易酸败。应严格控制入库水分和种温，一般应控制种子水分在9%～10%。贮藏期间按季节控制种温，夏季不宜超过30℃，春秋季不宜超过15℃，冬季不宜超过8℃，无论散装还是袋装，均应合理堆放，以利散热。

（四）棉花的贮藏

棉花含有一定水分，在高温情况下，尤其是温度超过35℃时，其颜色可能变化，发生自然变异，从而影响棉花的品级。通常，符合国际水分规定（含潮率不超过10.5%）的新棉花在正常保管的仓库内不易发生自然变异。然而，夏季的温湿度升高可能导致棉花自然变异，使新棉花在一个棉花年度内平均下降一个等级，品级越高的棉花质量越稳定，品级越低的则质量不稳定，更易发生自然变异。

棉花贮存库房需满足交通便利、防火、通风、防潮、防霉变等条件，尤其是防火措施，棉花贮存库属于特级防火单位。根据天气变化及库内外的温湿度差异，要适时进行通风散湿或关闭仓库。一般情况下，库内温度应保持在30℃以下，相对湿度不超过70%，保管中的棉花含水率不应超过10%。

复习思考题

1. 简述土壤耕作的作用。
2. 土壤耕作有哪些类型？
3. 土壤培肥技术有哪些？
4. 种子处理方法有哪些？
5. 如何确定作物的播种期？
6. 怎样计算作物的播种量？
7. 如何确定作物播种深度？
8. 怎样进行合理的田间管理？

9. 地膜覆盖有哪些生态效益?

10. 地膜覆盖栽培技术要点有哪些?

11. 简述作物灌水方法。

12. 什么是灌溉定额?

13. 什么是“基肥”“种肥”? 两者之间有什么区别与联系?

14. 怎样掌握作物收获期? 作物收获方法有哪些?

15. 怎样进行作物初加工?

16. 随着对土壤生态系统理解的加深,一些自然力(例如冻融作用)和生物力(例如蚯蚓活动)同样对土壤可以起到调节作用。这是否属于“土壤耕作”范畴?

17. 为什么要区分“地力”与“肥力”? 在生产实践中有什么意义?

18. 中国北方地区淡水资源不足、地下水超采严重,请分区域、分作物谈谈如何高效利用水资源。

19. 大样本田间试验证实,地膜覆盖技术在年降水量小于 400 mm 和 >0℃ 积温为 3000～4000℃ · d^{-1} 的区域效果更为显著。为什么?

20. 为什么要采用作物生育期揭膜? 与作物收获后揭膜相比,有哪些优点、缺点?

第七章

作物保护技术

本章内容简介

本章聚焦作物保护技术的理论与实践，深入探讨了杂草、虫害和病害的类型、危害特点及其防治策略，如植物检疫、农业防治、化学、物理和生物防治方法，本章内容结合了国家最新政策、科研成果和学术进展，以确保学生能够接触到最前沿的知识和技能。

学习目标

1. 掌握作物保护的基本概念，理解杂草、虫害、病害对农业生产的影响。
2. 学习并应用综合防治策略，包括农业防治、化学防治、生物防治和物理防治。
3. 了解作物病害的分类和症状，掌握病害的诊断和防治方法。

第一节　杂草危害及其防控

一、杂草的定义及危害

杂草一般是指农田中非有意识栽培的植物。在一定的条件下，凡害大于益的植物都可称为杂草，均属防治对象。田间杂草是影响作物产量的灾害之一，防除杂草是一项艰巨而重要的工作。

杂草的主要危害表现为：①杂草与作物争光、争水、争肥和争空间，影响作物的生长发育，降低作物的产量和品质。②一些杂草是病菌害虫的中间寄主和越冬场所,杂草丛生可加重病虫传播。③除草工作增加用工,提高成本。④某些有毒杂草对人畜有直接毒害作用,影响人畜安全。

二、杂草的种类

(一)按生命周期分类

(1)一年生杂草　生命周期为一年或一个生长季节,种子萌发后在一个生长季内完成全部生活史,如狗尾草、马唐、稗草等。

(2)二年生杂草　生命周期为两年或两个生长季节,第一年以营养生长为主,第二年开花结果,如野胡萝卜、胡枝子等。

(3)多年生杂草　生命周期超过两年,能够多年生长和繁殖,如芦苇、蒲公英、马齿苋等。

(二) 按生活型分类

(1)禾本科杂草　属于禾本科植物,茎中空、叶片狭长,如狗尾草、稗草、马唐等。

(2)阔叶杂草　非禾本科植物,叶片宽大,如苋菜、荠菜、蒲公英等。

(3)莎草科杂草　属于莎草科植物,通常茎三棱形,叶片细长,如香附子、三棱草等。

(三) 按生长环境分类

(1)旱地杂草　生长在旱地作物田间,如玉米和小麦田中的狗尾草、马唐等。

(2)水生杂草　生长在水田或湿地中,如水稻田中的稗草、浮萍等。

(3)盐碱地杂草　生长在盐碱地环境中,如碱蓬、盐角草等。

(四)按对作物的危害程度分类

(1)主要杂草　对作物危害严重,分布广泛,防治难度大,如稗草、狗尾草等。

(2)次要杂草　对作物危害较轻,分布较局部,防治相对容易,如苋菜、荠菜等。

(五)按繁殖方式分类

(1)种子繁殖杂草　主要通过种子繁殖,种子量大,传播广泛,如狗尾草、马唐等。

(2)根茎繁殖杂草　主要通过根茎、块茎等营养器官繁殖,生命力强,如芦苇、马齿苋等。

(六)按耐性分类

(1)耐旱杂草　能够在干旱环境中生长,如沙漠中的骆驼刺、沙米等。

(2)耐湿杂草　能够在湿润环境中生长,如水稻田中的稗草、香附子等。

(3)耐寒杂草　能够在寒冷环境中生长,如北方寒冷地区的荠菜、野草莓等。

(七)按形态特征分类

(1)草本杂草　植物体柔软,茎叶多汁,如蒲公英、苋菜等。

(2)木本杂草　植物体木质化,茎干坚硬,如灌木丛中的荆棘、刺槐等。

农田中常见的20种杂草及其主要特征见表7-1。

表7-1　20种农田常见杂草及主要特征

序号	学名	拉丁名	危害作物	危害特征描述
1	稗	*Echinochloa crusgalli*	稻、麦、玉米	茎圆或略扁,节和节间明显,节间中空
2	狗尾草	*Setaria viridis*	小麦、玉米	叶片长条形,叶缘有倒生锐毛
3	马齿苋	*Portulaca oleracea*	多种作物	茎平卧,叶片扁平,肥厚,似马齿状
4	千金子	*Leptochloa chinensis*	稻、麦	叶鞘大多短于节间,茎秆上光滑无毛
5	丁香蓼	*Ludwigia prostrata*	多种作物	匍匐茎,叶对生,叶片长圆形,花淡紫色
6	香附子	*Cyperus rotundus*	多种作物	多年生莎草,根茎横走,先端膨大形成卵形或纺锤形的块茎
7	鸭舌草	*Monochoria vaginalis*	多种作物	整个植株光滑无毛,叶基生和茎生
8	眼子菜	*Potamogeton distinctus*	水稻	根茎较为发达,一般为白色,茎圆柱形
9	荠菜	*Capsella bursa-pastoris*	多种作物	茎直立,有分枝;基生叶丛生,大头羽状分裂
10	刺儿菜	*Cirsium setosum*	多种作物	根白色,成株具有长匍匐根,茎直立
11	苘麻	*Abutilon theophrasti*	棉花、大豆	茎被柔毛,叶圆心形,边缘有细锯齿
12	藜	*Chenopodium album*	多种作物	茎直立,叶片菱状卵形,叶面光滑
13	反枝苋	*Amaranthus retroflexus*	玉米、棉花	茎直立,叶片卵形,叶腋有毛

续表7-1

序号	学名	拉丁名	危害作物	危害特征描述
14	田旋花	*Convolvulus arvensis*	多种作物	茎缠绕,叶片戟形,叶腋有毛
15	问荆	*Equisetum arvense*	多种作物	茎中空,叶鞘状,孢子囊穗长圆柱形
16	苍耳	*Xanthium sibiricum*	多种作物	茎直立,叶片三角状卵形,边缘有不规则粗齿
17	野慈姑	*Sagittaria trifolia*	多种作物	沉水性植物,叶箭形,有长柄,花白色
18	牛繁缕	*Myosoton aquaticum*	多种作物	茎蔓生或平卧,叶片卵圆形,先端急尖
19	马唐	*Digitaria sanguinalis*	玉米、大豆	叶片扁平,线状披针形,叶鞘稍短于节间
20	鸭跖草	*Commelina communis*	多种作物	茎匍匐或上升,叶片披针形,花蓝色

三、杂草的生物学特点

(一)适应能力强

适应性强,可塑性强,抗逆性也强。生态条件苛刻时,生长量极小;条件适宜时,生长极繁茂,且都会产生种子。

(二)拟态性强

与作物形态极为相似,常与作物伴生。如稗草与水稻,谷莠子与谷子,亚麻荠与亚麻等。

(三)种子生命力强

种子寿命长,在田间存留时间长;发芽出苗期不一致,从作物播种前到作物成熟后,都有杂草种子发芽出苗;杂草植株结实多,落粒性强,并且传播方式多样。

杂草不仅通过种子繁殖,还能通过根茎、匍匐茎、地下块茎等方式进行无性繁殖,进一步增加了其扩散和入侵能力。许多杂草具有较强的耐受性,能够在贫瘠、盐碱、干旱等恶劣环境中生长。杂草通常生长迅速,生命周期短,能够在短时间内完成一个或多个繁殖周期,迅速扩散。

四、杂草防除方法

(一)人工防除

1. 控制杂草种子入田

精选播种材料,以减少田间杂草来源;用杂草沤制农家肥时,应将含有杂草种子的农家肥高温堆沤2~4周,杀死其发芽力后再用;严格杂草检疫制度,特别注意国内没有或尚未广为传播的杂草,必须严格禁止输入或严加控制,防止扩散。

2. 人工除草

结合农事活动,在杂草萌发后或生长时期直接进行人工拔除或铲除。

(二)化学防除

化学防除是利用化学农药防除杂草的方法。其主要特点是高效、省工、增产;免去繁重的田间除草劳动。

1. 除草剂的种类

除草剂的种类很多,按除草剂对作物和杂草的作用,可分为两类:

(1)选择性除草剂　利用其对不同植物的选择性,能有效地防除杂草。它只杀死杂草或某些种类杂草,而不危害作物,如敌稗、灭草灵、2甲4氯、杀草丹等。2甲4氯等,用于禾谷类作物的叶面喷施,可防除阔叶杂草和沙草科杂草,而对禾本科作物无危害;敌稗、除草醚用于水稻田,按照一定的药量、时期和方法,可杀死稗草,而不危害秧苗。

(2)非选择性(灭生性)除草剂　这类除草剂能够杀死与之接触的所有植物,对植物缺乏选择性,草与作物均会受害,它不能直接喷到作物生长的农田,多用于休闲田、田边、地埂等处除草。如五氯酚钠、氯酸钠等。

选择性除草剂与非选择性除草剂的除草作用是相对而言的,当使用剂量较大时,选择性除草剂也可杀死作物。

2. 除草剂的使用方法

(1)土壤处理　将化学除草剂施于土壤,药剂通过杂草的根、芽鞘或地下胚轴等部位吸收而产生毒效。一般在播种前(或移栽前)或播种后出苗前施药。

(2)茎叶处理　将除草剂直接喷洒在生长的杂草植株上。根据农田施药时期,又可分为:①播种前茎叶处理,即在农田尚未播种或作物移栽前,把药剂喷洒在已长出的杂草上,用灭生性除草剂直接杀死田间杂草;②作物生长期间的茎叶处理,在作物出苗以后,用选择性较强的除草剂,在杂草对药剂反应敏感而作物安全的时期施药,杀草效果最佳。另外,两者可以结合起来施用,如土壤处理与叶面喷施相结合施用，效果更好。

（三）机械防除

机械防除是使用机械设备进行杂草防除的方法。常用的机械有中耕机、割草机、灭茬机等。机械防除的优点在于效率高，适用于大面积农田，但在机械操作过程中需要注意不损伤作物根系。

（四）生物防除

生物防除是利用生物方法控制杂草的一种策略。常用的手段包括天敌昆虫、病原微生物和竞争性植物。利用杂草的天敌昆虫，如某些甲虫、蝗虫等对杂草进行控制；利用细菌、真菌、病毒等病原微生物感染并抑制杂草的生长；种植某些对作物无害但能抑制杂草生长的植物，形成竞争优势，减少杂草的生长空间。

（五）生态防除

生态防除是基于生态学原理，通过调整农田生态系统结构和功能，营造不利于杂草生长的环境，从而达到控制杂草的目的。常用的生态防除方法有轮作倒茬和间作套种。轮作倒茬是通过科学的轮作倒茬制度，改变农田的生态环境，破坏杂草的生存空间，如水旱轮作可以有效抑制某些杂草的生长。间作套种是在作物行间种植其他植物，形成多样化的作物结构，以减少杂草的生长空间，如在玉米田间种植豆类作物，可以抑制杂草生长。

全国农技中心发布的《2024 年粮食作物田杂草科学防控技术方案》作为农田杂草防控的纲领性文件，对于贯彻落实农业农村部“虫口夺粮”保丰收行动要求，做好粮食作物田杂草防控技术指导服务，防止除草剂过量使用具有重要指导意义。

第二节　作物虫害及其防治

作物虫害主要是由有害昆虫蛀食所致，其次是由有害的螨类及软体动物引起的危害。害虫通过直接取食作物组织、产卵、传播病害等方式，对作物的生长发育、产量和品质造成严重影响。为确保作物高产优质，需要对虫害进行有效的防治。

一、害虫对作物的危害

危害作物的害虫按口器可分为咀嚼式害虫和刺吸式害虫。

(一)咀嚼式害虫对作物的危害

这类害虫危害的共同特点是造成明显的机械损伤,使作物组织或器官的完整性受到破坏。对作物的危害表现为:

1. 营养器官受损

害虫取食植物幼嫩的生长点,使顶尖停止生长甚至死亡;取食叶片的两层表皮间的叶肉,形成各种透明的虫道或形成箩底状凹洞;将叶片咬成不同形状和大小的孔洞、缺刻,严重危害时将叶肉吃光,仅留叶脉和大叶脉,甚至将植株吃成光秆。以东亚飞蝗为例,小麦、水稻、玉米等农作物在蝗虫的肆虐下,叶片被咬得斑驳不堪,甚至被啃食殆尽,最终导致农作物减产。我国著名昆虫学家马世骏倡导利用生物防治方法,如引入蝗虫的天敌,减少蝗虫的种群数量。此外,他还建议使用植物源农药和物理防治手段,减少对化学农药的依赖,降低环境污染和人畜危害。这些方法在全国推广应用后,有效地控制了蝗虫灾害,显著提高了农作物的产量和质量。

2. 生殖器官受损

害虫蛀入果实或种子内部,取食果肉或籽粒,造成落果、落粒或品质下降。大豆食心虫和豆荚斑螟可蛀入豆荚内取食豆粒,使籽粒受害、脱落。棉铃虫等害虫还取食棉花花蕾、棉铃,造成落蕾、落铃。

3. 造成缺苗断垄

蝼蛄、蛴螬、地老虎、金针虫等地下害虫咬食作物地下的种子、根茎和根部,常常造成种子不能发芽,幼苗大量死亡,大田缺苗断垄。

(二)刺吸式害虫对作物的危害

1. 直接危害

刺吸式害虫用口针刺入植物组织危害作物。被害部位叶绿素减少,以后逐渐变成黄褐色或银白色斑点,有的出现芽或叶片卷曲、皱缩现象,严重时甚至出现部分器官或整株枯死的情况。

2. 间接危害

刺吸式害虫是植物病害(特别是病毒病)的重要传播媒介,这些昆虫的发生数量可能不足以给植物造成直接危害,但传毒带来的间接危害却很严重。

农田中常见的 20 种害虫及其主要危害特征见表 7-2。

16 种农田常见害虫见彩图 7-1。

表 7-2　20 种农田常见害虫及主要危害特征

序号	常用名	学名	拉丁名	危害作物	危害特征描述
1	蚜虫	蚜科多种	*Aphididae*	多种作物	群集于叶背及嫩茎上吸食汁液，导致叶片变形、卷曲
2	红蜘蛛	叶螨科多种	*Tetranychidae*	果树、蔬菜等	吸食植物汁液，造成叶片变黄、干枯
3	菜青虫	小菜蛾	*Plutella xylostella*	十字花科蔬菜	幼虫取食植物叶片，形成不规则孔洞
4	玉米螟	亚洲玉米螟	*Ostrinia furnacalis*	玉米、高粱	幼虫钻蛀茎秆，影响作物生长
5	豆荚螟	豆荚螟	*Etiella zinckenella*	豆类作物	幼虫在豆荚内蛀食豆粒
6	地老虎	地老虎	*Agrotis ipsilon*	多种作物	幼虫夜间活动，啃食作物幼苗
7	稻飞虱	褐飞虱	*Nilaparvata lugens*	水稻	成虫和若虫刺吸稻株汁液，导致水稻变黄干枯
8	稻纵卷叶螟	稻纵卷叶螟	*Cnaphalocrocis medinalis*	水稻	幼虫吐丝卷叶，取食叶片
9	黏虫	东方黏虫	*Mythimna separata*	多种作物	幼虫食叶，严重时可将作物叶片全部食光
10	草地螟	草地螟	*Loxostege sticticalis*	多种作物	幼虫食叶，严重时可将作物叶片吃光
11	马铃薯瓢虫	马铃薯瓢虫	*Henosepilachna vigintioctomaculata*	马铃薯、茄子	成虫、幼虫剥食叶肉，仅留表皮
12	甘薯麦蛾	甘薯麦蛾	*Brachmia macroscopa* Meyrick	甘薯	幼虫吐丝卷叶，啃食叶片、幼芽
13	甜菜夜蛾	甜菜夜蛾	*Spodoptera exigua*	多种作物	幼虫食叶，严重时可将作物叶片全部食光

续表7-2

序号	常用名	学名	拉丁名	危害作物	危害特征描述
14	棉铃虫	棉铃虫	*Helicoverpa armigera*	棉花、蔬菜	幼虫蛀食蕾、花、铃,也取食嫩叶
15	豆天蛾	豆天蛾	*Clanis bilineata*	豆类作物	幼虫取食豆叶,影响植株生长
16	黄宽条跳甲	黄宽条跳甲	*Phyllotreta striolata*	十字花科蔬菜	成虫、幼虫均能危害,取食叶片
17	稻叶蝉	稻叶蝉	*Cicadulina* spp.	水稻	成虫、若虫吸食水稻汁液,导致水稻生长受阻
18	稻象甲	稻象甲	*Lissorhoptrus oryzophilus*	水稻	成虫、幼虫危害水稻,造成水稻减产
19	稻螟蛉	稻螟蛉	*Naranga aenescens* Moore	水稻	幼虫食水稻叶片,造成水稻叶片损伤
20	稻瘿蚊	稻瘿蚊	*Orseolia oryzae*	水稻	幼虫危害水稻,形成瘿瘤,影响水稻生长

二、害虫防治方法

害虫的防治应贯彻"预防为主,综合防治"的植保方针,结合农业生态系统和害虫发生规律,采取多种防治措施相结合的方法。在综合防治中要以农业防治为基础,因地、因时制宜,合理运用化学防治、生物防治、物理防治等措施,达到经济、安全、有效地控制虫害的目的。

(一)植物检疫

植物检疫又称法规防治,它是由国家颁布法令,对植物及其产品,特别是种子、苗木、接穗等繁殖材料进行管理和控制,明令禁止某些局部地区发生的危险性病、虫、草蔓延传播,并采取各种紧急措施,就地消灭。植物检疫对保护国家或地区的农业生产、对防止由国外传入病虫害以及防止疫情扩大蔓延,具有十分重要的意义。

(二)农业防治

1.选用抗虫或耐虫品种

利用作物的耐害性和抗虫性等防御特性,培育和推广抗虫品种,发挥其自身因素对害虫的调控作用，是最经济有效的防治措施。

2. 合理布局

农作物合理布局可以切断食物链，使某一世代缺少寄主或营养条件不适，从而使害虫发生受到抑制。轮作对单食性或寡食性害虫可起到恶化营养条件的作用，如稻麦轮作可抑制地下害虫、小麦吸浆虫的危害。合理的间作、套作也可抑制虫害的发生。

3. 加强栽培管理

调节播种期、科学管理肥水、中耕、整枝等措施可直接杀灭或抑制害虫危害。如采用早春灌水可淹死在稻桩中越冬的三化螟老熟幼虫；利用棉铃虫的产卵习性，结合棉花整枝打去顶心和边心，可消灭虫卵和初孵幼虫。

4. 改变害虫生态环境

改变害虫生态环境是控制和消灭害虫的有效措施。稻飞虱发生期，结合水稻栽培技术要求，进行排水晒田，降低田间湿度，改善田间小气候，在一定程度上可减轻发生量。

(三)化学防治

化学防治是当前国内外最广泛采用的防治手段，在今后相当长一段时间内，化学防治在害虫综合防治中仍将占有重要的地位。化学防治具有杀虫快、效果好、使用方便、不受地区和季节性限制、适于大面积机械化防治等优点，但容易造成环境污染，对人畜产生危害。

1. 合成化学农药

包括杀虫剂、杀螨剂等，通过选择性或非选择性地杀灭害虫。常见的有机磷类、氨基甲酸酯类、拟除虫菊酯类等。

2. 植物源农药

利用植物提取物来防治害虫，如鱼藤酮、除虫菊素等，具有相对较低的毒性，对环境影响小。

3. 微生物农药

利用微生物或其代谢产物制成的杀虫剂，如苏云金芽孢杆菌制剂，可有效抑制某些害虫。

(四)生物防治

狭义的生物防治是指利用天敌防治害虫，广义的生物防治是利用某些生物和生物代谢产物来控制害虫种群数量，达到压低或消灭害虫的目的。生物防治包括以虫治虫、以微生物治虫、以激素治虫、以其他动物或植物治虫等，还有利用生物有机体的代谢产物及昆虫不育等方法，控制害虫危害。生物防治对人、畜和植物比较安全，对环境污染轻，对农业的可持续发展和环境保护非常有利，具有广阔的发展前景。

1. 以虫治虫

利用害虫的天敌，如捕食性昆虫、寄生性昆虫等防治害虫。例如，利用赤眼蜂防治棉铃虫。

2. 以微生物治虫

利用病原微生物，如细菌、真菌、病毒等防治害虫。例如，利用苏云金芽孢杆菌防治鳞翅目幼虫。

3. 以激素治虫

利用昆虫生长调节剂，通过干扰害虫的生长发育过程来达到防治效果。

4. 以其他生物治虫

利用某些动物或植物，如利用鸟类捕食害虫或利用驱虫植物进行防治。

(五)物理防治

应用各种物理因子如光、电、色、温度、湿度等及机械设备来防治害虫的方法，称为物理机械防治法。利用害虫的趋性或其他习性对害虫进行诱集和诱杀是最常用的方法，如利用黑光灯、双色灯、高压汞灯进行灯光诱杀，利用杨柳树枝把诱杀棉铃虫成虫等。

1. 灯光诱杀

利用害虫的趋光性，安装黑光灯等进行诱杀。

2. 色板诱杀

利用害虫的趋色性，设置黄色或蓝色黏板进行诱杀。

3. 温度控制

通过高温或低温处理来杀灭害虫及其卵、幼虫和蛹。

4. 机械捕捉

利用手动或机械设备直接捕捉害虫，比如振动筛、吸虫器等。

5. 物理屏障

如使用防虫网、黏虫板等物理屏障，阻止害虫接触作物。

三、综合防治策略

综合防治的原则是根据害虫的生物学特性、发生规律及环境条件，合理选用各种防治措施，形成一个有机的防治体系，达到经济、安全、有效地控制害虫的目的。

(一)预测预报

利用现代科技手段,如遥感技术、信息技术等,及时监测和预测害虫的发生、发展情况,为防治决策提供科学依据。

(二)生态调控

通过调控农业生态系统,如合理间作、轮作、种植抗虫品种等,减少害虫的生存空间和食物来源,抑制害虫的繁殖和传播。

(三)合理使用农药

根据害虫的种类、发生规律和抗药性情况,选择高效、低毒、低残留的农药,并注意轮换使用,以防止害虫产生抗药性。

(四)结合天敌保护

在使用化学农药时,尽量选择对天敌影响较小的农药,保护和利用天敌,发挥其自然控制作用。

(五)农田管理

及时清除田间杂草和作物残茬,减少害虫的栖息繁殖场所。

(六)加强宣传培训

通过培训和宣传,提高农民和农业技术人员的综合防治意识和技术水平,推广科学的防治方法和措施。

四、新技术在害虫防治中的应用

随着科技的不断进步,新技术在害虫防治中的应用越来越广泛,以下是一些新技术:

(一)生物农药

利用生物活性物质制成的农药,具有高效、低毒、无残留等优点,对环境和人畜安全无害。

(二)基因编辑技术

通过基因工程技术培育抗虫作物新品种,提高作物自身对害虫的抵抗力。

(三)信息技术

利用大数据、遥感、地理信息系统(GIS)、物联网等信息技术手段,对害虫进行实时监测和预警,提高防治效率。

(四)纳米技术

利用纳米材料制备的农药制剂具有更高的生物活性和更低的毒性，是未来农药发展的重要方向之一。

作物虫害防治是一项复杂而系统的工作，需要综合运用多种防治手段和措施。通过科学合理的虫害综合防治，不仅可以有效控制害虫的危害，保障农业生产的安全和稳定，也有助于保护生态环境，实现农业的绿色可持续发展。国家针对农作物病虫害防治有专门的规定，详见2020年发布实施的《农作物病虫害防治条例》。

第三节　作物病害及其防治

一、作物病害及其症状

作物病害是指作物因受到病原物或不良环境条件的持续干扰，在生理和外观上表现出异常状态。其症状主要有变色、病斑、腐烂、萎蔫、畸形等。

(一)变色

作物植株患病后，局部或全株失去正常的绿色或发生颜色变化，称为变色。如黄化、花叶、红叶等。

(二)病斑

作物细胞或组织受破坏而死亡，出现各种病斑。有的病斑上的坏死组织脱落后形成穿孔。病斑可以不断扩大或多个病斑联合，造成叶枯、枝枯、茎枯、穗枯等。

(三)腐烂

作物细胞和组织受病原菌破坏和分解，发生腐烂。根据腐烂部位，可分为根腐、基腐、茎腐、花腐、果腐等。幼苗根或茎腐烂，导致地上部分迅速倒伏，称为猝倒；若地上部分枯死但不倒伏，称为立枯。

(四)萎蔫

萎蔫有生理性萎蔫和病理性萎蔫之分。生理性萎蔫是由于土壤含水量过少或高温蒸腾作用过强，导致作物暂时缺水，若及时供水可恢复正常。病理性萎蔫是指作物根系或茎的维管束组织受破坏，供水不足导致凋萎现象，如黄萎、枯萎、青枯等。

（五）畸形

作物受害后，受害部位组织或细胞生长受阻或过度增生造成畸形。植株可出现矮缩、矮化，叶片皱缩、卷叶，或形成肿瘤、产生丛枝或发根。

二、作物病害的类型

根据病因类型，作物病害通常分为传染性病害和非传染性病害。

（一）传染性病害

传染性病害，也称寄生性病害，是由生物病原物引起的病害，该病原物能够在植株间传染。引起传染性病害的病原物有真菌、细菌、病毒、线虫及寄生性种子植物等。常见的传染性病害包括：

（1）真菌病害　如小麦锈病类、玉米黑粉病、甘薯黑斑病、棉花枯萎病等。

（2）细菌病害　如水稻白叶枯病、甘薯瘟等。

（3）病毒病害　如烟草花叶病、马铃薯病毒病、水稻矮缩病等。

（4）线虫病害　如大豆胞囊线虫病、小麦线虫病、花生根结线虫病等。

（5）寄生性种子植物病害　如菟丝子。

（二）非传染性病害

非传染性病害，也称非寄生性病害或生埋性病害，是由不适宜的环境因素引起的病害。该类病害没有病原生物参与，在植株间不会传染。非传染性病害的发生，主要与不合理的耕作、水肥管理以及不适宜的气候（如低温冻害、高温热害）和土壤（如盐碱危害、酸化危害）条件有关，通过改进和完善栽培耕作技术，创造一个适宜的环境条件和消除有害因素的影响，可减少病害的发生。

（三）两种病害的关系

非传染性病害和传染性病害的病原虽然各不相同，但两类病害之间的关系非常密切，在一定的条件下可以相互影响。一方面，非传染性病害可以降低寄主作物对病原物的抵抗能力，常常诱发或加重传染性病害，如麦苗受春冻后诱发根腐病引起烂根可造成麦苗陆续死亡；另一方面，传染性病害也可为非传染性病害的发生创造条件，如小麦锈病发生严重时，病部表皮破裂易丧失水分，浇水不及时易受旱害。

三、作物病害防治方法

作物病害防治需综合运用多种方法，包括植物检疫、化学防治、生物防治、物理防治和农业防治。

(一)植物检疫

植物检疫旨在杜绝危险性病原物的输入和输出,保护农业生产。检疫对象需符合危险性病害、局部地区发生和人为传播等条件。通过建立严格的检疫制度,可以有效防止病害的传播。

(二)化学防治

化学防治是通过使用农药来防治作物病害的常用方法。用于防治植物病害的农药统称为杀菌剂,包括杀真菌剂、杀细菌剂、杀病毒剂和杀线虫剂。化学防治具有高效、速效、使用方便、经济效益高等优点,但同时也存在一些问题,如:

(1)药害　使用不当可能对作物产生药害。

(2)人畜中毒　不慎接触或误食可能导致中毒。

(3)环境污染　农药残留可能污染环境。

(4)抗药性　长期使用同一种农药,病原物可能产生抗药性。

因此,在化学防治中,应选择合适的农药,遵循正确的使用方法,合理安排施药时间和剂量,以减少负面影响。

(三)生物防治

生物防治是利用生物或其代谢产物来控制病原物。其主要方法包括:

(1)利用有益微生物　通过拮抗作用、寄生作用和竞争作用来抑制病原物。例如,利用井冈霉素、四环素、链霉素等微生物代谢产物防治病害。

(2)利用寄生性微生物　如噬菌体对细菌的寄生,病毒、细菌对真菌的寄生,真菌对线虫的寄生等。

(3)交互保护　在寄主植物上接种致病力弱的菌株,以保护寄主不受致病力强的病原物侵害。

生物防治方法具有安全、无污染、不易产生抗药性等优点,但在应用中需考虑环境条件和生物间的相互作用。

(四)物理防治

物理防治是利用物理手段抑制、钝化或杀死病原物的方法。常用的物理防治手段包括:

(1)热力处理　如温汤浸种,通过高温杀死种子表面和内部的病原物。

(2)冷冻处理　利用低温抑制病原物的活性。

(3)干燥处理　通过降低水分含量抑制病原物的生长。

(4)电磁波处理　如利用紫外线、微波等消灭病原物。

(5)超声波和核辐射　通过超声波和核辐射手段破坏病原物。

物理防治方法多用于处理种子和无性繁殖材料，效果显著且无残留污染。

(五)农业防治

农业防治是通过调整农业生态系统中的各种因素，使其有利于作物生长且不利于病害发生。其方法包括：

(1)选育和利用抗病品种　通过育种技术选育抗病品种，提高作物抗病能力。

(2)选用无病播种材料　使用健康种子或种苗，减少病害发生的初始感染源。

(3)轮作和间作　通过水旱轮作、作物间作等方式，打破病原物的生存环境，减少病原物积累。

(4)合理的耕作措施　如深耕、平整土地、合理密植等，改善田间小气候，抑制病害发生。

(5)科学施肥和灌溉　根据作物需求合理施肥、灌溉，避免因养分供应不平衡或水分管理不当引起的生理性病害。

(6)田间管理　加强病害监测，及时发现和处理病株，减少病害扩散。

农业防治方法多样且综合性强，需根据具体情况灵活应用。

(六)综合防治

在实际生产中，单一的防治措施往往难以取得理想效果，因此需要采用综合防治策略。综合防治是将植物检疫、化学防治、生物防治、物理防治和农业防治有机结合，通过多种手段的相互配合，实现病害的有效控制。综合防治的原则包括：

(1)预防为主　提前采取措施，避免病害发生。

(2)综合治理　多种方法相结合，相互配合，形成防治合力。

(3)经济合理　在保证防治效果的前提下，尽量降低成本，提高经济效益。

(4)环保安全　尽量减少对环境的污染和对人畜的危害，保障农业生态系统的健康。

华中农业大学姜道宏教授提出了真菌病毒介导的“植物疫苗”理念和“分裂营养型微生物”概念，开辟了有益微生物资源挖掘新途径，为作物病害生物防治奠定了重要理论基础。相关成果已在水稻、小麦等作物上成功应用。

最新研究表明，通过植物多样性和土壤健康来实现可持续病虫害管理的重要性，提出了权威科研成果——基于农业生态学理论的作物病虫害防控(二维码 7-1)。

二维码 7-1
基于农业生态学理论的作物病虫害防控

四、主要作物病害及其防治

（一）水稻病害

1. 稻瘟病

由真菌引起，主要危害水稻的叶、茎、穗等部位。防治措施包括选用抗病品种、合理施肥、控制田间湿度、药剂防治等。

2. 白叶枯病

由细菌引起，主要危害水稻叶片。防治措施包括选用抗病品种、合理轮作、种子消毒、药剂防治等。

3. 纹枯病

由真菌引起，主要危害水稻茎基部。防治措施包括选用抗病品种、清除病残体、合理密植、药剂防治等。

（二）小麦病害

1. 锈病

包括条锈病、叶锈病和秆锈病，由真菌引起。主要防治措施有选用抗病品种、合理轮作、药剂防治等。

2. 白粉病

由真菌引起，主要危害小麦叶片。防治措施包括选用抗病品种、清除病残体、合理施肥、药剂防治等。

3. 赤霉病

由真菌引起，主要危害小麦穗部。防治措施包括选用抗病品种、合理轮作、清除病残体、药剂防治等。

（三）玉米病害

1. 黑粉病

由真菌引起，主要危害玉米穗部。防治措施包括选用抗病品种、种子处理、合理轮作、药剂防治等。

2. 大斑病

由真菌引起，主要危害玉米叶片。防治措施包括选用抗病品种、清除病残体、合理施肥、药剂防治等。

3. 茎腐病

由真菌引起，主要危害玉米茎部。防治措施包括选用抗病品种、合理轮作、清除病残体、药剂防治等。

(四)棉花病害

1. 枯萎病

枯萎病由真菌引起,主要危害棉花的根和茎部。防治措施包括选用抗病品种、合理轮作、清除病残体、药剂防治等。

2. 黄萎病

黄萎病由真菌引起,主要危害棉花的叶片。防治措施包括选用抗病品种、合理轮作、清除病残体、药剂防治等。

3. 立枯病

立枯病由真菌引起,主要危害棉花的幼苗。防治措施包括选用抗病品种、种子处理、合理轮作、药剂防治等。

农田中常见的10种病害及其主要特征见表7-3。

12种农田常见病害图片见彩图7-2。

表7-3 10种农田常见病害及主要特征

序号	病害名称	危害作物	危害特征描述
1	稻瘟病	水稻	叶片上出现急性或慢性病斑,谷粒不饱满,严重时植株枯死
2	小麦条锈病	小麦	叶片上出现黄色疱状夏孢子堆,后期为黑色冬孢子堆
3	小麦赤霉病	小麦	麦穗枯死,麦粒表面有粉红色霉层,影响品质和产量
4	南方水稻黑条矮缩病	水稻	叶片变黑、植株矮缩,严重影响水稻产量
5	马铃薯晚疫病	马铃薯	叶片出现水浸状绿褐色斑驳,后期有白色霉层
6	油菜菌核病	油菜	茎基部或叶柄出现褐色湿腐,后形成黑色鼠粪状菌核
7	大豆根腐病	大豆	根系腐烂,地上部分黄化、枯萎,产量严重下降
8	柑橘黄龙病	柑橘	叶片黄化,果实畸形,严重影响柑橘品质和产量
9	梨火疫病	梨树	枝条、叶片和果实出现黑色坏死斑,严重时整株枯死
10	玉米大斑病	玉米	叶片出现长梭形大斑,后期有黑色霉层,影响产量

作物病害的防治是一个复杂的系统工程,需要综合运用多种方法,做到预防为主、防治结合、综合治理。通过合理的农业管理和科学的防治措施,可以有效控制

作物病害，提高农作物的产量和质量，保障农业生产的可持续发展。

复习思考题

1. 杂草对作物生长有哪些主要影响？
2. 描述化学除草和机械除草在应用上的主要区别。
3. 简述害虫的咀嚼式和刺吸式口器对作物造成危害的特点。
4. 与传统化学防治相比，生物防治有哪些优势和局限性？
5. 举例说明植物检疫在作物保护中的具体应用。
6. 阐述作物病害的传染性和非传染性病害的区别。

第八章

作物调控技术

本章内容简介

本章着重介绍了作物化学调控技术，包括植物生长调节剂的分类、作用以及在农业生产中的应用，探讨了如何通过化学手段调节作物生长，提高作物的产量和品质。同时介绍了人工控旺技术，包括镇压、深中耕、晒田、整枝、打顶和打叶等方法，旨在控制作物的过旺生长，促进作物均衡发展，以实现作物健康生长和提高农业生产效率。

学习目标

1. 认识植物生长调节剂的作用和应用，学会合理使用化学调控技术以提高作物产量和品质。

2. 熟悉人工控旺技术，能够针对作物生长过旺问题采取有效的调控措施。

第一节　作物的化学调控技术

作物化学调控是指应用植物生长调节剂，通过影响植物内源激素系统，调节作物的生长发育过程，使其朝着人们预期的方向和程度发展的技术。植物生长调节剂（plant growth regulators，PGRs）随着植物生理学和农业科学的发展而不断演进，其发展历程详见二维码 8-1。

二维码 8-1
植物生长调节剂的
发展历程

一、植物生长调节剂分类

(一)植物生长促进剂

植物生长促进剂是指能够促进植物茎顶端分生组织细胞分裂、分化及亚顶端分生组织细胞延长的化合物。通过这些作用,它们能够有效地促进植物营养器官的生长和生殖器官的发育,从而提高作物的整体生长状态和产量。常用的植物生长促进剂主要包括以下几类:

1. 生长素类

吲哚丁酸(IBA)在植物生长过程中起到促进根系发育的作用,广泛应用于扦插繁殖中。赤霉酸(GA_3)能够促进细胞伸长、分裂和果实发育,常用于促进种子萌发和打破休眠。萘乙酸(NAA)在植物组织培养中应用广泛,能够促进根系生长和发育。

2. 细胞分裂素类

6-苄氨基腺嘌呤(6-BA)能够促进细胞分裂和芽的形成,常用于组织培养和果实的发育控制。吡效隆(4PU-30,氯吡脲)主要用于提高作物的抗逆性和促进花芽分化。噻唑隆具有促进细胞分裂、延缓叶片老化的作用。

3. 其他

三十烷醇(TRIA)能够增加光合作用效率,提高作物的抗病能力和产量。油菜素内酯(BR)能够促进细胞的分裂和伸长,增强作物的抗逆性和产量。

(二)植物生长抑制剂

植物生长抑制剂是一类通过阻碍顶端分生组织细胞核酸和蛋白质的生物合成,抑制细胞的伸长和分化的化合物。这些抑制剂能够使顶端优势丧失,增加侧枝的数目,并使叶片变小。根据其作用机制和应用,植物生长抑制剂可分为以下两大类:

1. 生长抑制剂和摘心剂

青鲜素能够有效抑制顶端生长,促进侧枝发育,常用于控制作物的形态和高度。

2. 抗生长素类及生长素运转抑制剂

三碘苯甲酸(TIBA)能够阻断生长素的运输,从而抑制植物的顶端生长,促进侧枝发育。整形素(氯甲丹)通过抑制生长素的作用,达到控制植物形态的效果。

此外,脱落酸(ABA)也被归为植物生长抑制剂,因为它能够抑制促进型植物激素(如生长素、赤霉素、细胞分裂素)所调节的生理过程,起到抑制生长和诱导休眠的作用。通常情况下，通过外施生长素可以逆转抗生长素类及生长素运转抑制剂的效应。

(三)植物生长延缓剂

植物生长延缓剂主要通过抑制茎尖亚顶端分生组织区的细胞分裂和扩大来实现其效果，但对顶端分生组织本身不产生作用。其主要功能是缩短节间长度，而不改变叶片数目、节数及顶端优势。因此，这类延缓剂主要用于控制植物的株高，防止倒伏，提高作物的抗逆性。常用的植物生长延缓剂包括：矮壮素(CCC)，这种化合物能够显著抑制植物的高度增长，增强植株的抗倒伏能力；缩节胺(DPC，甲哌嗡)主要用于棉花等作物，通过抑制节间伸长，促进侧枝发育；多效唑能够显著抑制植物的高度增长，并增强植株的抗病性和抗逆性；烯效唑和乙烯利也在不同作物中有广泛应用，能够有效调节植物生长，提高作物的抗逆性和产量。

二、生长调节剂对作物的作用

生长调节剂在农业生产中扮演着至关重要的角色，它们可以有效调控作物的生长和发育，提高产量和品质。以下是生长调节剂对作物的具体作用：

(一)打破休眠

应用赤霉素等生长调节剂处理种子，可以打破休眠，促进萌发。这种处理方法能够显著提高种子的发芽率，使出苗早而壮。例如，在春季播种前使用赤霉素处理一些休眠期较长的种子，如马铃薯和葡萄，可以有效缩短休眠期，确保种子在最适宜的时间发芽生长。

(二)培育壮苗

多效唑、矮壮素和缩节胺等生长调节剂通过种子处理(如浸种、拌种或包衣)和苗期叶面喷施，能够有效培育壮苗。具体来说，小麦拔节期施用多效唑可以防止植株徒长，增强抗倒伏能力；玉米施用玉米健壮素可以促进根系发育，增强抗旱能力；棉花使用缩节胺能够控制植株高度，促进棉铃发育；花生施用比久能够增加荚果数量；大豆施用三碘苯甲酸则可以有效控制植株高度，促进侧枝生长。

(三)促进籽粒灌浆

在水稻和小麦的开花末期或灌浆初期，以一定浓度的萘乙酸等生长调节剂喷洒叶片，可以显著增加粒数，促进灌浆，从而增加千粒重，提高作物产量。这个过程不仅能够增强谷粒的饱满度，还能提升作物的整体品质，使收成更加稳定。

(四)促进结实

生长调节剂在促进作物结实方面也有显著效果。例如，在棉花上施用赤霉素可以提高结铃率,减少落花落铃现象;在辣椒上施用萘乙酸能够增加果实数量,提高果实的品质和产量。这些调节剂通过调控植物体内的激素平衡,促进生殖器官的发育,确保作物高产稳产。

(五)促进成熟

果实的发育和成熟受到多种内源激素的控制。细胞分裂素能够延缓衰老,而乙烯和脱落酸则能加速衰老,促进成熟。特别是乙烯,被称为“成熟激素”,对果实成熟有显著效果。乙烯释放剂——乙烯利不仅能对果蔬作物的果实起到催熟作用,还可用于棉花、烟草和水稻等作物的成熟调控。例如,在棉花上施用乙烯利可以促进棉铃的成熟和脱落,便于机械采收;在烟草上应用乙烯利可以加速叶片的成熟,提高烟叶的品质;在水稻上施用则可以促进籽粒的成熟,提高稻谷的产量和品质。

三、作物化学调控的生产意义

作物化学调控技术在现代农业生产中发挥着重要作用,通过有效地使用化学调控技术不仅能大幅度提高作物产量和品质,还能显著减少劳动投入,提高作业效率。这些技术为农业生产的可持续发展提供了重要支持,促进了农业现代化进程,为保障粮食安全和提高农民收入发挥了重要作用。

(一)提高产量

玉米防倒伏调节剂(如健壮素)通过缩短节间、降低株高、延缓营养器官的生长,使得同化物更多地向生殖器官分配,从而降低了群体的空秆率。如果与增加种植密度相结合,可以显著提高单位面积的产量。例如,使用这些调节剂后,玉米植株更加矮壮,抗风能力增强,减少了倒伏现象,从而提高了收成。对于棉花,通过使用缩节胺进行系统化控,能够使株型和群体结构更加合理,一般下位铃和内围铃的成铃率较高,有效铃数增加,大大提高了棉花的产量。生长调节剂在油菜上也得到成功应用,迟播油菜在3叶期叶面喷施适宜浓度赤霉素、2,4-表油菜素内酯和胺鲜酯通过调节叶片激素含量,一方面提高了硝酸还原酶、谷氨酰胺合成酶和谷氨酸合成酶活性,叶片氮素同化能力改善,氮素利用率提高;另一方面促进了叶片扩张,形成更大叶面积,有利于干物质积累而提高产量;且以10 mg/L赤霉素、0.25 mg/L 2,4-表油菜素内酯和10 mg/L胺鲜酯的处理效果较好(表8-1)。该研究可为长江流域迟播油菜冬前壮苗培育及提高冬闲田利用率提供理论和技术支撑。

表 8-1 叶面喷施调节剂对迟播油菜产量与产量构成的影响

年份	调节剂	单株角果数	每角果粒数	千粒重/g	单株产量/g	成株率/%	小区产量/(kg/hm²)
2021	CK	104.5 bc	18.6 ab	3.71 a	6.94 d	55.9 abc	2511.1 c
	G1	139 a	19.2 ab	3.68 a	9.24 a	59.5 a	2842.2 a
	G2	116.5 abc	18.1 b	3.66 a	8.47 c	56.8 abc	2649.8 b
	G3	97.6 c	18.6 ab	3.69 a	6.65 e	52.0 c	2416.5 cd
	B1	128.5 ab	19.6 a	3.57 a	8.97 b	57.7 abc	2768.9 ab
	B2	98.1 c	18.3 b	3.76 a	6.31 f	54.3 abc	2338.9 d
	D1	97.1 c	18.2 b	3.58 a	6.64 e	54.3 abc	2448.9 cd
	D2	111.1 abc	18.7 ab	3.58 a	8.33 c	57.3 abc	2692.3 b
2022	CK	95.1 c	18.0 abc	3.53 a	5.76 e	54.2 abc	2176.3 c
	G1	108.3 bc	18.9 a	3.50 a	8.08 a	58.2 ab	2448.8 a
	G2	100.5 bc	17.8 bc	3.48 a	7.63 c	52.8 bc	2294.1 b
	G3	96.3 c	18.1 abc	3.54 a	5.73 e	55.8 abc	2157.0 c
	B1	98.2 c	18.7 ab	3.52 a	7.95 b	56.3 abc	2312.9 b
	B2	93.7 c	17.7 c	3.64 a	5.19 f	54.7 abc	2053.0 d
	D1	91.7 c	18.0 abc	3.53 a	5.02 g	52.9 bc	2088.7 d
	D2	105.5 bc	18.2 abc	3.44 a	7.07 d	53.3 bc	2311.1 b
方差分析 ANOVA							
年份 Years (Y)		**	*	NS	**	NS	**
调节剂 PGRs (P)		**	NS	NS	**	NS	**
年份×调节剂 Y×P		**	NS	NS	**	NS	**

CK：清水对照；G1、G2、G3 分别代表 10、25、50 mg/L 的赤霉素（GA3）；B1、B2 分别代表 0.25、0.5 mg/L 的 2,4-表油菜素内酯（2,4-EBR）；D1、D2 分别代表 5、10 mg/L 的胺鲜酯（DA-6）。不同小写字母表示处理在 0.05 概率水平差异显著。* 表示 $P<0.05$，** 表示 $P<0.01$，NS 表示无显著差异。

资料来源：郭茂畅等，2024。

（二）改善品质

应用化控技术是改善作物品质的有效途径。例如，甜菜合理使用增甘膦，可以促进叶片中的蔗糖向根部转运，促进根的生长，从而提高糖分含量，增幅可达 0.4%～1.6%（绝对值）。对于水果，正确使用植物生长调节剂可以显著改善苹果、葡萄、柑橘等果实的外观品质、营养品质和食用品质。例如，使用赤霉素可以增加果实的大小和均匀度,提升果实的市场竞争力;使用乙烯利可以促进果实的成熟,提高甜度和风味,使其更加符合消费者的需求。

(三)提高劳动效率

作物化学调控技术为提高劳动生产率提供了有效手段。例如,在棉花种植过程中,打顶整枝和人工收获是耗费大量劳动力的工序。我国一些棉花种植技术先进的地区,如新疆棉区,每公顷需要约225个工作日,而美国由于机械化程度高,每公顷仅需约6个工作日。要实现这种高效的机械化收获,必须依赖化学脱叶剂、催熟剂和干燥剂等植物生长调节剂。例如,使用化学脱叶剂可以使棉花叶片提前脱落,减少人工打叶的工作量;催熟剂可以同步促进棉铃成熟,提高收获的效率和质量;干燥剂则可以加快棉花的干燥过程,减少因雨水导致的品质下降。

四、合理使用植物生长调节剂

植物生长调节剂的种类繁多,功效各异,被植物吸收、运输、钝化、降解与转化的方式也千变万化,作用效果还受到环境条件的影响。因此,在使用调节剂时,应根据使用目的,选择适当的药剂种类及剂型,考虑到气候条件的变化,确定使用的时期、浓度、部位和方法,从而达到预期的目的,取得最大的经济效益。

(一)不同作物和不同品种的敏感性

不同作物和不同品种对生长调节剂的敏感性存在显著差异。在降低株高和防止倒伏方面,小麦、玉米、棉花各有其适用的调节剂。例如,小麦适用多效唑,棉花适用缩节胺,而玉米则适用乙烯利。具体来说,小麦对缩节胺的敏感性较低,而棉花对多效唑过于敏感,容易出现药害。玉米在拔节后对缩节胺和多效唑的敏感性均很低。同一作物的不同品种对调节剂的敏感性也有差异,例如,不同小麦品种对矮壮素的反应不同。

(二)植物生长调节剂应用时期的确定

植物在不同生长发育阶段对调节剂的反应敏感性不同。防止小麦倒伏,应在起身至拔节前应用延缓剂处理,以使基部节间的伸长生长过程完全处于延缓剂的作用期内。水稻和小麦的化学杀雄,应在单核期(花粉内容充实期)施用化学杂交剂效果最佳,不实率在95%以上。乙烯利催熟棉花,应在棉田大部分棉铃的铃龄达到45 d以上后进行处理。

除了这些例子,玉米的管理也同样需要精确的时间点。例如,在玉米生长过程中,使用赤霉素促进生长的最佳时期是玉米拔节期,此时使用赤霉素可以有效促进细胞分裂和茎秆伸长,达到增产增收的目的。而在玉米生长后期,使用乙烯利促进成熟时，应在玉米籽粒接近成熟但未完全成熟时进行处理，以确保籽粒有最佳的干物质积累和品质。

(三)植物生长调节剂应用浓度的确定

调节剂的使用浓度因地区、作物、长势、目的和方法不同而异。浓度过低，不能产生应有的效果；浓度过高，会破坏植物的正常生理活动，甚至产生药害。例如，在棉花苗床上应用缩节胺培育壮苗，使用浓度为 20 mg/L 左右，而在花铃期防止徒长、塑造株型，则需要喷施 200～300 mg/L。

在玉米管理中，使用植物生长调节剂进行防倒伏处理时，浓度的选择尤为重要。例如，使用乙烯利进行防倒伏处理时，浓度过低可能无法达到防倒效果，而浓度过高则可能导致茎秆过硬，影响玉米的正常生长。因此，需根据具体情况进行精确调整，确保达到最佳效果。

(四)环境因素对植物生长调节剂效果的影响

环境因素对调节剂吸收、运输和代谢的影响很大，因而应用化学调控技术时必须考虑当时当地的环境条件。光照条件好，光合作用旺盛，有利于植物吸收和运输植物生长调节剂。温度高一般有利于调节剂作用的发挥，例如，乙烯利的分解直接受到温度的影响。因此，棉花生育后期应用乙烯利催熟时，必须保证有几天的日最高气温在 20℃以上。

在玉米管理中，环境因素的影响同样显著。例如，赤霉素在温暖、湿润的环境中效果最佳。因此，在使用赤霉素时，应选择天气晴朗且温度适中的日子进行处理，以确保药剂的最佳吸收和效果发挥。

(五)应用生长调节剂要与栽培措施相结合

生长调节剂的应用效果与栽培措施密切相关。例如，多效唑处理的稻苗分蘖多，分蘖发生早而快，始蘖期较对照提早 3～5 d。因此，早施、重施分蘖肥，尤其是多施磷、钾肥对多效唑促蘖成穗有很大作用。植物生长延缓剂防止玉米倒伏需要与增加密度相结合，才能既防倒，又增产。

在具体操作中，合理搭配栽培措施和生长调节剂的使用，可以显著提高作物的生长质量和产量。例如，缩节胺在棉花上的应用，不仅需要控制浓度和施用时间，还需要结合合理的水肥管理和植株调整措施。通过适时施肥、控制浇水频率和适当进行植株修剪，可以提升缩节胺的应用效果，促进棉花的健康生长和高产。

另外，在水稻种植中，除了使用多效唑，还应注重水稻田间的管理，如合理密植、控制水分和施用适量的氮肥等。多效唑处理的水稻苗期生长受到抑制，但后期分蘖能力强，因此应配合科学的施肥方案，确保营养供应充足，促进水稻的稳健生长和高产。

（六）综合管理策略的重要性

合理使用植物生长调节剂只是农业生产管理中的一个环节，要实现高产稳产，还需综合考虑其他管理措施。例如，科学的轮作制度、合理的灌溉和施肥方案、及时的病虫害防治等，都是保证作物健康生长和高产的重要因素。在实际操作中，应根据作物的生长周期和具体需求，制定综合的管理策略。例如，在小麦种植中，除了使用多效唑防倒伏外，还应注重土壤改良、病虫害防治和合理灌溉等措施。通过综合管理，可以优化作物生长环境，提升生长调节剂的应用效果，实现作物的高产稳产。

第二节 人工控旺技术

作物生产中常常出现营养（枝叶）生长过旺的现象，若不及时调节控制，将导致产品数量和质量下降。为了有效管理这种情况，农民和农业技术人员采用了一系列的人工控旺技术。这些技术包括镇压、深中耕、晒田、整枝、打顶（摘心）和打（割）叶等。

一、镇压

镇压主要用于麦类作物。当麦苗在苗期出现旺长时，可以使用木磙或其他工具进行镇压。这种方法通过对地上部分的麦苗施加压力，造成物理损伤，从而控制地上部分的生长，促进根系的发育。压苗的最佳时间是在拔节前进行，因为此时的镇压可以有效控制生长。如果在拔节后进行镇压，其弊大于利，可能会对作物的生长造成不利影响。因此，掌握好镇压的时间至关重要。

二、深中耕

深中耕主要用于禾谷类作物的前期生长阶段，目的是控制叶蘖生长，减少小分蘖的数量，增加分蘖成穗。深中耕通常采用人工或简单机械松土的方法，使植株周围的土壤松动，切断部分根系，减少营养和水分的吸收，从而减缓植株的生长。这种方法不仅能有效控旺，还能改善土壤通透性，有助于根系的健康发育。

三、晒田

晒田是水稻特有的先控后促的高产技术措施，其作用是更新土壤环境，促进根系发育，抑制茎叶徒长和控制无效分蘖。当田间总茎数达到预期的穗数时，可以进行晒田，称为“够苗晒田”。晒田通常在水稻对水分不太敏感的分蘖末期至幼穗分化初期进行，通过排水来控制田间水分。晒田的具体操作应根据植株的长势来调整：长势旺的植株应早晒、重晒，而长势弱的则应迟晒、轻晒或不晒。

四、整枝

整枝是指摘除无效侧枝和芽，主要应用于棉花和豆类作物。在棉花、大豆和蚕豆等植株上，有一些不结果的叶枝和无效枝，这些枝条消耗大量养分，并导致铃荚大量脱落。因此，及时摘除这些枝(芽)，不仅可以减少营养消耗，还能改善株间的通风透光状况，促进作物的健康生长。具体操作中，整枝需要注意以下几点：①摘除无效枝：在棉花、大豆等作物上，及时摘除不结果的叶枝和无效枝，可以将更多的营养物质集中供给有效生长部位。②改善通风透光：通过整枝，可以有效改善作物间的通风透光条件，减少病虫害的发生，促进光合作用，提高作物产量和品质。

五、打顶(摘心)

无限花序作物在整个生长发育期间，只要顶芽不受损，均能不断分化出新的枝叶。摘除主茎顶尖，能消除顶端优势，抑制茎叶生长，使养分重新分配，减少无效果枝和叶片，促进生殖器官的生长发育，提高铃(荚)数和铃(粒)重。摘心适用于正常和旺长田块，一般在开花期进行，宜摘去顶尖 1 叶 1 心部分。

不同作物的摘心时期略有差异。例如，棉花和蚕豆适宜在初花期进行摘心，而大豆则在盛花期进行。棉花除了打顶外，果枝顶端也需要摘除，称为“打边心”。摘心的具体操作要点包括：①适时进行：根据不同作物的生长特性，选择适宜的摘心时期，如棉花在初花期进行，大豆在盛花期进行。②摘去顶尖：一般摘去顶尖一叶一心部分，避免过度摘心，以防影响作物的正常生长。③均匀操作：在进行摘心操作时，要确保每株作物都能均匀处理，以保证整个田块的生长均衡，避免出现局部过旺或过弱的现象。

六、打(割)叶

打(割)叶是通过手摘或刀割的方式，去除一部分叶片，减少植株对营养的消耗，同时改善田间的通风透光条件。这种方法有助于促进生殖器官的生长发育。

例如,在棉花、油菜和豆类作物旺长时,可以人工摘去中基部的老叶,这样可以缓解营养器官和生殖器官对养分的争夺,促进花蕾的发育。具体的操作步骤包括:①选择合适的时机:在作物出现茎叶旺长的情况下,及时进行打(割)叶操作,以免生殖器官发育受到抑制。②保留功能叶片:在去除老叶的过程中,要注意保留功能叶片,避免过度去叶,以保证作物的正常光合作用。③均匀处理:确保每株作物都能均匀去除老叶,避免局部处理不当导致生长不均衡。

复习思考题

1. 解释作物化学调控技术如何影响作物的生长周期和产量。
2. 为什么在作物生长过程中需要进行人工控旺?
3. 讨论在实际农业生产中如何综合运用各种作物保护技术。

第九章

农产品加工及利用

本章内容简介

本章系统介绍了农产品的加工及利用方法，旨在为学生提供全面的理论基础和实用技能。第一节概述部分，重点讲述了各种农产品加工的特点及意义。第二节加工部分，分别介绍了米面油的加工工艺、酿品加工（白酒、食醋）、纤维加工（棉花、麻类）、烟草加工及秸秆的综合利用的基本方法和技术要点。本章内容既包括理论讲解，又结合实际案例，旨在提升学生对农副产品贮藏与加工技术的理解，培养创新思维，增强实践能力，为未来从事农业科学与技术工作打下坚实的基础。

学习目标

1. 掌握农副产品贮藏与初加工的基本技术：了解不同类型农副产品的贮藏方法和初加工工艺，掌握延长保质期和保持产品质量的措施。

2. 熟悉主要农副产品的加工流程：学习米面油、白酒、食醋、纤维作物（棉花、麻类）及烟草的加工技术，了解秸秆的综合利用，理解每一步工艺对最终产品质量的影响。

3. 培养农副产品加工与利用的创新思维：通过对多种加工与利用方式的学习，激发学生对农副产品增值和资源化利用的创新意识。

4. 提升实践应用能力：通过理论学习和实践操作，培养学生将所学知识应用于实际生产中的能力，提升学生综合素质和技术水平。

第一节 农产品加工概述

一、农产品加工的概念

农产品一般是指农业生产活动收获的各类产品，涵盖了粮食、棉花、油料、果品、糖类、烟草、茶叶、食用菌、花卉、药材及其他多种农作物的种子、果实、纤维、富含淀粉和蛋白质的根茎等。

农产品加工是运用物理、化学和生物学的方法，将农业的主、副产品制成各种食品或其他用品的一种生产活动，是农产品由生产领域进入消费领域的重要环节。主要包括粮食加工、饲料加工、榨油、酿造、制糖、制茶、烤烟、纤维加工以及果品、蔬菜、畜产品、水产品等的加工。农产品加工过程及其采用的方法因产品种类及消费要求的不同而不同。

二、农产品加工的性质和特点

农产品加工业主要生产生活消费品，并为其他产业部门提供原料，属于社会总产品在生产流程中的第二部分。然而，农产品因其独特性，某些产品既能作为生产资料，也可用作消费资料。这种双重性质是大多数农产品的共同特点。

农产品加工业既受到农业生产水平的限制，又受到加工技术和机械设备研发与应用的制约。农产品加工原料来源分散、易腐损，生产上具有显著的季节性特征。农产品加工的成品不宜长期贮存，生产需紧密依托市场需求，实现产销的紧密结合。鉴于加工设备和资金的局限性，农产品加工更倾向于采用低能耗的劳动密集型生产方式。

三、农产品加工的意义

随着农业现代化进程的加快，集约化、机械化和信息化水平不断提升，农村劳动力逐步向其他生产领域转移。发展农产品加工产业不仅能推动农业现代化，还能提升农民收入，同时在保障食品安全、促进绿色发展和拓展国际市场等方面发挥了重要作用，是中国农业产业转型和乡村振兴的核心支柱。

1. 农产品加工是农业现代化与产业升级的重要驱动力

农产品加工是促进农业转型和现代化的关键环节，尤其在中国实施乡村振兴战略的背景下，深加工不仅提升了农产品附加值，还延伸了农业产业链，推动了农业整体的现代化和产业升级，成为推动农业农村经济发展和农业转型的重要路径。

2. 农产品加工有助于增加农民收入与就业机会

农产品加工产业的拓展为农民提供了更多的收入来源和就业机会，尤其在农村地区，通过加工业提升了农民的收入水平，进一步巩固了脱贫攻坚成果，促进农村经济的多元化发展。

3. 农产品加工保障食品安全并提升产品质量

随着消费者对食品安全和质量的要求不断提高，农产品加工通过技术创新延长了产品的保质期，并提升了产品的质量和安全性。加工技术的提升使中国能够更好地满足国内外市场的健康消费需求。

4. 农产品加工推动绿色可持续发展与资源循环利用

农产品加工不仅有助于提升资源利用效率，还能推动农业废弃物的综合利用。秸秆和农副产品的绿色加工不仅能减少环境污染，也能支持可持续农业和循环经济的发展。

5. 农产品加工促进科技创新并拓展国际市场

随着科技进步，农产品加工在智能化、数字化方面的应用能提升加工效率，推动整个产业链的优化。同时，农产品加工的升级能增强中国农业的国际竞争力，促进农产品出口和国际市场的拓展。

四、农产品加工的分类

农产品加工形式多样，既包括传统手工操作，也涵盖机械化工业生产，通常根据产品的加工程度、最终用途和产品种类进行分类。

1. 基于农产品的加工程度分类

根据农产品加工程度可将其划分为初加工和再加工两大类。农产品初加工是指对农产品进行的一次性、不改变其内在成分的加工，主要是为了维持其原有营养成分，或满足运输、贮藏和后续加工的需求，进行的基本处理。如粮食的晾晒、烘干、脱壳、碾磨，活畜、活禽的屠宰，肉类、蛋品、鱼类的冷冻等均属于初加工范畴。初加工主要导致产品数量的变化。

农产品的再加工指的是在初加工产品基础上进行的更精细的加工，亦称深度加工或深加工。再加工涉及蛋白质、植物纤维、油脂、新营养素以及活性成分的提取与利用。再加工产品种类繁多，工艺和技术较为复杂，不仅外观形态与原产品大相径庭，营养成分和感官质量也有深刻变化，从而产生多样化的加工产品。例如，粮食经再加工可制成面条、面包、饼干、粉丝、粉条、酱油、食醋及豆制品等。再加工对增加农产品的产值具有重要意义。

2.按照农产品的最终用途分类

根据农产品加工的最终用途,可分为食品加工、饮料加工、皮革加工、服装加工、药物加工、肥料加工、能源加工、家具加工、工艺美术品加工、包装材料加工、竹木建筑材料加工等多个领域。

3.按照农产品种类进行分类

依据农产品种类,加工方式可分为粮食制品加工、油料加工、蔬菜加工、果品加工、肉品加工、蛋品加工、乳品加工和水产品加工等。不同种类的加工方式有显著差异,各自的工艺原理和技术细节也各具特色(农产品加工及利用概况详见二维码 9-1)。

二维码 9-1
农产品加工及
利用概况

第二节　农产品加工技术

一、粮食作物的加工利用

粮食作物在我国农业中具有关键性作用。近年来,种植业结构调整,且粮食作物的初级产品效益较低,导致全国各地粮食种植面积普遍下降。通过对粮食作物进行深加工和多样化加工,可以提升其经济价值,增加粮农收入,从而保障农村粮食的持续生产。这也是确保农村社会稳定和推动农村经济发展的重要增长点。

(一)小麦加工及应用

小麦是全球最重要的粮食作物之一,含有丰富的蛋白质、脂肪、碳水化合物、维生素、铁、磷、硒等营养元素。小麦的主要加工产品是小麦粉,它可以制成多样的食品,成为人们餐桌上经济而重要的选择。其加工副产品麸皮的应用范围也在不断扩大,例如麦麸加工成的小麦胚粉,能够降低高血压、体内胆固醇和甘油三酯;加工得到的小麦胚芽油能有效预防动脉沉积块引发的心脏病。这些都推动了小麦粉加工技术的进步。

1.小麦面粉

小麦加工成面粉的过程是小麦的初次加工,而由面粉制成各类面制食品的过程称为小麦的二次加工。小麦粉是以小麦为原料，经过清理、配麦与润麦、研磨与筛理等工序，除去杂质、皮层和胚部，将胚乳颗粒磨制成符合一定质量标准的粉状粮食。这种粉状粮食通常又称为面粉或白面，是全球各地消费者的主要粮食之一。在我国，小麦粉可分为等级小麦粉、高低筋小麦粉和专用小麦粉三大类（详见二维码 9-2）。

二维码 9-2
小麦的加工利用

2. 小麦胚芽油

小麦胚芽油由小麦胚芽提炼而成，属于谷物胚芽油类，约含有 80% 的不饱和脂肪酸，其中亚油酸占比超过 50%，油酸占比在 12%～28%。小麦胚芽油所含维生素远超其他植物油，同时富含磷脂、甾醇和二十八烷醇，是一种公认的营养保健油脂，具备抗氧化、美容护肤、防癌和延缓老年性疾病等多重功效。

3. 小麦麸皮

小麦在加工面粉后留下的剩余物质被称作麸皮。经过磨面机处理的小麦，分为面粉和麸皮两个部分，麸皮实际上是小麦的外层皮。它通常用作饲料，也可以和高筋面粉混合，用于制作高纤维麸皮面包。小麦麸皮具有高营养价值、药用价值及加工价值。面粉中的蛋白质主要是谷蛋白和醇溶蛋白，而麸皮中的四种蛋白质分布较为均匀。麸皮蛋白中，谷氨酸含量高（46%），适合作为味精提取原料。此外，麸皮还能作为酿造业原料，其副产品用作饲料原料。麸皮中丰富的膳食纤维能改善人体排泄，促进脂肪和氮代谢，对多种疾病具有积极药理作用。

（二）稻谷加工及利用

水稻是我国主要的粮食作物之一。收获的水稻籽粒称为稻谷，其外层的颖壳内包裹着糙米，糙米可以进一步加工成大米或精米。颖壳在加工中被称为稻壳或谷壳，具有保护作用。从植物学角度来看，糙米是一种果实，由受精后的子房发育形成，主要由果皮、胚乳和胚三部分组成。糙米的皮层是果皮和种皮的愈合体，内含糊粉层和胚乳。胚包括胚芽、胚根、胚轴和盾片。在制米过程中，糙米的皮层和糊粉层会被去除，通常胚也会被移除，这部分被称为米糠。稻米加工后得到的产品包括稻壳、米糠和大米。

1. 稻谷籽粒加工利用

（1）稻米初加工　是指通过先进工艺，对稻谷进行清理、脱壳、碾米和成品整理，不断提升大米品相，提高出米率的过程。脱壳是通过砻谷机使净谷脱去颖壳变成糙米的步骤。碾米则是将谷粒的稻壳去除以获得糙米，经过精米机除去皮层、糊粉层及胚，通过筛分将米和糠分离，完成制米过程。成品整理主要涉及成品分级，使用白米分级筛进行筛分。筛分可区分出大米、大碎米、小碎米等。按加工精度不同，大米分为一级大米、二级大米、三级大米和四级大米4个等级。

（2）稻米的深加工　主要分为3类：一是以大米为基础的仍作为主食的产品；二是以大米为原料的饮料类；三是米粉及其衍生的食品或小食品类。大部分深加工产品用于主食。精米加工在初加工基础上，通过强化分级、分层碾米、喷湿碾米、水热处理等技术手段，制成系列化精制米品。深加工可提升大米的蒸煮和食用品质、营养和生理功能，满足人们对主食大米的需求。我国的一些特色名贵大米见二维码9-3。

二维码9-3
我国的一些特色名贵大米

2.稻谷副产品的加工及利用

（1）稻壳的综合利用　稻谷加工成米时产生的稻壳大约占总稻谷质量的20%。稻壳主要成分包括纤维素、木质素和二氧化硅，其热值在13.44～15.54 kJ/g。稻壳的利用方式多样，主要包括：

①稻壳板材。经过特定预处理和加入胶黏剂，稻壳在高温高压下部分纤维发生化学变化，形成具有防火、防虫蚀、隔热隔音、耐磨等性能的稻壳板材，是优良的建筑材料。

②碳化。碳化后的稻壳有多种用途，可用于生产有机废料吸附剂、亲和色谱填料，生产活性炭、白炭黑，制备防水材料、水泥混凝土和涂料，还能作为燃料等。

（2）米糠加工　米糠是稻谷加工的主要副产品，由果皮、种皮、外胚乳、糊粉层和胚加工制成，是稻谷颗粒中的营养精华，集中了稻谷64%的营养成分，富含脂肪和蛋白质，脂肪含量与大豆相当。米糠资源丰富，其加工和综合利用具有广阔前景。

①米糠制油。米糠油是高营养价值的植物油，富含亚油酸、维生素E。与其他食用油相比，米糠油有助于清除血液中胆固醇、降低血压、加速血液循环、刺激激素分泌、促进人体发育，是对人体健康有益的营养油，具有广阔的市场前景。

②其他用途。米糠颗粒细小、淡黄色，易于添加至烘焙食品和其他米糠强化食品中。米糠中的米蜡、米糠素、谷甾醇均具有降低血液中胆固醇的作用。在动物畜禽饲料中，米糠可替代玉米等原料，降低饲料成本。脱脂米糠可用于生产植酸、糠蜡、谷维素、植酸钙、肌醇和谷甾醇等。

（三）玉米加工及利用

玉米素有长寿食品的美称，含有丰富的蛋白质、脂肪、维生素、微量元素、纤维素及多糖等，具有开发高营养、高生物学功能食品的巨大潜力。玉米食品种类多样，全球有150多种，包括玉米蒸糕、玉米粉面包、糕点、饺子、面条、膨化粉、特制粉、片状早餐、快餐、饮料及啤酒等。应用传统工艺和现代高新技术，对玉米进行合理开发与加工，将极大地丰富人们的饮食，提高玉米的利用价值，有利于实现农民的增产增收。

1. 玉米籽粒加工利用

玉米籽粒含有丰富的营养，其中淀粉和蛋白质是主要成分，主要集中在胚乳中，占胚乳总量的90%左右。常见的马齿型玉米淀粉中，直链淀粉大约占27%，支链淀粉约为73%；玉米籽粒的蛋白质含量在6.5%～13.2%，按溶解性可分为水溶性清蛋白、盐溶性球蛋白、醇溶性胶蛋白、碱溶性谷蛋白和不溶于水溶剂的硬蛋白。此外，玉米籽粒的脂肪含量在3.6%～6.5%，纤维素含量为1.5%～2.5%，灰分含量则在1.0%～2.1%。

根据玉米籽粒的成分，可以加工得到如玉米淀粉、胚芽油、胚饼、黄浆水、蛋白质和淀粉渣等多种产品。

淀粉是玉米加工的核心产品，其提取方法主要分为湿法和干法制粉。基本的生产流程依次包括：清理、浸泡、粗碎、胚分离、磨碎、纤维分离、蛋白质分离、清洗、离心分离、干燥至最终得到淀粉。玉米淀粉可以用于生产饴糖、糊精、麦芽糖、葡萄糖和果葡糖浆等产品，这些产品在食品和医药工业中有广泛应用。

2. 特种玉米加工利用

市场需求推动玉米向专用化、特用化方向发展，主要包括笋用玉米、爆裂玉米、糯玉米、甜玉米等。

(1)笋用玉米　笋用玉米主要指以采收玉米笋为目的种植的特种品种，呈幼嫩状态采收，营养丰富，形态美观，口感脆嫩。营养成分高于多种蔬菜，可作为高档蔬菜销售，主要加工成罐头。

(2)爆裂玉米　爆裂玉米作为新型休闲食品，在许多国家和地区受欢迎。其籽粒由紧密的多边形淀粉颗粒组成，受热后产生蒸气压，爆裂成玉米花。营养丰富，有助于消化，具保健功能。

(3)糯玉米　糯玉米与普通玉米最大的差别在于胚乳性质上，其含有100%支链淀粉，黏性大。营养价值高于普通玉米，鲜食口感甜，薄皮、质嫩，适合人们口味。用于酿酒时，风味和产量都较高。

(4)甜玉米　甜玉米籽粒含糖量是普通玉米的10倍以上，脂肪含量也较高。味道甜，香嫩，鲜食可激发食欲。可加工制成罐头、果脯、饮料、冰激凌等，甜玉米罐头是国际市场畅销产品。

3. 玉米副产品加工利用

(1)玉米胚芽的综合利用　玉米胚芽是玉米籽粒中营养丰富的部分，包括脂肪、糖、蛋白质、磷脂和甾醇。胚芽油中脂肪含量高，具有良好的热稳定性，能有效降低胆固醇水平，是理想的烹调用油。胚芽饼，榨油后的产品，可直接酿酒或加工成高营养的粉和膨松剂，也常作为饲料使用。添加胚芽粉能提高糕点、饼干和面包的营养价值及口感。

(2)玉米皮渣的综合利用　湿法玉米淀粉生产的副产品玉米皮渣，富含糖类，适合制作饲料酵母。含有六碳糖和五碳糖，可全面利用。饲料酵母营养丰富，作为蛋白饲料添加剂与鱼粉功效相同。玉米皮渣还可提取膳食纤维，用于各种食品中增加营养和改善口感。

(3)玉米芯的利用　玉米芯是玉米脱籽后的穗轴，常用于生产食用菌和提取木糖醇、糖醛等。玉米芯加工成理想的木材代用品和植物炭，应用于多种行业。

(4)玉米秸秆的利用　玉米秸秆青贮作为反刍动物饲料，提高了秸秆的利用率。成熟秸秆可用于工业和食品行业多种产品的生产。编织业中使用玉米苞叶制作各种工艺品。

二、油料作物的加工利用

油料作物不仅富含脂肪，还含有大量的蛋白质，具有较高的经济和营养价值。油脂广泛应用于食品、医药、日化工业，而脱脂饼粕则用于饲料和食品工业，如脱脂豆粉和蛋白质产品等。这些产品已在国内主副食品及乳品中得到应用，极大提升了油料的经济价值。

油料的两个主要加工方向是提取油和开发蛋白质产品。提取后的油经精炼可直接食用，或加工为起酥油、人造奶油等产品。而蛋白质产品通过加工分离，用作各种食品中的填充料、营养强化剂、发泡剂，替代奶肉类，具有显著的经济效益。

(一)油料加工基础知识

1. 油料作物的种类

我国的油料作物种类很多，资源丰富，主要有大豆、花生、油菜籽、棉籽、葵花籽等。这些作物种类不同，营养成分不一样，其用途也各异。表 9-1 为几种油料作物种子的主要营养成分含量。

表 9-1　几种油料作物种子的主要营养成分含量　%

作物	水分	粗脂肪	粗蛋白质	磷脂	碳水化合物	粗纤维	粗灰分
大豆	9～14	16～20	30～45	1.5～3.0	25～35	6	4～6
花生	7～11	40～50	25～35	0.5	5～15	1.5	2

续表9-1

作物	水分	粗脂肪	粗蛋白质	磷脂	碳水化合物	粗纤维	粗灰分
棉籽	7～11	35～45	24～30	0.5～0.6	—	6	4～5
油菜籽	6～12	14～25	16～26	1.2～1.8	25～30	15～20	3～4
芝麻	5～8	50～58	15～25	—	15～30	6～9	4～6
葵花籽	5～7	45～54	30.4	0.5～1.8	12.6	3	4～6
米糠	10～15	13～22	12～17	—	35～50	23～30	8～12
玉米胚	—	35～56	17～28	—	5.5～8.6	2.4～5.2	7～16
小麦胚	14	14～16	28～38	—	14～15	4.0～4.3	5～7

资料来源：秦文，2014。

2. 油料加工基本工艺流程

(1)油料清选　目的是减少油脂损失，提高出油率和饼粕质量，以及提升设备处理效率。利用油料与杂质在粒度、比重、形状、表面、硬度等属性上的差异，通过筛选、风选、磁选、水选等方法除杂。

(2)剥壳去皮　由于油料作物皮壳主要由纤维素组成，含油量很低，皮壳中的色素等物质会增加精炼难度并影响饼粕利用，因此必须剥壳去皮。

(3)料坯制备　为便于取油，需将油料制成料坯。制备工序包括破碎、软化和轧坯。主要是轧坯，即将油料压成薄片状，有助于后续的蒸炒和萃取。

(4)蒸炒　轧坯后的料坯通过湿润加热、蒸炒和炒坯等处理，调整至适合压榨的状态。

(5)压榨取油　利用机械外力将油脂从榨材中挤出，经轧坯、蒸炒后，油脂多以凝聚状态存在。

(二)油料作物加工利用

1. 大豆

大豆自古以来就被视为重要的食品，从先秦时代的豆豉到西汉的豆腐，再到后来的大豆酱、酱油等。其蛋白质含量极高，每千克大豆相当于 2 kg 瘦猪肉、3 kg 鸡肉或 12 kg 牛肉的蛋白质含量，因此被誉为“浓缩蛋白质”。大豆还富含脂肪、膳食纤维、碳水化合物及多种维生素和矿物质。图 9-1 为大豆的加工产品示意图。

(1)大豆油脂　大豆含油率约为 25%。大豆油脂作为生活中不可或缺的必需品及重要工业原料，其通过精炼加工，可生产各种精炼油品，如起酥油、人造奶油等，大幅提升大豆油脂的经济价值。

(2)大豆蛋白质(豆粕)　大豆榨油后的副产物是脱脂大豆(豆粕)。高变性豆

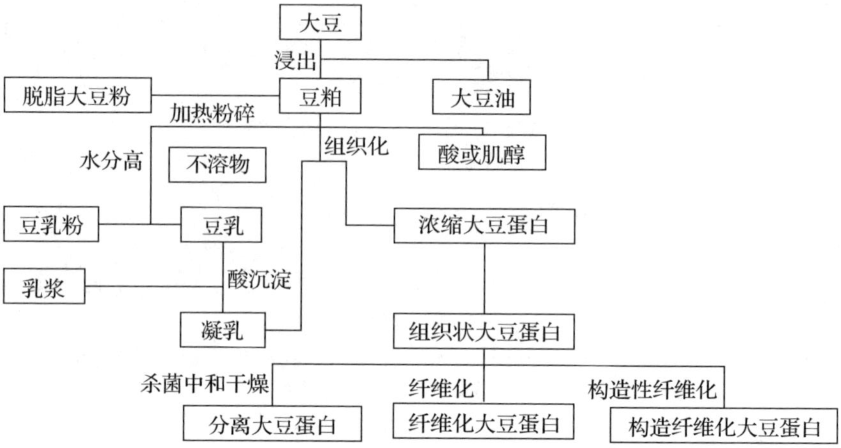

图 9-1 大豆的加工产品示意图

粕主要作为饲料，中变性豆粕用于制作酱油和豆酱，而低变性豆粕是制作大豆蛋白食品的理想原料。

①大豆粉。由脱脂大豆制成，去除纤维后，其理化性质与脱脂奶粉相似，蛋白质含量高出脱脂奶粉 20%以上。

②浓缩大豆蛋白。去除脱脂大豆中的可溶性碳水化合物和气味，蛋白质含量高达 70%。

③豆浆粉。通过浸出脱脂大豆中的可溶性成分，加热干燥而成，蛋白质含量为 60%～70%，广泛应用于冰激凌、烘烤点心、鱼丸类制品等食品的加工。

(3)大豆食品　由大豆加工而成的食品种类多样，包括豆腐、豆芽、豆脑、豆浆、豆奶、豆油、腐竹等，加工技术简单。

(4)大豆饮料

①黄豆制作金菠露饮料。以黄豆为原料，经多步理化处理，制成酸甜可口的金菠露饮料，富含柠檬酸、苹果酸等有机酸及维生素、糖和蛋白质。

②脱脂豆粕制作清凉饮料。脱脂豆粕富含柠檬酸等有机酸，可制成清凉饮料。

③利用豆腐残水制作饮料。豆腐残水除含少量蛋白质外，还富含柠檬酸、苹果酸等有机酸，适用于饮料生产。

其他大豆饮料包括豆乳碳酸饮料、乳酸豆奶饮料、咖啡大豆饮料、冷冻酸豆乳酪布丁等，品类丰富多样。

2. 花生

花生，亦称为长寿果或千岁子，具备极高的营养价值，全植物皆可用，其保健功效已广为人知。花生含有多种维生素和不饱和脂肪酸，如烟酸，对人体健康至关重要。花生中的赖氨酸含量是大米、面粉、玉米的3～8倍，赖氨酸的有效利用率高达98.84%，有助于防止过早衰老，提升儿童智力。不饱和脂肪酸则有助于降低体内胆固醇，预防动脉硬化和冠心病，同时也具有美容功效。

花生各部分营养成分含量见表9-2。

表9-2 花生营养成分含量 %

部位	水分	脂肪	蛋白质	粗脂肪	粗纤维	碳水化合物	灰分
花生壳	28～32	9～12	5～9	1.2～4	58～79	1.1～2.2	2.8～8.8
花生仁	68～70	4～6	25～30	46～52	2.8～3.0	10～13	2.5～3.0
花生胚	4	3.5～5	26～38	42～46	1.6～2.5	14	2.7～3.1
红衣	3	5～9	11～18	12	37～42	12～28	8～21

(1)花生仁　是天然食品中的佼佼者，主要碳水化合物组成为淀粉4%、双糖4.5%、还原糖0.2%、戊聚糖2.5%。100 g花生仁含钙67 mg、磷378 mg、铁1.9 mg、维生素B_1 1.07 mg、维生素B_2 0.11 mg、烟酸9.5 mg以及少量胆碱、维生素E。花生仁中以水溶性蛋白质为主，占比97%，其次为盐溶性蛋白。90%的花生蛋白为球蛋白和伴球蛋白，清蛋白占10%，加工后消化率达96%以上。

(2)花生油　含亚油酸等不饱和脂肪酸，以及棕榈酸、硬脂酸等饱和脂肪酸，不饱和脂肪酸与饱和脂肪酸比例约为2∶1。富含花生四烯酸、必需脂肪酸，每100 g油中含15 mg维生素E及其他营养物质，适合各年龄段人群。

(3)花生食品　市场常见花生食品包括奶油花生酥、花生珍珠糕、油炸花生包、花生蛋白脆、营养花生酱等。

(4)花生副产品　花生壳可作酿造业原料，如酿制酱油，或作畜禽饲料。工业上用作塑料填充剂、制备聚烯烃复合材料，或代替苯酚制备酚醛树脂胶黏剂，还可制作活性炭。花生红衣在医药业应用广泛，可以生产止血药物，具有止血及治疗原发病的双重效果。

三、酿品加工

(一)白酒酿造加工技术

1. 白酒的原料

白酒是中国传统的蒸馏酒，酿造工艺复杂且历史悠久。决定白酒品质的首要基础是酿造原料。酿酒原料种类繁多，通常分为粮食、根类、替代原料和农业副产品。我国白酒主要采用粮食类原料，而根类原料多用于制造食用酒精。

传统白酒的制作主要使用高粱，并适量加入玉米、小麦、大米、糯米、荞麦等，这些不同的原料使得酒的风格有显著的差异。不同产地的粮食品质和成分差异显著，这也影响着产品的质量和酒精产率。

高质量的酿酒原料需要新鲜且无霉变、虫害和杂质，要求淀粉含量高、蛋白质适中、脂肪含量低、单宁适量，并含有多种维生素和矿物质，果胶含量极低，不应含有过多的有害物质，如氰化物、番薯酮、龙葵苷和黄曲霉毒素等。粮食原料应颗粒饱满，具有较高的千粒重，含水率不超过 14%。此外，原料还需产量高，便于收集、贮存和加工，成本低廉。固态发酵的大曲白酒主要使用高粱；而低档白酒则可能使用薯类或糖蜜作为原料。

2. 白酒酿造技术

白酒按照香型分类，有多种酿造工艺，常见的香型包括酱香型、浓香型、清香型、米香型、兼香型等。每种香型的白酒都有其独特的酿造方法和风味特点，以下为酱香型白酒的酿造工艺。

(1)原料研磨　酱香型大曲白酒的生产流程中，高粱是主要原料，其加工分为下沙和糙沙，各自占用原料总量的 50%。研磨原料时，必须精确控制整粒与碎粒比例，下沙需保持 8∶2，糙沙则为 7∶3。这种研磨比例有助于原料的水分吸收和膨胀，促进糊化和糖化过程，有利于发酵和蒸馏，也有助于消除原料的杂质和杂味，增强灭菌效果。

(2)润粮处理　破碎后的高粱首先用超过 95℃的热水进行初次润粮，完成后立即进行翻拌以防水分外流，确保无干粒现象。4～5 h 后进行第二次润粮，每次润粮后的粮堆需要静置 16 h 以上，再进行蒸煮。润粮后的粮堆应无流水现象，并保持圆锥形，温度维持在 42℃以上。

(3)蒸煮过程　润粮完成后，粮堆温度应达到约 48℃，这时开始蒸煮。蒸煮前先添加 7%的母糟或糙沙，轮次按 1∶1 比例加入熟沙，甑上铺设一层稻壳。蒸煮时需按照特定的蒸馏技术规范进行，甑上操作要轻松、均匀、平整，确保蒸煮均匀。甑内的气压控制在 0.08～0.15 MPa，蒸煮时间为 90～110 min，直到约 70%的原料被蒸熟。

(4)摊晾与拌曲　出甑后的粮醅需要摊晾在晾堂上，自然降温至 24～30℃。随后将粮醅整理成条埂形，均匀撒上约 2%的尾酒并翻拌均匀。接着撒上约 10%的曲粉并进行拌曲，注意拌曲时要均匀且避免曲粉飞散。完成后立即收堆，堆积方式为圆锥形，高度约为 1.5 m。

(5)堆积发酵　晾堂上的堆积发酵主要是让大曲微生物进行呼吸和繁殖，同时吸收空气中的微生物进行二次制曲。发酵过程中，堆积的粮醅温度需维持在 28～30℃，持续 4～5 d，直至堆顶温度达到 50～52℃。

(6)入窖发酵　堆顶温度达到 52℃时，开始将糟醅转移入发酵池，并边投边撒尾酒，用量约 120 kg，以提高酶的活性并促进糖化发酵过程。

(7)开窖取醅及蒸馏　各轮次完成后，取出的粮醅按熟沙和酒醅进行分类。糙沙完成后的第一次酒称为糙沙酒，其后的酒依次称为大回酒和小回酒，每个轮次的酒都有其独特的风味和酒精浓度。经过多轮发酵和摘酒后，最终的酒糟可以作为饲料或进行其他利用。

(二)食醋的生产技术

由于气候条件、原料种类、消费习惯和技术水平等多种因素的不同，世界各国和地区的食醋生产工艺展现出独特的地域特色。欧美国家的食醋生产通常采用葡萄、苹果等含糖水果，或直接使用食用酒精，通过单一菌种的液态发酵方式制作。相比之下，中国传统的食醋生产则主要基于淀粉类原料，其生产过程通常涵盖糖化、酒精发酵和醋酸发酵三个阶段，这些步骤可以同时进行或分步实施。

食醋的生产方法根据醋酸发酵的过程不同，可分为三种类型：固态发酵食醋、液态发酵食醋和固液复合发酵食醋。例如，中国的镇江香醋、山西老陈醋和四川麸醋均采用固态发酵；法国的奥尔兰果醋、意大利的葡萄香醋、西班牙的雪利醋和德国的液态发酵白醋则属于液态发酵食醋；而中国的福建红曲醋和浙江玫瑰醋以及日本的福山米醋则是固液复合发酵食醋。本部分重点介绍固态发酵技术发酵食醋，并简要探讨制造工艺。

1. 固态醋酸发酵技术

固态发酵技术是我国食醋生产的传统方式，主要使用粮食作为原料，通过添加酒药、块曲、麸曲、酒母等发酵剂，并引入稻壳等辅助材料作为疏松剂进行发酵。这一过程主要涉及以下步骤：

(1)原料预处理　在开始淀粉糖化或酒精发酵之前，原料需进行预处理，包括加水润料、均匀搅拌、浸泡等，这些步骤有助于后续的糊化和糖化发酵。根据不同的制醋方法，原料的蒸煮方式可以分为煮料发酵法和蒸料发酵法(不包括生料发酵法)。液体深层发酵法的原料处理通常也包括煮料阶段。根据蒸煮条件的不同，淀粉原料的蒸煮方法又分为常压蒸煮和加压蒸煮。常压蒸煮通常适用于传统的小型食醋厂；而工业化大规模生产则常采用高压高温方式，以 0.1 MPa 的压力维持 30 min。谷物的湿润、沥干、蒸煮及冷却过程可以在一个设备中完成，并通过旋转消除不均匀的吸水和蒸煮。

(2)淀粉糖化　预处理后的淀粉质原料需通过糖化过程转化为微生物可利用的葡萄糖。糖化可以是液态或固态,液态糖化将原料加水后蒸煮液化,再添加糖化剂进行酶解。与固态糖化相比,液态糖化操作简便、时间短、转化效率高。液态糖化法有低温和高温两种方式:①低温液态糖化法。在复式发酵中,同时进行糖化和乙醇发酵,需要保持约30℃的温度,低温糖化法有利于酿造的顺利进行,且产品风味较佳。②高温液态糖化法。使用α-淀粉酶在85℃以上对淀粉浆进行液化,随后在65℃以下用糖化酶或麸曲进行糖化,整个过程在高温下进行。这种方法糖化快、淀粉利用率高。高温液态糖化法可以全程使用酶制剂,或液化阶段使用酶制剂而糖化使用曲法。使用全酶制剂的优点是简化工序、降低成本、便于机械化,但可能影响产品风味;而采用曲法糖化的优点是产品风味好,缺点是需要更多设备和操作。

(3)酒精发酵　酒精发酵主要是由酵母菌利用经过糖化的葡萄糖进行乙醇代谢的过程,在这个传统的开放式发酵中,除酵母外,其他微生物也参与使用营养源生成丰富的风味化合物,赋予酒醪独特的味道。

糖化完成后的醪液冷却至27～30℃,随后加入占醪液总量10%的酒母(按质量分数计),混合均匀。在30～33℃的条件下发酵60～70 h,便可得到成熟的酒醪。对于容量较小的工厂,适宜采用分批次添加的方法:首先向发酵缸中加入约1/3体积的糖化醪和10%的酒母进行发酵;每隔2～3 h,再逐步添加剩余的糖化醪,直至发酵缸填充到90%的容量。整个添加过程最好在8 h内完成,延长时间会降低淀粉的转化效率。

(4)醋酸发酵　醋酸发酵阶段是食醋生产中决定产量和质量的关键环节,主要通过醋酸菌将乙醇氧化成乙酸,同时将葡萄糖转化为葡萄糖酸。在开放式的醋酸发酵中,乳酸菌、芽孢杆菌等微生物也能够参与发酵,生成多样的风味化合物,这些共同决定了食醋的风味质量。

固态醋酸发酵通常分为两个主要阶段:①接种培菌阶段。将成熟的酒醪加到包含麸皮和稻壳的混合料中,逐渐扩大培养,实践表明,酒醪的最佳酒精度约为6%,混合料的最佳水分含量约为60%,最适温度为38～44℃,且需要确保有充足的空气供应。②产酸阶段。醋酸菌逐渐将乙醇转化为乙酸,乙醇含量减少,乙酸含量增加;乙酸含量不再增加时,立即用塑料布覆盖醋酸,切断空气供应,阻止乙酸进一步氧化成水和二氧化碳,此过程大约需要20 d。

醋酸发酵完成后,可在醋醅中加入盐抑制微生物活性,并密封保存7 d以上,以促进酸类和少量乙醇通过酯化反应形成乙酸乙酯等酯类物质,这些是食醋香气的主要来源。

(5)陈酿老熟 通过淋醋步骤提取发酵醅中的风味物质,制得未成熟的生醋。新酿的食醋通常风味尚未达到理想水平,在陈酿过程中,其中的糖分、醇类、有机酸、甘油、氨基酸等通过氧化还原作用促进香气和色素生成,从而提升食醋的风味体验。经过一段时间的陈酿,食醋变得更加柔和,无杂味,香气浓郁,色泽深且清澈。通常,使用 1 kg 大米可生产 6.8～6.9 kg 的食醋,其总酸含量约为 5 g/100 mL。

2. 固态醋酸发酵的工艺特点

(1)低水含量 在传统食醋的醋酸发酵过程中,醋醅的水分含量约为 50%,其中大部分水分被物料吸收。醋醅中气体、液体和固体三相共存,明显的气-固、液-固、气-液界面有利于微生物的生长和发酵演替。此外,低水分含量还有助于减小发酵容器的体积,简化后续处理。

(2)丰富的主辅料组合 固态醋酸发酵使用多种原料和辅料,如大米、糯米、高粱、玉米、青稞、麦麸和谷糠等,这些材料富含碳水化合物、蛋白质、粗纤维、脂肪、维生素和无机物等,不仅提供了微生物生长所需的营养,也是食醋产酸、香味形成、色泽增强和增稠的关键反应基质。

(3)中温水解复式发酵 固态酒精发酵醅的温度通常控制在 40℃左右,食醋的生化反应包括低温糖化、中温酒化和适温醋化。这一温度范围使得各类有益菌和它们分泌的酶系能共存并发挥作用,使糖化、酒化和醋化 3 个阶段的发酵能同时进行,减少了淀粉和乙醇对酵母和醋酸菌的干扰,促进了有益微生物的生长和代谢产物的多级转换。

(4)多样的微生物共存、多酶系共酵 发酵过程中,霉菌、酵母菌和细菌共存,多种酶系如淀粉酶、蛋白酶、纤维素酶、果胶酶、酒化酶和醋化酶共同参与发酵,这为食醋的色、香、味和质地的协调生成提供了坚实的基础。

四、纤维加工

(一)棉花的加工

1. 棉花的分类、加工与检验

棉花是我国的重要经济作物,其纤维是纺织工业的关键原料。棉花依照物理形态分为籽棉和皮棉。棉农采摘的直接产品是籽棉,而去籽处理后的产品则称为皮棉。在讨论棉花产量时,通常指的是皮棉产量。

根据加工机械的不同,棉花可分为锯齿棉和皮辊棉。锯齿轧花机生产的是锯齿棉;皮辊轧花机生产的则是皮辊棉。皮辊棉加工效率较低,杂质含量高,但棉纤维保持较好,长度相对更长。而锯齿棉加工效率高,杂质含量低,但对棉纤维有损伤。现阶段,细绒棉多为锯齿棉,长绒棉则多为皮辊棉。

棉花分级是一个关键环节,包括品级分级和长度分级。品级分级通过对照实物标准(标样),辅以手扯、手感等感官评估。长度分级则使用手扯尺量法,测量棉束得出主体长度。组合这两种分级,棉花可划分为33个等级。

2. 棉纤维加工流程

(1)采摘　棉花在生长成熟后需要进行采摘,这一步是整个棉纤维加工流程的起点。人工采摘是传统的采摘方式,能够有效避免损伤棉花纤维,提高棉花质量。机械采摘的效率高,能够在较短时间内完成大面积棉花的采摘,但容易混入杂质,对后续加工的棉花质量有一定影响。

(2)去籽　采摘下来的棉花中附着有大量的棉籽,需要进行去籽处理,以获得纯净的棉纤维。去籽的方法主要包括手工去籽、机械脱籽和湿式去籽3种。手工去籽是手工将棉籽从棉花中分离出来,效率低,但能保持棉纤维的完整性。机械脱籽常用的机械设备有滚筒式、锯齿式和锤片式脱籽机等。湿式去籽通过在水中浸泡棉花,使棉籽软化,然后机械分离。这种方法适用于特定类型的棉花,有利于保护棉纤维的强度和韧性。

(3)处理　去籽后的棉花需要进行进一步的加工处理,以提高棉纤维的质量。处理工艺包括清洗、热烘干、净化和分级。

(4)纺织　处理后的棉花进入纺纱阶段。纺纱是将棉纤维制成纱线的过程,包括开松、梳棉、并条、粗纱和细纱等工序。将棉花松散开来,去除部分杂质,形成均匀的棉絮;利用梳棉机将棉絮进一步梳理,使纤维平行排列,形成棉条;将多个棉条并合,进一步使棉纤维的分布均匀化;并条后的棉纤维进行初步纺织,形成粗纱;再拉伸和捻度,最终形成纱线。

(二)麻纤维的加工利用

我国的纺织业主要使用韧皮纤维作为麻纤维原料,由于这些纤维的结构和机械特性各异,因此它们的应用范围和具体用途也不尽相同,从而形成了各自独特的初步加工特征。

1. 苎麻

苎麻主要分布在热带和亚热带,少数分布在温带地区。苎麻纤维也是各类麻纤维里面最长,强力最大的,比最高级的棉花还要长3～6倍。经过脱胶加工处理的苎麻纤维,清白如玉、光泽良好,染色后也不易掉色,因此自唐宋时期开始,由苎麻织成的夏布就成为历代贡品。随着科技进步,现代苎麻的制作工艺飞速发展,苎麻因透气、降热、散湿、无静电的特点,其织物被广泛应用于衬衫、裙子、裤子、内衣等方面,深受人们喜爱。

2. 亚麻

亚麻茎制取的纤维是纺织工业的重要原料,可纯纺,亦可与其他纤维混纺。亚麻纤维是天然纤维中唯一的束性植物纤维,具有天然的纺锤形结构和独特的果胶质斜边孔,由此产生优良的吸湿、透气、防腐、抑菌、低静电等特性,使亚麻织物成为能够自然呼吸的织品,适宜制作飞机翼布、军用布、消防、宇航、医疗和卫生保健服装及帆布、水龙带、室内装饰布及工艺刺绣品等。

3. 黄麻

黄麻主要成分为纤维素(64%～67%),还有半纤维素、木质素、果胶等杂质。黄麻纤维是从黄麻茎部剥下的韧皮纤维,其中木质素和半纤维素含量较高,纤维粗硬,弹性及断裂伸长率也低,因而可纺性差,一直被用于加工麻袋、麻布及其他包装材料。黄麻纤维具有优良的天然抗菌性能,因其特有的纤维孔腔结构,使它富含氧气,厌氧菌无法生存,并含有抗菌性植物甾醇等有益物质,有助于人体的卫生保健。黄麻纤维的老化直至腐烂是一个生物可降解过程,具有生态环保性能。

五、烟草加工

(一)烟草的初加工

1. 烟草的干燥

烟叶水分,也称为烟叶含水率或烟叶含水量,是烟草及其制品的重要组成部分。烟叶水分对烟叶的力学性质和热学性质有影响,在烟叶初加工、卷烟制丝工艺以及烟叶的贮运保管等各个环节中,烟草水分不仅直接影响到烟草原料和卷烟产品的质量,还影响到原料在加工和卷烟制造过程中的消耗量。

(1)影响烟草干燥的因素

①空气温度。空气温度越高,干燥介质空气向烟叶传递的热量越多,有利于烟叶水分蒸发。通常每升温15℃,空气的饱和含水量约增大1倍。然而,过高的温度不利于烟叶质量。在烘烤前期,温度过高易使烟叶过早干燥而成青干。在定色期,若水分排出不及时,易发生褐变。在烟叶复烤干燥阶段,温度超过100℃,易出现烤红现象,影响品质和使用价值。

②相对湿度。在温度不变时,相对湿度越低,空气中水分相对于其饱和含水量的亏缺量越大,烟叶水分蒸发越容易;相对湿度越高,水分蒸发越困难。当相对湿度达到饱和状态时,水分停止蒸发。

③空气流速。空气流速直接影响烟叶表面水分蒸发。空气流动带走烟叶附近

的饱和水汽，并补充热空气继续加热烟叶。空气流速越大，饱和水汽越易被带走，烟叶得到的热量越多，水分蒸发越快。在烟叶干燥操作中，通过调节进排风量的大小实现空气流速的控制。

④空气压力。在保持空气温度和相对湿度恒定的条件下，降低空气压力会增加烟草干燥速度，因为水的沸点随空气压力减少而降低。尽管在实际中很少通过降低空气压力来提高干燥速度，但常用增加空气湿度和压力来达到烟叶回潮的目的。

⑤烟层厚度。在网带干燥机中，烟叶铺网厚度越大，干燥速度越慢。

(2)烟叶水分的汽化与排湿　烟叶水分蒸发称为汽化。干燥设备内将烟叶蒸发的水汽排出，称为排湿。汽化是烟叶失水干燥的开始，也是干燥设备排湿的基础和条件；排湿是烟叶失水干燥的继续和保证。如果水汽不排出，干燥设备内水汽达到饱和状态后，烟叶的水分汽化散失就无法继续进行。

在烟叶干燥尤其是烟叶复烤过程中，汽化和排湿两者需相互协调，使烟叶汽化量、烤房各间水汽排湿量及保留量达到动态平衡。如果汽化不及时或排湿过快，将造成烤房内水汽量太少，导致烟叶表面过于干燥，反而影响叶内水分向表面的散发速度；而汽化过度或排湿不及时，将造成烤房内水汽量过多，延长干燥时间。因此，在干燥过程中，烟叶水分并非排得越快越好，湿度也并非越小越好，以排湿量适中为宜。烟叶的干燥技术在于把握温度与进排风的关系，使之协调配合，创造有利于干燥的温湿环境。同时正确处理烟叶水分汽化与烤房排湿的关系，确保排湿与汽化相适应，从而保证烟叶干燥的顺利进行。

2. 打叶复烤工艺流程

(1)原料准备工段　对来料原烟烟包进行预处理，清理和挑选烟叶，确保符合等级纯度要求，使烟叶原料具备投产条件。

(2)叶梗分离工段　根据烟叶特性，从准备段送来的原烟中进行叶梗分离，使叶片和烟梗均达到质量指标，并尽量减少破损。

(3)叶片复烤段　将叶片均匀干燥至规定的含水率指标。

(4)片烟包装段　将复烤后的片烟按一定重量和规格包装成成品。

(5)烟梗处理段　将烟梗均匀干燥至规定含水率，分选后分别进行包装。

(6)碎叶处理段　将各工序产生的散碎烟叶集中分选处理，干燥至规定含水率并进行包装。

3. 烟叶发酵方法

烟叶的发酵方法因烟草品种和制品类型的不同而各有差异，主要分为自然发酵和人工发酵两类。

(1)自然发酵法　将经过调制并含适当水分的烟叶包装后，存放在仓库中利用季节气候变化促使烟叶成分转化，称为自然陈化。适宜的条件是含水量10%～13%，温度0～35℃，发酵期为1～3年。一年内化学成分变化显著，之后变化减缓。自然发酵的烟叶色泽鲜亮略深，香气优美，刺激性减弱，品质理想。虽然自然发酵费用较高且需大量仓库投资，但适合用于高级烟草，尤其是香料烟。发酵过程中应防止霉变、虫害和烧包，注意控制包心温度不超过40℃并及时翻垛降温。

(2)人工发酵法　通过调节控制温湿度，加速烟叶在贮存过程中的品质转化。人工发酵周期较短，有助于加速资金周转、改善烟叶品质、降低生产费用，但质量稍逊于自然发酵。人工发酵的烟叶色泽较深，香气、吸味和刺激性均有改善。决定发酵方法的主要条件包括烟叶特性、周围空气温湿度和发酵前烟叶的贮存时间。

六、秸秆的综合利用

秸秆通常是指农作物籽粒(或可食用部分)收获后不能食用的茎、叶等剩余部分，含有丰富的热能、氮、磷、钾和微量元素等营养成分，可以作为饲料、肥料、燃料和工业、农业生产原料。据统计，我国农作物秸秆年产量约9亿t，传统上通过焚烧秸秆的方式来处理秸秆，不仅污染环境，易引发火灾，还会破坏土壤结构等。因此，探索科学的农作物秸秆利用技术对推动农业绿色可持续发展，实现“碳达峰”“碳中和”具有重要的意义。

1.秸秆能源化利用

作物秸秆作为原料，在严格的厌氧环境和一定的温度、水分、酸碱度等条件下，经过微生物的厌氧发酵可以产生沼气能源。秸秆还可作为燃料，如直接燃烧，其热用效率低，往往达不到20%，但将秸秆粉碎压缩为成型的颗粒燃料，可有效降低运输和贮存成本，提高秸秆燃料的堆积密度，便于规模化应用。另外，以秸秆作为原料直接在蒸汽锅炉中燃烧，产生高温高压蒸汽驱动蒸汽轮机，可以带动发电机发电。

2.秸秆饲料化利用

秸秆饲料是指以玉米、大豆、高粱、小麦、水稻等农作物秸秆为原料，经过加工生产的饲料产品，用于饲养牛、马、羊等反刍动物。为提高秸秆饲料的动物消化吸收利用率，收获农作物秸秆后要进行加工处理。加工方法包括：①物理加工。如：浸泡、蒸煮、切段、揉搓、粉碎、膨化、热喷、碾青、射线照射等；②化学加工。如：碱化、氨化、酸化、氧化等；③生物加工。就是利用有益微生物(乳酸菌、酵母菌等)和酶等，在适宜的条件下，分解秸秆中难以被家畜消化的纤维素和木质素，常见的方法有青贮、微贮、酶解技术等。

3. 秸秆基料化利用

秸秆栽培基质制备是以秸秆为主要原料，加入其他有机废弃物来调节碳氮比和物理性质（如孔隙度和渗透性），并调节水分使混合物的含水率保持在60%～70%。然后在通风干燥且防雨的环境中进行有氧高温堆肥，使其腐殖化和稳定化。利用自然界中大量的微生物（必要时接种外源秸秆降解菌）对秸秆进行生物降解。最终，秸秆等原材料被转化为简单的无机物、小分子有机物和腐殖质等稳定物质。堆肥完成后，将稳定的物料破碎，并与泥炭、珍珠岩、蛭石、矿渣等材料合理配比，使其理化指标达到育苗或栽培基质所需的条件。

4. 秸秆肥料化利用

农作物秸秆肥料化利用是应用最广泛的一种综合利用技术。通过将秸秆养分资源转化为肥料，可以有效补充和平衡土壤养分，增加土壤有机质含量，改善土壤结构和增强土壤肥力，从而降低化肥使用量，提高作物产量。肥料化利用主要有直接还田、高温堆肥还田和炭化还田三种途径。

长期秸秆直接还田，能够提高土壤肥力水平，增强土壤保水保墒能力，延长耕作周期，促进土壤生物多样性，降低土壤中重金属和抗生素的污染风险。但是，秸秆还田过程中常出现秸秆粉碎抛撒不均匀、土壤不实、播种不匀等问题，还会造成病原菌和虫卵随秸秆在土壤中积累，进而加重病害的发生。因此，秸秆直接还田需要完善配套机具和相关防控技术。

堆肥是将秸秆和畜禽粪便等农业有机废弃物经过微生物发酵转化成有机肥的过程，是有效利用秸秆养分资源的途径之一。相较于直接还田，高温好氧堆肥（图9-2）具有明显优势。首先，采用微生物发酵技术和高效发酵菌剂，能够迅速分解转化秸秆纤维素、木质素，极大缩短了秸秆直接还田的腐解和养分释放过程，提高了养分利用效率。其次，高温堆肥有效杀灭各种病原菌、杂草种子，避免直接还田可能带来的病虫害加剧。最后，秸秆与畜禽粪便生产的有机肥富含作物所需的各种

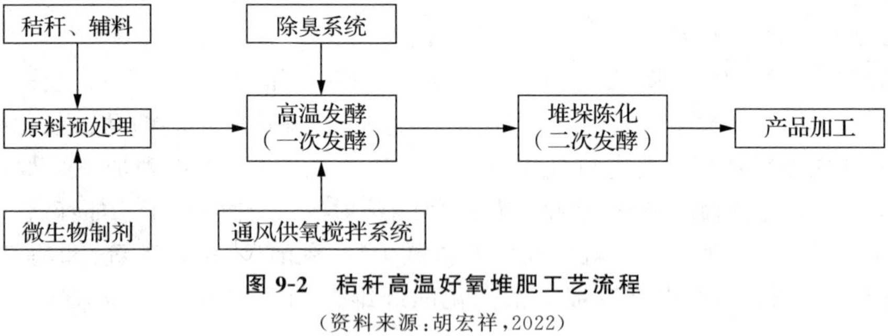

图9-2 秸秆高温好氧堆肥工艺流程

（资料来源：胡宏祥，2022）

营养元素，包括大量的氮、磷、钾，以及丰富的中、微量元素，提高了作物对环境的适应能力，还田效果优于秸秆直接还田（秸秆堆肥工艺详见二维码 9-4）。

二维码 9-4
秸秆堆肥工艺

秸秆炭化是将秸秆粉碎或压制成颗粒后，在隔绝氧气或缺氧条件下进行加热升温，使有机物质发生炭化分解，产物包括生物质炭、木醋液和可燃气等。经炭化后的秸秆生物质炭具有疏松的质地、丰富的孔隙结构和高比表面积，能够显著降低土壤容重，改善土壤水、肥、气、热状况。生物质炭直接还田或开发成炭基肥料产品还田（图 9-3），都能发挥良好的土壤改良、作物增产和固碳减排等作用，目前炭化还田技术已成为秸秆资源肥料化利用的重要途径之一。“秸秆炭化还田固碳减排技术”作为 2021 年农业农村部推广的重要技术之一，实现了农田土壤碳封存和减少温室气体排放的目标。这不仅促进了秸秆的全量化利用，也提升了耕地质量，对农业的高效、生态、环保和可持续发展具有重要意义。

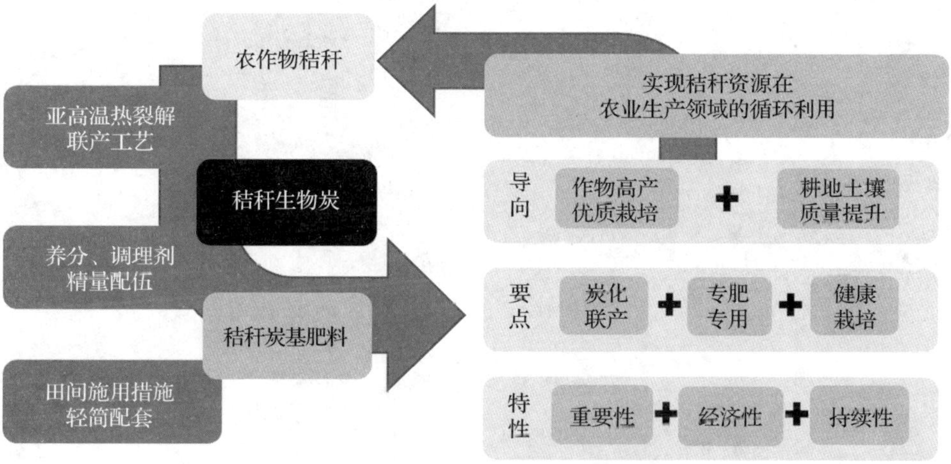

图 9-3　秸秆生物炭还田利用效果

（资料来源：胡宏祥，2022）

5. 秸秆原料化利用

农作物秸秆原料化是利用秸秆通过一系列生产工艺流程，制备各种工业原料的技术。这些工业原料化利用包括秸秆造纸、板材加工（如高品质秸秆纤维粉体、新型秸秆合成型材等）、生活用品加工（生物质秸秆塑料）、净化功能材料（生物活性功能材料、改性碳基功能材料）、秸秆有机化工（如淀粉、木糖醇等）以及秸秆编织等。

复习思考题

1. 简述农产品加工的意义。
2. 小麦麸皮有哪些用途?
3. 简述稻谷加工副产品的用途。
4. 简述玉米副产品的加工利用。
5. 简述油料作物加工基本工艺流程。
6. 酱香型白酒酿造技术有哪些?
7. 简述影响烟草干燥的因素。
8. 农作物秸秆的利用技术有哪些?

第十章 农作制度与区域农业发展

本章内容简介

本章探讨了农作制度的定义和特性，回顾了中国农作制度的发展演变过程，分析了21世纪初中国农作制度的主要特征。阐述了农作制度中合理种植制度和作物布局的重要性、原则和步骤。详细介绍了复种、轮作和连作在作物布局中的实际应用和效果。介绍了农作区划的原则，根据地理位置、气候条件和农业特点将中国划分为11个一级区。每个区域有其独特的土地利用方式和农作物种植结构，反映了中国农业在不同地理环境下的多样性和发展方向。

学习目标

1. 理解农作制度、种植制度、作物布局的概念和意义；了解中国农作制度的发展演变。

2. 掌握中国农作制度的特征；掌握作物布局的原则，复种的条件，间混套作的效益原理，轮作的作用，连作的危害。

3. 分析各区域的地理特征和气候条件。

第一节 农作制度的概念与发展

一、农作制度的概念

农作制度是包含农业生产系统、环境保护系统和资源利用系统的一门系统科学。合理的农作制度必须以种植制度（作物布局、复种、间作、套种和轮作等）为核心，以土壤管理制度（土壤耕作、施肥、排灌和防除杂草等）为保证，以保持农业生态平衡和可持续发展为前提，以高效利用和合理配置资源为原则，以改善农业生产条件和基础设施为基础，以实现农业高产、优质、高效、生态、安全和农民增收为目标。

农作制度(farming system)是指在一个区域或生产经营单位内，自然和人工环境与各类农业生物组成的多种亚系统及其直接关联的产后升级元的稳定统一体。分析研究农作制的目的在于，通过决策制定、技术组装、经营管理等手段，合理调整农作制内各亚系统、子系统之间及其与产后升级元的关系、各层系统内组分之间的关系，改善农作制总体与各层系统的结构与功能，以提高系统的生产力、增进经济效益、保护并可持续利用资源环境(农作制度学科主要开拓者——刘巽浩先生简介见二维码 10-1)。

二维码 10-1 农作制度学科主要开拓者——刘巽浩先生简介

与自然生态系统不同，农作制是一种自然与人工的复合系统，它是生态、经济、技术系统的综合。它的组成在自然的基础上具有强烈的人工特征。因此，对农作制的分析研究需要有自然与人工的系统观，避免单纯用自然生态观或人工生态观来处理农作系统的种种问题。

中国农作制度发展，必须围绕国家粮食安全、生物安全、资源安全和农业现代化等战略需求，构建适用于不同区域的农作制度模式，研发关键技术，形成集关键技术和制度性技术于一体的现代农作制度体系，提供现代农作制度升级升值的科技支撑。具体战略需求、战略目标和技术需求如图 10-1 所示。

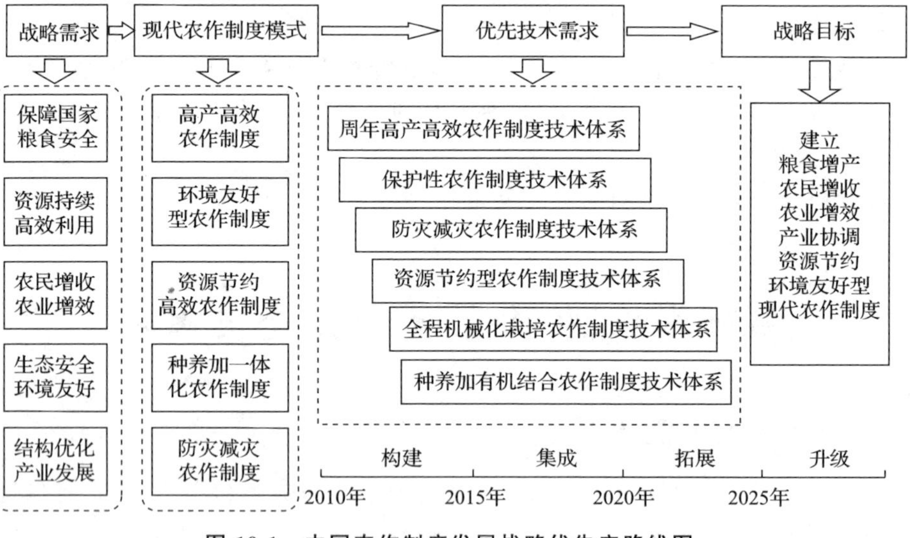

图 10-1 中国农作制度发展战略优先序路线图

(资料来源：陈阜和任天志，2010)

二、农作制度的发展演变

农作制度是特定自然条件与社会条件综合作用的结果，其发展具有明显的历史阶段性。中国农作制度发展主要经历了撂荒制、休闲制、轮种制和集约制 4 个历史阶段。

（1）撂荒制（shifting farming） 在新、旧石器时期的原始农业阶段，先民们在聚居点附近选择宜农土地实行刀耕火种、辟土殖谷，并开始围栏养殖家畜，凭借人力采用简陋的木石工具，掘土耕种耐旱、耐瘠、耐湿的粟、黍、稻等作物，依赖土壤自然肥力生产，连续耕种待地力耗竭后，只得弃耕另觅新荒地再行垦殖，氏族聚落只得随耕地迁徙，形成原始撂荒农作制。在氏族社会早期，通过耕垦处女荒地维持农耕生产，称为“生荒制”。在氏族社会后期，当人口增加、部族定居和土地私有化后，使宜耕未垦荒地减少，不得不复垦早先弃耕 20～30 年的“熟荒地”，依靠自然植被演替恢复地力，称为“熟荒制”。

（2）休闲制（fallow farming） 在春秋战国时期和秦朝，我国开始使用铁犁铧、镢、锄和镰等铁质农具，出现以牛为动力的畜力耕作，初步实行畜禽舍饲和粪肥还田，初始兴建抗旱防涝“井田制”和引水灌溉工程，种植的作物种类不断增加，出现“黍、稷、豆、麦、稻”“五谷”概念，开始实施多耕熟耰与抗旱避涝的“甽田法”（即垄作耕法）等农田土壤精耕细作。随着土壤耕耘和粪溉肥田措施的应用，农田荒弃年限逐渐缩短到 1～3 年，称为土地轮休或休闲，休闲期间或休而不耕，或耕耘除草蓄墒。商周时期盛行以菑、新、畬（指分别轮休一、二、三年）为代表的三年轮休制，逐步转入较为先进的“易田制”，土地轮休年限视地力水平长短而异，上好田连年种植，中等田隔年种植，下等田隔两年种植。

（3）轮种制（rotation farming） 自西汉至明清 2000 多年间，粗放休闲农作制逐渐向传统精耕细作轮种制发展。牛耕得到推广和广泛应用，犁壁、曲辕犁、锄等铁质农具不断改进和耧播的发明，耕、耙、耖、播、中耕、收割、脱粒等农具逐步配套。北方建立和充实了“耕、耙、耱”旱地抗旱保墒耕作技术体系，发展了沟垄轮换种植的“代田法”，南方则逐步确立了“耕、耙、耖、耘”水田耕作技术体系。引自西域和东南亚的作物种类众多，促进了因地制宜、因土种植和不同作物轮作，麦类、大豆、棉花、马铃薯和玉米等作物种植比例扩大。《农书·粪田之宜》篇中提出“地力常新壮”理论，提倡扩大肥源和多粪肥田，采取豆类绿肥与谷类作物、经济作物的轮换种植，连同与轮作换茬相应的施肥、土壤耕作等措施形成的技术体系，称为轮种农作制。

（4）集约制（intensive farming） 随着人口增长、工业发展和科技进步，植物生活要素调控力度逐步强化，多熟和集约种植不断发展，土地生产力持续提高，促进了轮种农作制向集约农作制发展。集约农作制包括一熟地区单季高产栽培集约化和多熟地区多熟种植集约与高产栽培集约结合两种主要形式。多熟种植能“争天时，尽地力”，显著提高土地生产力，我国传统多熟种植的技术经验主要有早熟作物、育苗移栽、少耕免耕、作物套种、整形促熟、增温栽培、减少农耗等，养地手段主要依赖于有机粪肥和豆类作物培肥。改革开放之后，我国集约农作制发展迅速，广泛倡导间、混、套、复等多种高效种植模式，耕地复种指数近年来稳定在156%，涌现出了大量的吨粮田、双千田和高产高效田。

三、中国农作制度特征

与欧美不同，中国农作制度具有高度的复杂性。总体上，21世纪初中国农业仍处在传统农作制度阶段，部分较发达地区正在由传统农作制度向现代农作制度过渡。其主要特点是：

(1)传统的小家庭自给分散经营是运行农作制的主体　中国人多地少，户均耕地少，地块小而分散，以小规模土地经营为主。每户平均经营耕地约5202.6 m^2。生产方式依赖传统技术和经验，劳动力为家庭成员，生产成本低，自给性强，商品率低。随着社会的进步，这种传统模式也向着机械化的方向发展。大型机械在农田中的应用越来越广泛，但由于农户资金有限，农业合作社、互助团体的建立促进资源共享和合作，同时推动了农业机械租赁服务的发展。农村土地流转政策的实施，进一步削弱了传统的经营方式。传统的小家庭经营模式在适应现代农业发展的同时，也在不断创新和进步。

(2)农作制度的集约性　人多地少、小农经营，致使土地生产率高而劳动生产率低是中国农作制的最大特点。表现为传统的精耕细作与现在的高投入、高产出并存：单位面积产量高，土地利用率高，复种指数高，间套复种多，农牧结合多，多种经营多，劳动密集型产品多；与此同时，投入多，施肥多，灌溉多，耕作管理多。因此，高投入高产出是中国的农业系统特征。农作制的基本内容是以农为主、农牧结合多种经营。种植业是农业的主体，也是畜牧业、农产品加工业的基础。另外，农与牧(渔)关系密切，两者相辅相成，牢不可分。相对地说，林业比重小，林与农、牧多呈分离状态，只有农田防护林对农田有某种保护作用。除农牧林外，以农副产品为原料的小型家庭农副产品加工业、农村二、三产业等多种经营也是中国农作制的一个特色。

(3)种植业亚系统是农作系统的主体　自古以来，中国是以农为主以粮为主。汉民族以及长城以南的其他少数民族都是农耕文化的耕耘者。许多北方的草原民族融入中华大家庭后也纷纷下马务农。近年来，尽管牧渔业与二、三产业有较大发展，但种植业仍是基础与主体。据《中国统计年鉴 2023》，在 2022 年的农业总产值中，农（种植业）、林、牧和渔各占 54.1%、4.4%、26.1%和 9.9%。可见，种植业仍是农业的大头。在种植业中，粮食仍是不可动摇的主体，它占有最多的耕地面积和劳力。粮食安全将始终是中国农业的中心问题。同时，积极发展经济作物、蔬菜、果品、饲料等高价值作物也是必然的选择。

(4)农牧结合是中国农作制的重要内容　中国有牧区面积 3.6 亿 km^2，约占全国土地总面积的 37%，其中草原面积 2.8 亿 km^2，主要分布于西北干旱半干旱地区，草原质量差，退化严重，生产力甚低。中国的畜牧业主体在农区。历来中国农区的农民在农耕的同时普遍有养畜（禽）的传统。作为一种家庭副业，利用农副产品（糠麸、豆粕、秸秆、青菜、野草以及部分谷物）作为畜禽的饲料，或者在种植制度中插入饲料谷物与绿色青饲料，又利用役畜作为动力，利用畜禽的排出物作为肥料，实行农牧结合。近年来，在一些经济发达地区，传统的家家户户的模式已逐渐向现代专业养畜方式转变，但这种农牧（渔）结合的方式仍在村乡范围内进行。

(5)生态保护制度是农作制的重要组成部分　从农作制的定义可见，它是客观环境与农业生物的有机统一。农作制的研究不仅涉及生物，还涉及生态环境的保护。中国的农业生物所处的环境有两大特点。一是自然环境复杂多样、人均水土资源相对紧缺，旱涝、水土流失、沙化等生态问题较为严重。二是人工创造的环境条件（如良田、良种、良法、灌溉、肥料、机械、资金、技术、政策、市场等）在弥补自然的不足与提高农作制的生产力方面起了十分重要的作用。因此，为了提高农作制的系统生产力，必须积极保护和改善自然与人工环境条件，并将此作为农作制研究的有机组成。一方面尊重自然、适应自然、保护自然；另一方面在自然资源环境基础之上，增加资金、技术、政策的投入，努力改善或改造资源环境，使之与农业生物高产优质高效相适应。二者缺一不可，既不能只顾产量与收入而破坏自然资源环境，影响长远的可持续发展，也不要持单纯自然生态观点而排斥必需的人工投入。

(6)增加农民收入、繁荣农村经济是中国农作制的主要目标　农作制度的目标是提高系统的生产力、经济力和生态力。其中，经济力是重要组成部分。在当前中国条件下，通过农作系统结构与功能的改善来增加农民收入，繁荣农村经济，是农作制研究的主要目标和内容。

第二节　种植制度

一、作物布局

(一)作物布局的概念和意义

作物布局是指一个地区或生产单位的作物结构与配置的总称。作物的结构是指作物种类、品种、面积及占有比例等,配置是指作物在区域或田块上的分布。因此,作物布局是解决种什么、种多少和种在哪里的问题。

作物布局中的作物,通常是指大田种植的作物,主要是粮食作物、经济作物、饲料绿肥作物等,有时也包括蔬菜、果树等。作物布局所指的范围可大可小,可以大到一个国家、省、地区、县,也可以小到一个自然村、一个农户;时间上可长可短,可以长到 5 年、10 年等的作物布局规划,短到一年或一个生长季节的作物安排。作物布局既可指作物类型的布局,如粮食作物布局、经济作物布局、绿肥饲料作物布局等;也可以指具体作物、品种,甚至于秧田的布局。在我国南方多熟制地区,同一块土地上一年要种植二熟或二熟以上的作物,这样不仅在同一生长季节中有不同作物合理布局,在不同生长季节之间上下茬作物也有一个合理布局的问题。因此,在一年多熟地区,作物布局实际上还包括了连接上下季的熟制布局。

合理的作物布局应该综合平衡天、地、人、作物、畜禽、市场、价格、政策、交通和社会等各种因素。根据需要和可能条件,瞻前顾后、统筹兼顾。满足个人和社会需要,合理利用土地和其他自然与社会资源,以最小的消耗获取最大的经济效益、社会效益和生态效益。

作物布局是整个农业生产和种植制度的中心环节。它关系到作物的增产稳产、资源的合理利用、多种经营、农林牧结合、农村建设、环境保护等农业整体发展的战略,同时也是农业区划,特别是种植业区划的主要依据和组成部分。

(二)作物布局的原则

决定作物布局的因素很多,概括起来主要有三个方面,即农产品的社会需求、生态适应性和社会发展水平。

1. 满足社会需求是前提

农业生产的主要目的是满足社会对农产品的需求,而农产品的社会需求又是农业生产不断发展的原动力。农产品的社会消费结构决定市场需求结构,市场需求结构制约和引导着产品供给结构,而产品供给结构又来自种植业生产结构,它们是相互决定和相互制约的关系。我国正处在由传统农业向现代农业转变的时期,作物生产的商品性特征越来越明显,市场对作物布局的制约和导向作用也越加突出。

在解决温饱的前提下,部分地区人们对农产品的需求开始从追求数量转向追求品质,因此在安排作物布局时,一定要研究人们的消费观念和消费需求特点,满足人们对现代生活品质的要求。同时,应根据市场取向、资源状况和可持续发展原则,把提高农民收入放在首位。

2. 作物的生态适应性是基础

作物的生态适应性是指作物的生物学特性及其对生态条件的要求与某地实际环境条件相适应的程度,简单地说就是作物与环境相适应的程度。作物起源于野生植物,在其长期的形成和演化过程中,逐步获得了对周围环境条件的适应能力。因此,作物的生态适应性是系统发育的结果,具有很高的遗传力。

影响作物生长的环境条件主要是气候、土壤等自然条件,包括温、光、水、气、土壤等,作物的生态适应性实际上是对这些因素的适应程度。适应性好,说明能种植某作物和可能获得较高产量和效益;适应性差,说明种植的可能性小,或勉强种植,则产量低,效益差。生态适应性较广的作物分布较广,种植的面积可能较大;生态适应性较差的作物分布较窄。生态条件较好的地区,适宜种植的作物种类多,作物布局的调整余地大,选择途径多;生态条件较差的地区,适宜种植的作物种类少,作物布局的调整余地小。在制定作物布局时,要以生态适应性为基础,以发挥当地资源优势,克服资源劣势,扬长避短。

3. 社会经济和科学技术是保障

社会经济和科学技术可以改善作物的生产条件如水利、肥料、劳力和农机具等,为作物生长发育创造良好的环境,解决能不能种植某一作物的问题。同时,也为作物的全面高产、优质高效、持续发展提供保障,解决能否种好的问题。因此,在进行作物布局调整时,必须考虑当地的社会经济和科学技术状况。

同时,面对资源短缺的形势,我们不仅要充分利用资源,提高资源利用率,更要合理利用和保护资源。选择合理的种植业结构和科学的栽培模式,才能确保农业可持续发展。

社会需求、作物生态适应性、社会经济与科学技术对作物布局的影响各具特色,同时彼此间又相互联系、相互影响。在自然状态下不能种植某种作物的地区和季节,通过社会经济和科学技术的投入,可使种植该种作物成为可能。社会对某种产品需求迫切性的增加,也会促进社会经济向该方面增加人力、物力、财力和科技的投入，从而促进该作物面积扩大、增加产品数量和改善质量。

(三)作物布局的步骤与内容

1. 明确对产品的需求

包括作物产品的自给性需求与商品性需求。一般来说，一个地区或生产单位的自给性需求部分可以根据本地历年经验和人口、经济发展等变化来加以测算，其变化具有一定的规律性，因而可预测性比较大；而商品性需求的部分，主要随市场的变化而变化，往往难以预测，因此需要了解市场价格、对外贸易、交通、加工、贮藏以及农村政策等方面的内容。

2. 查明作物生产环境条件

自然条件主要有：热量条件，如≥10℃的积温、年间最低最高温度等；水分条件，如年降水量及其分布、其他水源状况等；光照条件，如全年辐射量、日照时数及其分布等；地形地貌，如海拔高度、坡度坡向等；土地条件，如面积、类型、利用状况、人地比等；土壤条件，如土壤类型、质地、肥力、酸碱性等；植被，如乔木、灌木、草等；灾害，如旱、涝、病虫害等。社会经济条件主要有：肥料条件，如肥料种类、数量、质量、施肥水平等；机械条件，如拖拉机、排灌机具、播种收获机械等；能源条件，如燃油、电力等；科技条件，如技术推广网络、病虫测报与防治能力等；以及人口、劳动力、文化水平、市场、价格、政策等。

3. 确定作物的生态适应性

这是作物布局的难点和关键。研究作物生态适应性的方法有：作物生物学特性与环境因素的平行分析法，地理播种法，地区间产量与产量变异系数比较法，产量、生长发育与生态因子的相关分析，生产力分析法等。通过研究，区分出各种作物生态适应性的程度。

4. 作物配置的确定

在确定作物生态适应性的基础上，可以划分作物的生态区，从光、热、水、土等自然生态角度区分作物的生态最适宜区、适宜区、次适宜区与不适宜区。作物的生态区划是作物布局的内容之一，它提供了自然规律方面的可能范围。另外，为了生产应用的目的，单纯从自然角度划分或选择适生地是不够的，必须在社会经济和科学技术条件相结合的基础上，进一步确定作物的生态经济区划或适宜种植地区的选择。这就要在光热水土的基础上考虑水利、肥料、劳力、交通、工业等条件。

在单一的各个作物适宜区与适生地选择的基础上，确定各种作物间的比例数量关系。包括：①种植业在农业中的比重；②粮食作物与经济作物、饲料作物的比例；③春夏收作物与秋收作物的比例；④主导作物和辅助作物的比例；⑤禾谷类与豆类的比例。

在确定作物结构(同时考虑到复种、轮作和种植方式)后,进一步要把它配置到各种类型土地上去,即拟定种植区划,在较小规模上(如农户)则直接进行作物在各块土地上的配置。为此,按照相似性和差异性的原则,尽可能把相适应相类似的作物划在一个种植区,划出作物现状分布图与计划(或远景)分布图。

5. 可行性鉴定和生产资料的确保

作物布局的可行性鉴定包括以下内容;是否能满足各方面需要;自然资源是否得到了合理利用和保护;经济效益是否合理;土壤肥力、肥料、水、资金、劳力是否基本平衡;加工贮藏、市场、贸易、交通等是否可行;科学技术、生产者素质是否可行;是否促进了农林牧、农工商的综合发展等。

如果鉴定的结果表明方案切实可行,那么作物布局的过程就已完成。但是,为了确保作物布局的真正落实和达到预想的效果,还有必要根据作物布局情况,预算所需的种子、化肥、农药及其他的生产资料,以便早作准备。

二、复种

(一)复种的概念及其作用

1. 复种的概念

复种是指在同一块田地上一年内种植或收获二季或二季以上作物的种植方式。常见的复种方式有直播复种、移栽复种、套作复种和再生复种。根据一年内作物种植的季数,可分为一年两熟,如冬小麦—夏玉米(符号"—"表示年内接茬播种或移栽);一年三熟,如小麦(或油菜)—早稻—晚稻;二年三熟,如春玉米→冬小麦—夏甘薯(符号"→"表示年间接茬播种或移栽)等。

复种的主要目的是集约利用时间和土地,提高生长季节的光能和热能利用率,减少农耗期或休闲期。农耗期指前茬作物收获后到后茬作物种植前,一些必不可少的农事操作(如收割、脱粒、晾晒、翻地等)导致农田无作物生长的一段时间。复种后,作物的耗水量可能增加一倍以上,因此能够充分利用我国湿润地区和半湿润地区的降水,特别是年降水量超过 600 mm 的地区。复种还提高了对土壤肥力的利用强度,氮、磷、钾的消耗也相应增加。

耕地复种程度的高低,通常用复种指数(国际上称种植指数)来表示,即全年收获总面积占耕地面积的百分比。"全年收获总面积"包括所有作物的收获面积。套作是复种的一种方式,计入复种指数,但间作、混作则不计。复种指数的高低实际上表示的是耕地利用程度的高低,复种指数小于 100%时,表明耕地有休闲或撂荒现象。休闲是指耕地在可种作物的季节不耕不种或只耕不种的方式，可分为全年休闲和季节休闲两种。撂荒是指耕地连续两年以上弃而不种，待地力恢复再行耕种的方式。

2.复种对农业增产的作用

复种的意义在于充分利用生长季节内的自然资源，提高单位耕地利用率，增加作物产量。复种对农业增产的作用主要表现在三个方面：一是扩大播种面积、提高单位面积年产量。全国70%以上的粮食作物、经济作物是由复种地区生产的。二是缓和了作物之间争地的矛盾。由于复种指数的提高，有效地缓和了粮食作物与经济作物、饲料作物等争地的矛盾，促进了作物的全面增产。三是有利于抵御自然灾害，实现稳产高产。复种利用不同作物的生长季节，增强了抵御自然灾害（如洪涝、霜冻、冰雹等）的能力，实现夏粮损失秋粮补充，有助于稳产高产。例如，在黄淮海地区，遇到低温或干旱年份，小麦容易减产，但通过复种夏播作物可以在一定程度上弥补小麦季的减产，保证全年粮食产量基本稳定。另外，复种还有利于增加地面覆盖，减少水土流失。

3.复种对农田生态的作用

复种有效结合了用地和养地的需求，不仅提高了土壤肥力的利用率，还将部分残留的根、茎、叶归还到土壤中，从而增加土壤有机质的含量，改善土壤养分状况。通过种植一定面积的养地作物，例如豆科作物，可以补充和增加土壤有机质和氮素，加速物质循环，维持农田的物质平衡。南方稻田、玉米地复种紫云英、苕子，黄淮海地区和西北地区的棉田、粮田套作毛叶苕子，以及低洼盐碱麦地复种田菁等，都是用地与养地结合的典范。复种青饲料不仅有助于畜牧业的发展，还能提供更多的有机肥源。

复种还可以增强农业系统的韧性，改善生产环境。尽管复种后氮、磷、钾等营养元素的输出明显增加，但在秸秆还田的条件下，农田中的碳素含量也相应增加。通过复种豆科作物，可以有效补偿氮素的损失。因此，在安排复种时，应根据土壤肥力和具体条件合理选择作物，既充分利用生长季节，又能保持或增强土壤肥力，防止资源的过度消耗。

（二）复种的条件

一定的复种方式要与一定的自然条件、生产条件和技术水平相适应。影响复种的自然条件主要是热量和降水量，生产条件主要是劳畜力、机械、水利设施、肥料等。

1.热量条件

一个地区能否复种和复种程度的高低，首先取决于当地的热量条件，只有能满足各茬作物对热量的需求时，才能实行复种和提高复种指数。一个地区的热量条件，可用年平均温度、积温(≥0℃或10℃的积温)、生长期(无霜期)长度和界限温度等作为指标。

根据年平均温度划分，8℃以下只能一年一熟，8～12℃可以二年三熟或套作二熟，12～16℃可以一年两熟，16～18℃以上可以一年三熟。按积温高低划分，≥10℃积温低于3600℃只能一年一熟，3600～5000℃可以一年两熟，5000℃以上可以一年三熟。以无霜期长度划分，150 d以下只能一年一熟，150～250 d可以一年两熟，250 d以上可以一年三熟。

界限温度是指某些重要物候现象或农事活动的开始、终止或转折点的温度数值。如小麦春化需要经历15 d左右的低温环境，秋播小麦地区要求为0～12℃，春播小麦地区要求为0～20℃。而一般冬季最低气温平均－20～22℃为冬小麦安全越冬的北界。云南的西盟县(海拔4900 m)全年≥10℃积温达5100℃，但由于最热月缺乏较高温度，水稻难以成熟。

不同作物和品种对温度的要求不同，复种时要根据热量资源和作物、品种的要求，合理安排不同的复种类型和作物组合，使各茬作物都能在适宜的季节播种，在适宜的温度条件下生长发育，并能完全成熟(表10-1)。在确定复种方式时，复种所需的总积温可在熟制的基础上计算，如华北地区的冬小麦-玉米一年两熟制所需积温为：冬小麦越冬后1600℃＋农耗100℃＋夏玉米2200℃＋农耗100℃＋冬小麦越冬前550℃＝4550℃。

表10-1 不同复种方式需要的积温 ℃

复种方式	≥10℃积温	≥0℃积温
小麦-谷糜	>3000	>3400
小麦-玉米	>4100	>4500
小麦-大豆	4200～4500	>4500
小麦-水稻	>4100	>4500
小麦-棉花	>4400	≥4800
小麦-甘薯	>4500	>4900
稻-稻	>4700	>4900
绿肥-稻-稻	>4700	>5000
油菜-稻-稻	4900～5200	>5500
绿肥-稻-稻	>5000	≥5600

2. 水分条件

一个地区具备了增加复种的热量条件，能否复种就要看水分条件。水分包括灌溉水、地下水和降水。我国降水量与复种的关系是：小于 600 mm 为一熟区，600～800 mm 为一熟或兼两熟区，800～1000 mm 为两熟区，大于 1000 mm 可以实现多种作物的一年两熟或三熟。若有灌溉条件，也可不受此限制。合理安排复种作物组合和方式，适应自然降水规律，可以节约灌溉用水。

表 10-2 列出了作物一生需水量。

表 10-2　作物一生需水量　　mm

作物	需水量
冬小麦	400～600
春小麦	350～550
豆类	300～450
谷子	250～300
高粱	300～350
水稻	520～800
大豆	500～600
马铃薯	300～450
棉花	400～680
玉米	50～550

3. 肥力条件

土壤肥力高，有利于复种高产。生产者每收获一季作物，都要从土壤中带走一定数量的养分。复种因种植次数多，吸收移走的养分也就多。所以复种除要求土壤有较高的肥力条件外，还必须补给足够的养分，否则多种不能多收。

4. 动力条件

复种种植次数多，前茬收获与后茬播种或移栽的季节紧，农活忙、劳动强度大，对劳畜力和机械化程度的要求很高。在现代农业发展阶段以及人均耕地较多的地区，提高机械化水平，有利于复种指数的提高。

5. 市场经济条件

复种能否稳定发展，关键在于其经济效益。评价经济效益时，不能仅关注单一指标如土地生产率、劳动生产率、资金收益率或成本利润率，而应综合多项指标来全面评估。例如，劳动生产率高的情况下，资产收益率可能并不高。通常可以对不同复种方式的相关经济指标进行对比分析，或者设计几个备选方案，从中挑选出最优方案。总的来说，复种的应用和效益是有条件的，必须因地制宜，结合当地实际情况来进行规划和实施。

(三)典型复种模式

1. 二年三熟

二年三熟主要分布在黄土高原东南部、山东东部丘陵和中南部山区，主要种植模式有：春玉米→冬小麦-大豆，冬小麦-大豆(绿豆、糜子、谷子)→冬小麦，春甘薯→小麦-芝麻(大豆、花生)，小麦→小麦-玉米等。

2. 一年两熟

≥10℃积温在3500～4500℃的暖温带是旱作一年两熟制的主要分布区域，例如黄淮海平原、汾渭谷地。≥10℃积温在4500～5300℃的北亚热带是稻麦两熟的主要分布区，并兼有部分双季稻，例如江淮平原、西南地区。主要模式包括麦玉两熟、麦豆两熟、麦薯两熟、麦棉两熟、水稻田两熟、玉米两熟、花生两熟等。图10-2为华北平原一年两熟复种模式示意图。

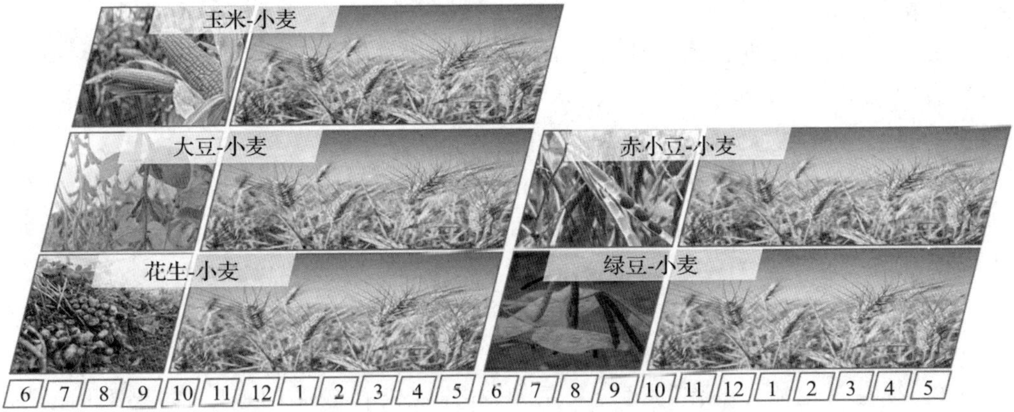

图10-2　华北平原一年两熟复种模式

(资料来源：Liu et al.，2023)

3. 一年三熟

旱地三熟制　湖南西北、四川丘陵等南方丘陵旱地降雨较多地区，实行以小麦/玉米/甘薯、小麦/玉米/大豆为主的一年三熟制。

稻田三熟制　以双季稻为基础的一年三熟制，主要分布于中亚热带以南湿润气候区，包括冬作双季稻三熟制、两旱一水三熟制和热三熟制3种模式。

(1)冬作双季稻三熟制　冬作双季稻三熟制包括小麦-水稻-水稻、油菜-水稻-

水稻、绿肥(紫云英、黑麦草)-水稻-水稻、芥菜-水稻-水稻、马铃薯-水稻-水稻、甜玉米-水稻-水稻、蚕豆-水稻-水稻等模式,分布于长江中下游和华南各地。

(2)两旱一水三熟制　长江中下游水源有限和种植业结构调整地区常采用两旱一水三熟制,例如小麦/玉米-水稻、油菜-玉米-晚稻、菜-水稻-菜、蔬菜-春玉米(蔬菜)/棉花、小麦-豆(花生)-水稻、小麦-早稻-泥豆、小麦-水稻-花生等。

(3)热三熟制　≥10℃积温为7000℃以上地区,可发展水稻-水稻-水稻、甘薯-花生-水稻、花生-水稻-水稻等喜温作物三熟制。

(四)复种技术

复种是一种时间集约、空间集约、技术集约的高度集约经营型作物种植方式,在肥水、劳力、机械化、品种等方面有许多矛盾,需要采用合理的技术加以解决。

1.作物组合技术

(1)充分利用休闲季节增种一季作物　如南方利用冬闲田种植小麦、大麦、油菜、蚕豆、豌豆、马铃薯、冬季绿肥等作物;华北、西北以小麦为主的地区,小麦收后有70～100 d的夏闲季节可供夏种开发利用,如可复种荞麦、糜子、早熟大豆、谷子、早熟夏玉米等。

(2)利用短生育期作物替代长生育期作物　甘肃、宁夏灌区的油料作物胡麻生育期长(120 d),与其他作物复种产量不高,改种生育期短的小油菜与小麦、谷子、糜子、马铃薯等作物复种,就可获得较好的效益。

(3)种植一些填闲作物　如短生育期的绿肥、饲料、蔬菜。四川成都平原两熟制收获至种麦还有2个月左右的时间,可增种一季秋甘薯或萝卜、莴苣、大白菜等秋菜或种紫云英等生育期短的作物。

(4)发展再生栽培　如再生稻的生育期比插秧的短1/2以上,一般为50～70 d,产量可达到一季稻或早稻的30%～40%。

(5)提高抗逆能力的作物组合　例如,在水肥条件较差的地区,如果采用耐旱耐贫瘠的春甘薯-小麦-夏花生组合,比采用需要更多水肥的春玉米-小麦-早稻组合,投资更少,产量稳定,经济效益更高。在低洼易涝地,为适应夏季集中降雨的气候特点,采用小麦和耐水涝的水稻或高粱的复种组合,比小麦-玉米的复种组合更高产稳产。在南方地区,可以通过调整复种方式和作物组合来避开自然灾害。例如,在四川,7月下旬至8月中旬通常会遭遇严重的伏旱,小麦收获后复种夏玉米可能遇到“卡脖旱”,产量不高且不稳定。通过将玉米改为套种,在3月中下旬将玉米套种于麦田中,7月上旬收获,既能充分利用5—6月的光热资源,又能避开“卡脖旱”。麦收后,大苗移栽甘薯,由于甘薯抗旱性强,虽然在伏旱期会受到一定影响，但伏旱过后仍能继续良好生长。这种小麦-玉米-甘薯的多熟种植模式在大面积上产量可超过 7500 kg/hm^2，小面积上可超过 11250 kg/hm^2。

2. 品种搭配技术

作物组合确定之后，进一步缓解复种与热量条件紧张矛盾的重要技术措施就是选择适宜的作物品种。在生长季节富裕地区应选用生育期长的品种。生长季节紧张的地方应选用早熟高产品种。实践证明，选择适宜熟期的品种比生长期超过季节允许范围的品种产量高。

为了争取夏播作物的早播，秋播作物如小麦也应选择早熟高产的品种。在浙江的双季稻三熟制地区，通常采用“一早两迟”的策略，即冬季作物选择早熟品种，而双季稻则选择晚熟品种以获取最高产量。而在江苏南部，该地区位于北亚热带，双季稻三熟制的季节安排非常紧张，需特别注意早稻和晚稻品种的搭配。适宜的方案是以绿肥、大麦或元麦作为双季稻的前作，并采用早熟配中熟或中熟配中熟的双季稻品种组合。品种的合理组合还能起到避灾减灾的作用。例如，四川和贵州东部夏季伏旱严重，因此水稻品种应以中早熟为主，以避开伏旱。云南则常遇春旱，水稻应选择耐旱的晚熟品种。沿海地区风力较大，适宜选择矮秆品种来减少风害影响。

3. 争时技术

(1)育苗移栽　育苗移栽是克服复种后生长季节矛盾最简便的方法，在水稻、甘薯、油菜、烟草、棉花的复种栽培上应用广泛。如中稻的秧田期一般为 30～40 d，双季稻秧田期可长达 75～90 d。长江下游≥10℃积温为 5600℃，大麦或元麦双季稻三熟制现行品种需积温 5500℃，加上农耗期积温，总积温不能满足。但早稻育秧争取了 650℃，晚稻育秧争取了 1200℃，弥补了本田期积温的不足。

(2)套作　套作是解决复种生长季节矛盾的又一有效方法，即在前作收获前于其行间、株间或预留行间直接套播或套栽后作物，如中稻、晚稻田套种绿肥，早稻田套种大豆或黄麻，麦田套种棉花、玉米、花生、烤烟等。

4. 田间管理技术

(1)促进早发早熟　促早发就是让作物幼苗生长时期有较好的水分、养分、光照等条件。早发是早熟的基础。具体做法有：①后作物及时播种，减少农耗期。据山西农业大学(2018)试验，晋中地区麦收后复种夏玉米，6 月 20 日以后播种，平均每晚播 1 d，夏玉米减产 135.7 kg/hm^2。免耕播玉米、棉花，板田或板田耙茬播种小麦，板茬栽油菜等，都是行之有效的方法。②前作及时收获。小麦、油菜成熟后要及时收获，玉米蜡熟期可先去掉叶片，让其继续灌浆。③采用促进早熟技术。在玉米生育中后期喷乙烯利，可提早成熟 7 d 左右。棉花、烤烟施用乙烯利也有促进成熟作用。

(2)作物晚播　播种季节较紧的地区,如黄淮海平原北部,为确保玉米丰产,需用中晚熟品种,小麦只能晚播。长江中下游麦收后种棉,也是晚播棉。晚作物可以适当加大播种量,增加作物的密度。因晚播后营养生长期比较短,植株比较矮小,分蘖或分枝少,密植有利于主茎发育和提早成熟。湖南对麦棉连作的晚播棉花采用高密度低打顶的做法,使晚播棉花产量增加。

(3)地膜覆盖　采用地膜覆盖可提高地温,保持土壤湿度,可适当提前播种,有利于作物早发早熟。

(4)株型调整技术　主要是利用植物生长调节剂进行化学调控,例如利用乙烯利、赤霉素等整枝或调控株型;也包括机械或人工进行株型调整,例如油菜和棉花等的拔秆、整形、后期保温覆盖;玉米的折头、割秆、去叶、捆扎等。

(5)降水季节分配技术　5月下旬黄淮海等主要夏播区都喜降透雨,对保证小麦后期灌浆和玉米底墒都非常有利。在干旱地区或降水不足的情况下,小麦成熟前及时浇灌麦黄水,可以作为玉米种子发芽的底墒水,可以节省玉米播前灌水消耗的农时,实现抢墒早播种。

三、间套作

(一)间套作的概念

1. 单作

单作是指在一块田地上只种植一种作物的种植方式,也称平作、纯种、清种、净种。如大面积种植的玉米、小麦、水稻、棉花等。这种方式作物单一,群体结构简单,生育基本一致,便于统一种植、管理和机械化作业。

2. 间作

指在同一田地上于同一生长期内,分行或分带相间种植两种或两种以上作物的种植方式。所谓分带是指间作作物成多行或占一定幅度的相间种植,形成带状,构成带状间作,如四行棉花间作四行甘薯,二行玉米间作三行大豆等。间作因为成行或成带种植,可以实行分别管理。特别是带状间作,便于机械化或半机械化作业,与分行间作相比能够提高劳动生产率。

间作与单作不同,间作是不同作物在田间构成的人工复合群体,个体之间既有种内关系又有种间关系。间作时,不论间作的作物有几种,皆不增计复种面积。间作的作物播种期、收获期相同或不同,但作物共生期长,其中至少有一种作物的共生期超过其全生育期的一半。间作是集约利用空间的种植方式。

3. 混作

指在同一块田地上，同期混合种植两种或两种以上作物的种植方式，也称为混种。混作和间作都是于同一生长期内由两种或两种以上的作物在田间构成复合群体，是集约利用空间的种植方式，也不计复种面积。但混作在田间分布不规则，不便于分别管理，并且要求混种作物的生态适应性要比较一致。

4. 套作

是指在前季作物生育后期的株行间播种或移栽后季作物的种植方式，也称套种、串种。如小麦套种花生、棉花、玉米，早稻套种黄麻，中晚稻套种绿肥等。套作能充分地利用时间，延长作物的生长期，提高复种指数，是集约利用生长季节的种植方式。

以上 4 种种植方式示意图见图 10-3。

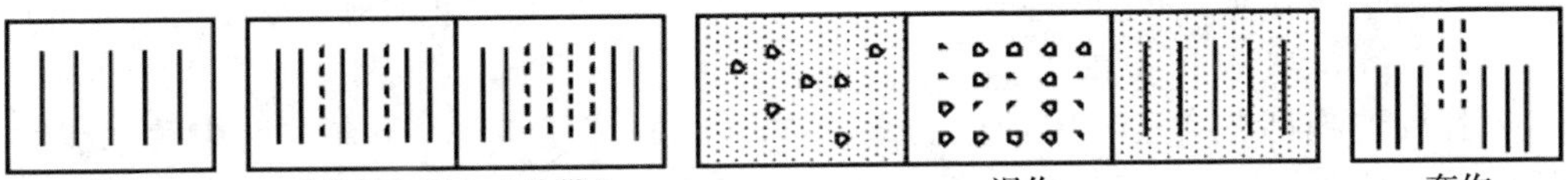

图 10-3　作物种植方式示意图

（二）间套作效益原理

间混套作是复合群体，它比单作具有更复杂的特点。群体内除了种内关系，又增加了种间关系；群体结构除水平结构外，又增加了垂直结构。群体内的生态条件也因此发生了变化。所以，研究和实行这种种植方式，需要运用群落的观点、理论和方法作指导，才能收到良好的效果。

1. 空间上的互补与竞争

在间混套作的复合群体中，不同类型作物的高矮、株型、叶形、需光特性、生育期等各不相同，把它们合理地搭配在一起，在空间上分布比较合理，就有可能充分利用空间。如果不合理地搭配或密度过大，就可能使竞争激化。

（1）增加了采光数量　间混套作的上位作物多为高秆、窄叶或上冲叶的玉米、高粱、谷子等，而下位作物常为矮秆、阔叶或水平叶的豆类、马铃薯、花生等。这种群体结构趋向于伞状结构，有利于全田分层受光，变平面采光为立体采光。当太阳高度角小的时候，辐射的最大吸收由上层垂直叶所确保，而在太阳高度角增大时，下层的水平叶对太阳辐射的吸收起了重要的作用。

（2）提高了光合效率　与单作相比，垂直叶的高秆作物与水平叶的矮秆作物间混套作，除了上部射来的光外，还有侧面光，增加了上位作物的受光面积。在早晚时，由于太阳高度角小，间混套作的受光面积较单作少，但随太阳高度角逐渐增大到 45°以后，其受光面积逐渐增大，至中午可达最大值。

间混套作组成的复合群体有可能在采光上起到异质互补的作用，这就是喜光作物与耐阴作物的合理搭配。在生产上，多采用喜光喜温的作物如玉米、高粱、小麦、大麦等作为上位作物，而以相对较耐弱光的豆科、马铃薯和某些蔬菜作为下位作物，或者 C_4 作物与 C_3 作物搭配，以达到异质互补和充分利用光照。

(3)改善通风与 CO_2 的供应状况　单作时，由于组成群体的个体在株高、叶形以及叶片空间伸展位置基本一致，通风透光条件较差，往往限制了光合作用的进行。而采用高矮作物间套作，下位作物的生长带成了上位作物通风透光的走廊，有利于空气的流通与扩散。中国农业大学 1974 年测定，在 1～2 级风速下，套作玉米宽行比单作玉米风速增大 1～2 倍。风速与作物群体内 CO_2 的流通量成正比。因此间混套作通风条件的改善，促进了复合群体内 CO_2 的补充更新。

2. 时间上的互补与竞争

各种作物都有自己一定的生长期。在单作的情况下，只有前作收获后才能种植后一种作物。间作时，通过充分利用空间达到充分利用时间，而套作充分利用生长季节效果更显著。如冬小麦 10 月播种，6 月收获；棉花 4 月播种，11 月拔秆，棉田有 5 个月的冬闲。如果种上冬小麦(预留棉行)，4 月套种棉花，共生 2 个月，前后增加了 7 个月的时间。一般夏播作物在 6 月播种，如提早到 5 月中、下旬，套种于小麦行内，也可以多利用 15～30 d 的时间，并且它们吸收水肥最多的时候前后错开。时间的充分利用，避免了土地和生长季节的浪费，意味着挖掘了自然资源和社会资源，有利于作物产量和品质的提高。

3. 地下因素的互补与竞争

栽培植物的根系有深有浅，有疏有密，分布的范围，尤其密集分布的范围也有不同。在农作物中，以棉花、高粱、玉米的根系较深，水稻、谷子、甘薯、花生根系较浅。由于不同作物根系分布的深度和宽度的不同，它们在地下的分布可以互补。不同的作物从土壤中吸收养料的种类和数量各不相同，它们生活在一起，有互补的一面，又有竞争的一面。如玉米和小麦都是需水需肥的作物，并且更需要较多的氮素养料；烟草和甜菜施用氮肥偏多，反而影响其工艺品质；豆类，尤其是绿肥作物却能增加土壤中的氮素养料；甘薯和芝麻对于钾素有着特殊的需要；油菜则具有吸收难溶解的磷素养料的能力。实行间混套作时，必须考虑到各作物需肥的特点，以便合理地利用土壤中的养料；玉米大豆间作、玉米甘薯间作和麦豌混作等都能在养分的吸收上发挥互补的作用；而一些需水需肥多的作物种在一起，如玉米与高粱间作，就会激烈地争夺养料和水分，收不到增产的效果，甚至减产。

4. 生物间的互补与竞争

(1)补偿效应　合理的间混套作可以减轻作物的病虫害，提高整个群体抵御旱涝风等自然灾害的能力，这种作用可称为补偿效应或抗灾作用。不同作物有不同的病虫害，对恶劣的气候条件有不同的反应。一般单作抗自然灾害的能力较低，当发生严重的自然灾害时，往往会给生产带来严重损失，甚至颗粒无收。但是间混套作为复合群体，通风透光状况/温度/湿度等群体生态条件发生改变，影响病原菌/害虫及其天敌的生活/繁殖与传播，从而减轻损失。如德国在气候不稳定地区，燕麦和大麦混作很普遍，在旱年大麦生长良好，在涝年燕麦生长良好，两者混播，无论是旱年或是涝年产量都很稳定。间混套作还可以减轻部分作物的病虫害。如高矮秆作物相间种植，高秆作物的宽行距加大，荫蔽轻，可减轻玉米叶斑病、小麦白粉病和锈病；小麦与棉花套种可减轻棉蚜的危害。

(2)边际效应　边际效应是指在间套作中相邻作物的边行产量不同于内行的现象。高位作物的边行由于所处高位的优势，通风透光好，根系吸收养分水分的能力强，生育状况和产量优于内行，成为边行优势；与此相反，矮位作物的边行往往表现为边行劣势。合理的间套作，能有效地发挥边行优势，减少边行劣势，使主作物明显增产，副作物少减产或不减产。

边际效应的大小和范围与不同作物甚至同一作物的不同品种有关，还与地力水平、种植密度有关。总之，间混套作中边际优势和边际劣势同时存在，但绝不相等，边际优势是以边际劣势为代价取得的。在间混套作的生产实践中要采取相应措施，尽量发挥边际优势，减轻边际劣势，以提高作物总产量。

(3)化感作用　化感作用指植物在生长发育期间，其地上部和地下部通过向环境中分泌代谢产物而影响其周围其他生物(包括微生物、植物、动物)生长发育现象，这种影响有的是有利的，称为正化感作用，有的是不利的，称为负化感作用。

间混套作对化感作用的利用有两方面：①利用一种作物对另一作物生长发育的直接促进或抑制作用，例如鹰嘴豆的根、茎、叶分泌的草酸、苹果酸等酸性物质对蓖麻等作物有抑制作用；胡桃叶子分泌的胡桃醌，在一定浓度下能引起细胞质壁分离，对有些植物种子发芽出苗不利；而洋葱对食用甜菜和莴苣，马铃薯对玉米和菜豆等有促进作用。②利用某种作物产生的分泌物抑制病原菌、害虫或促进这些有害生物的天敌繁殖，从而减轻其病虫害，是一种间接作用。如大蒜分泌的大蒜素可抑制许多病原菌、害虫，洋葱的分泌物能在数分钟内杀死豌豆黑斑病病菌；玉米与南瓜间作，南瓜花蜜能引诱玉米螟的寄生天敌黑卵蜂，从而减轻螟虫危害。豆科与禾本科作物间作增产增效机制见图 10-4。

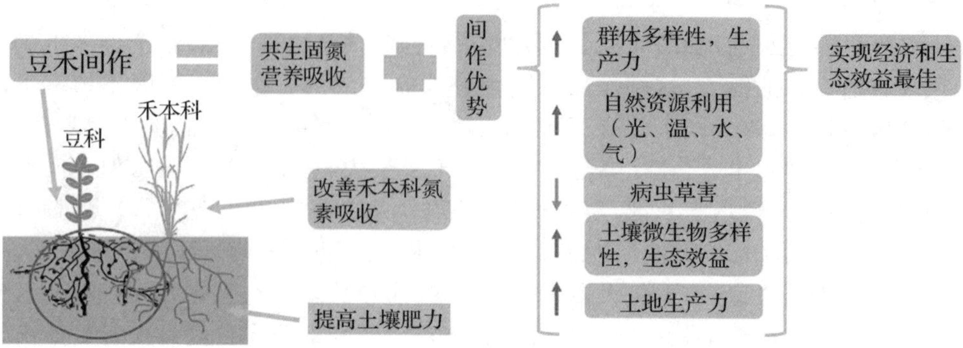

图 10-4 豆科与禾本科作物间作增产增效机制

(三)间套作技术

1. 选择适宜的作物种类和品种

(1)不同形态的作物搭配 所选择作物的形态特征和生育特性要相互适宜，以利于互补地利用环境。例如，作物高度要高低搭配，株型要紧凑与松散对应，叶子要大小尖圆互补，根系要深浅疏密结合，生育期要长短前后交错。农民群众形象地总结为“一高一矮，一胖一瘦，一圆一尖，一深一浅，一长一短，一早一晚”。

(2)生态适应性的选择 间套作作物的形态特征和生育特性对应互补，即选择生态位不同的作物，才能充分利用空间和时间，利用光、热、水、肥、气等生态因素，增加产量和效益。在品种选择上要注意互相适应，以进一步加强组配作物的生态位的有利差异。间混作时，将喜光类作物设计为上位作物，耐阴作物设计为下位作物。套作时两种作物既有共生期，又有单独生长的阶段，因此在品种选择上一方面要考虑尽量减少与上茬的矛盾；另一方面还要尽可能发挥套种的增产作用，不影响其正常播种。

(3)水肥适应性上坚持适度差异原则 作物对水分最大需求时期的错位有利于发挥互补作用，而喜水和抗旱作物的组合对水分资源具有更广泛的适应性。在养分适应性方面，种植不同养分需求和吸收时期的作物是形成互补的基本要求。例如，禾本科作物通常耗氮富碳，而豆科作物则富含氮，它们之间可以形成有效的养分互补关系。此外，多年生牧草对土壤中难溶性磷有较强的吸收能力，这有助于改善土壤的养分利用效率。

(4)不同生育期作物的搭配 在生育季节许可内，两种作物时间差异越大，竞争越小。如间作、混作中，长生育期与短生育期作物搭配。套作中，套种时期是套种成败的关键之一。套种过早，共生期长，下茬作物苗期生长差，或植株生长过高，在上茬作物收获时下茬作物易受损害；但又不能过晚，过晚套种就失去意义。套种时期的确定有多方面的情况，如配置方式、上茬长势、作物品种等。一般地说，宽行可早，窄行宜晚；上茬作物长势好应晚套，长势差应早套；套种较晚熟的品种可早，反之宜晚；耐阴作物可早套，易徒长倒伏的宜晚。

(5)作物根系上坚持深浅搭配原则　为了全面利用水分和养分，同时避免大范围的根系竞争，应选择根系深度不同的作物组合。一般来说，直根系的作物根系往往扎得较深，如部分粮食作物，而须根系作物和许多蔬菜则具有明显的横向发展特征。此外，生长周期较短的作物通常根系分布较浅，而生长周期较长的作物则根系更为深入。除了依赖作物自身的生物特性，还可以通过合理的栽培和管理措施来调节各种作物的根系深度，从而减少它们之间的水分和养分竞争。

(6)选择代谢产物互利的作物搭配　如洋葱与食用甜菜，油菜与大蒜，甜菜与小麦，荞麦与小麦，马铃薯与玉米、菜豆等进行搭配，有利于互利共生。

(7)要求经济效益高于单作　间混套作选择的作物是否合适，在增产的情况下，还要看其经济效益比单作是高还是低。一般来说，经济效益高的组合才能在生产中大面积应用和推广。如我国当前种植面积较大的玉米间作大豆、麦棉套作和粮菜间作等。如果某种作物组合的经济效益较低，甚至还不如单作高，其面积就会逐步减少，而被单作所代替。

2. 确定合理的田间结构

间混套作的种植密度要高于相同种植面积的单作，以利于发挥密植效应。为此，可采用宽窄行等种植形式。同时，要安排好各种作物的密度、行数、行比及作物之间的距离，使复合群体既有较好的通风透光条件，又能发挥边行优势。并且要灵活掌握各种作物的播种期，尽量减少共生期，防止作物间激烈的竞争。

间作作物的行数，要根据计划作物产量和边际效应来确定，一般高位作物不可多于、矮位作物不可少于边际效应所影响行数的 2 倍。套作时，上、下茬作物的行数取决于作物主次。如小麦套种棉花，以棉花为主时，应按棉花丰产要求，确定平均行距，插入小麦；以小麦为主兼顾棉花时，小麦应按丰产需要正常播种，麦收前晚套棉花。

幅宽指的是在间套带状种植中，每种作物两个边行相距的宽度。幅宽直接影响到各作物的种植面积和产量。如果幅宽过窄，虽然有利于高位作物，但会对不耐阴的低位作物造成不利影响；如果幅宽过大，则高位作物的增产效果不明显。因此，在不影响播种任务和机械化作业的前提下，幅宽应根据各作物的边际效应合理确定。

间距是指相邻两作物边行之间的距离，通常处于作物间竞争最激烈的地带。

合理的间距既要减少低位作物的边行劣势，又要最经济地利用土地。间距过大会减少作物行数，而间距过小则会加剧作物之间的竞争。一般可以根据相邻两作物行距之和的一半来调整间距。

带宽是指间套种植中各种作物顺序种植一遍所占地面的宽度，包括各个作物的幅宽和间距。带宽是间套种植的基本单元，其决定因素包括各种作物的行数、行距、幅宽和间距。不同作物的幅宽和间距需在带宽范围内进行调整，相互之间会有一定的制约关系。

对于喜光的高秆作物比例较大且矮秆作物不耐阴的情况，需要增大幅宽；而如果喜光高秆作物比例较小且矮秆作物耐阴，可以考虑缩小带宽。此外，为了便于机械化作业，各作物的幅宽还必须确保作业机械能够顺利进入。

3. 加强田间管理

间混套作是集约栽培的技术措施。复合群体大，需要肥水多，因此要适当增加投入。作物种类多，田间管理复杂，因此要做到适时播种，及时收获，加强管理和防治好病虫害。

2022 年农业农村部开始大力推广的玉米大豆带状复合种植技术见二维码 10-2。

二维码 10-2
玉米大豆带状复合种植技术

四、轮作与连作

（一）轮作与连作的概念

1. 轮作

轮作指在同一田地上不同时间内，根据作物特性有计划、有顺序地轮换种植不同作物的种植方式，也称为换茬或倒茬。轮作在世界范围内具有悠久的历史，是世界上最古老和最基础的农作技术之一。我国历史文献和古农书中均有关于轮作的详细记载。长期以来不同轮作方式广泛地应用于我国各地，从广为流传的农谚中也可以反映出人们对轮作换茬的认识和利用，如北方的“倒茬如上粪”“三年两头倒，地肥人吃饱”，南方流传的“年花、年稻、眉开眼笑”“一年蚕豆一年麦，种到头发胡须白”等。

2. 连作

连作与轮作相反，是指在同一田地上连年种植相同作物。生产中常把轮作中的前作物（前茬）和后作物（后茬）的轮换，通称为“换茬”或“倒茬”，把连作称为“重茬”。连作是现代农业生产中广泛应用的一种种植制度。社会需求量大的粮、棉、糖等作物，不实行连作便难以满足全社会对这些农产品的需求；另外在特定的资源条件下最适宜栽培某种作物，也不可避免地出现该作物的连作。

(二)轮作的作用

1. 减轻作物的病虫草害

轮作通过改变农田作物组成和农田生态环境可以起到切断病原菌的寄主和害虫的食物链、破坏有害生物所需生境的作用，有利于作物病虫草害的综合防治。作物每种病害的病原菌都有一定的寄主，害虫也有一定的专食性和寡食性，有些杂草也有相应的伴生者和寄生者。因此，如果连年种植相同的作物，这些病虫草害就可能大量发生。而实行抗病作物或非寄主作物与感病作物轮作，使病原菌得不到寄主，就会消灭或减少病菌在土壤中的数量，从而减小危害。特别是水旱轮作，生态条件改变剧烈，更能显著地减轻病害的发生。有些专食性和寡食性的害虫，如大豆食心虫等，实行轮作切断其食物源后，就可显著减轻发生程度。一些伴生和寄生的杂草，如水稻的稗草、谷子的谷莠子、小麦的燕麦草、大豆的菟丝子、向日葵的列当等，不仅生长习性与作物相近，有的形态上也与作物相似，所以难以根除。利用不同类型的作物轮换种植，改变农田的生态环境，有利于减少杂草的危害。乔月静(2014)研究表明，与甘薯连作相比，轮作能够显著降低甘薯茎线虫数量，显著提高甘薯根际土壤线虫、真菌和细菌多样性。

2. 均衡利用土壤养分

不同作物要求养分的种类和数量不同，吸收利用养分的能力也不同。如禾谷类作物需氮多，豆科作物能固氮而需磷多，薯类作物需钾多，玉米、小麦需肥量较大，而谷子需肥量相对较少等。如果连年种植同一种作物，就会使土壤中某些营养元素被大量消耗，而另一些则得不到有效利用，从而造成土壤肥力的偏耗。

作物吸收营养元素的能力与其根系的形态(包括根量和根的分布等)和活性有关。如冬小麦、玉米、高粱、棉花、向日葵、苜蓿等根系入土较深，而春小麦、马铃薯、水稻、豌豆等根系入土较浅。高粱等作物根系吸肥能力极强，油菜、荞麦等作物根系还能分泌有机酸类，起到分解和利用土壤中难溶性磷的作用。如果将这些作物轮换种植，就有利于均衡利用土壤中的养分。华北平原不同豆科与冬小麦轮作研究表明，豆科作物的根际沉积氮平均约为 80 kg/hm^2，向后茬小麦转移量约为 20 kg/hm^2，占小麦氮素总需求的 20%(图 10-5)。说明豆科作物地下部根际沉积氮占其植株地下氮的大部分。豆类作物茬口对培肥地力尤其是增加土壤氮素养分具有积极作用。

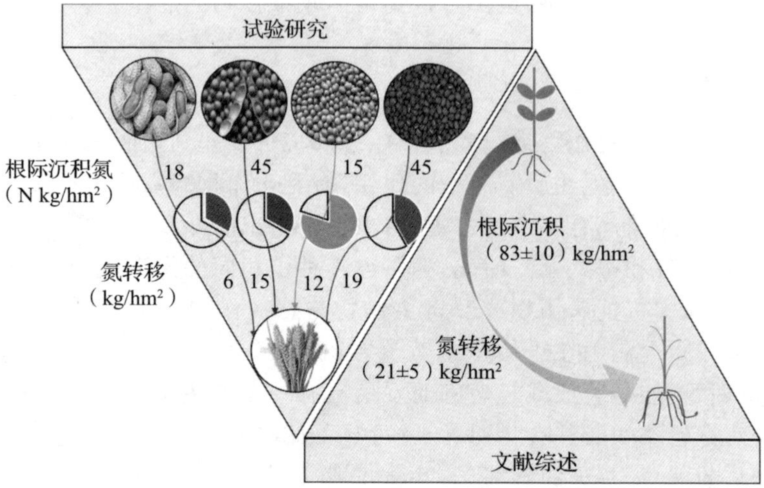

图 10-5 豆科作物根际沉积氮及其转移

（资料来源：Wang et al.，2020）

3.改善土壤理化性状

作物的残茬、落叶和根系是补充土壤有机质的重要来源，不同作物补充有机质的数量和种类不同，质量也有区别。这些有机物不仅分解的难易程度不同，对土壤有机质和养分的补充也有不同作用。如禾谷类作物有机碳含量多，而豆科作物、油菜、棉花等落叶多，有机氮含量较禾谷类作物多，因此轮作能调剂土壤有机物供应的种类和数量。另外，大豆、西瓜等作物根系分泌物对本身的生长发育有毒害作用，进行轮作可避开有毒物质的毒害。

根系的形态不同，对不同层次土壤的穿插挤压作用就不同，因而对改善土壤物理性状的作用也有区别。密植性作物，根系细密、数量多、分布均匀，能起到改良结构、疏松耕层土壤的作用；而深根性作物和多年生豆科作物的根系，对深层土壤具有明显的疏松作用。不同的作物轮作，通常能起到上下兼顾的效果。特别是水旱轮作，对土壤理化性状影响极大。在长年淹水条件下，土壤会出现结构恶化、容重增加、氧化还原电位下降、有毒物质增多等现象，水旱轮作能明显改善土壤的理化性状。

4.经济有效地提高作物产量

根据作物的生理生态特性，在轮作中前后作物协调搭配、茬口衔接紧密，既有利于充分利用土地、降水和光、热等自然资源，又有利于合理使用机具、肥料、农药、灌溉用水以及资金等社会资源，还能错开农忙季节，均衡使用劳畜力，做到不误农时和精细耕作。合理轮作是经济有效提高产量的一项重要农业技术措施。根据数据整合分析表明，轮作在常规耕作下使后茬作物显著增产，增幅达(21.8±6.2)%。

(三)合理轮作制的建立

作物的全面持续增产，不仅需要一个合理的作物布局，还必须建立一套作物轮作制度。要全面实施轮作，关系到一个地区或生产单位的相当长期的作物布局，因此首先需要进行整体的设计，在此基础上制订具体的实施计划。

1. 轮作周期的长短

轮作周期指在一个轮作田区，每轮换一次完整的顺序所用的时间。一个地区轮作周期的长短没有固定模式，一般取决于三个方面：①组成轮作作物的种类多少和主要作物面积的大小。分带轮作中作物种类较多，或主要作物种植比重较大，年限可长一点，否则应短。②轮作中各类作物耐连作的程度和需要间歇的年限。原则上不耐连作的作物参加轮作，轮作年限较长，间歇的年限就多；比较耐连作的作物参加轮作，年限伸缩性较大，可长可短。③养地作物后效期的长短。轮作中养地作物后效期长的年限要长一些，否则应短一些。图10-6介绍了北方半干旱区典型轮作模式。

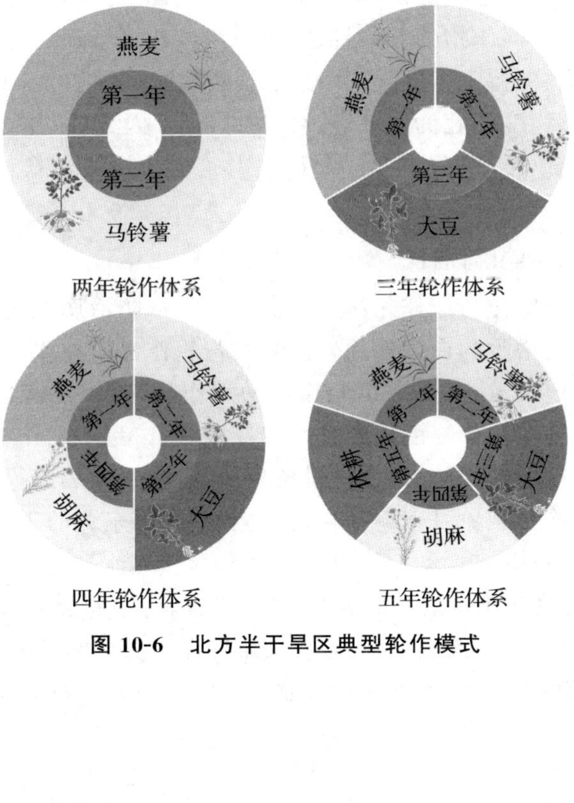

图10-6　北方半干旱区典型轮作模式

2.轮作中的作物组成

轮作是否合理，首先取决于轮作中的作物组成。合理的作物组成应符合以下要求：①轮作中所有作物必须适应当地的自然条件和轮作的地形土壤等，并能充分利用当地的自然资源。②轮作中作物应有主有次，必须保证主作物占有较大面积。③根据作物茬口特性，保证一个轮作周期内用地、养地、半养地作物各占一定比例。④轮作周期内，复种指数高低应适合当时当地的机械、肥料、劳力、水利等生产条件。⑤轮作中各作物的种植面积，应成倍数或相等，以便每年每一作物都有近似面积。

3.茬口特性和轮作顺序

作物具有各自独特的生物学特性和生态功能，同时栽培管理措施（如养分管理、灌溉、土壤耕作等）也各有不同。因此，种植不同的作物后，会对土壤的理化性质、土壤动物和微生物群落以及农田中杂草的状况产生不同的影响，这些影响或多或少地会对下一茬作物的生产造成影响。这种在作物的连作或轮作中，由前茬作物及其种植地留下的特定影响和特性，被称为茬口特性。茬口特性不仅指作物在连作或轮作后对土壤的影响，还包括种植和收获后的土壤状态。由于每种作物自身的生物学特性及其对土壤的影响，选择合适的作物顺序形成适宜的轮作方式是至关重要的。根据不同作物的茬口特性，农户可以选择合理的轮作顺序，以最大限度地利用土壤资源、保持土壤健康，并最大化提高农作物的产量和质量。轮作顺序的原则是“前茬为后茬，茬茬为全年，今年为明年”。因此，轮作中一定要根据作物茬口特性，用养结合，合理安排轮作顺序。图 10-7 介绍了轮作体系中作物茬口特性与产量的关系。

（四）连作障碍与消除途径

在一般情况下，轮作与连作相比，具有改善地力，防治病虫草害，扩大多种经营及稳产、高产、增产、增收的良好作用，因此，实行轮作优于连作。但是，在经营管理上，轮作也带来一定缺点，一是采用轮作要增加作物种类，经营规模较小的生产单位，要同时熟练掌握多种作物的生产技术比较困难；二是不同作物的轮作，栽培，收获和贮藏加工，都需要不同的农机具，设备和建筑，必然增加总投资。因此，在国内外的作物生产中，连作现象是普遍存在的。例如，我国东北的玉米、大豆，华北的小麦、棉花，南方的水稻等。

生产中连作普遍存在的原因是多方面的，主要有：①社会需求，有些社会需求量大的主要作物，如粮、棉、糖等，不实行连作就难以保证充分的供给；②自然资源，某些地区的气候、土壤状况最适于种植某种作物；③经济效益，一些大型国有农场或对机

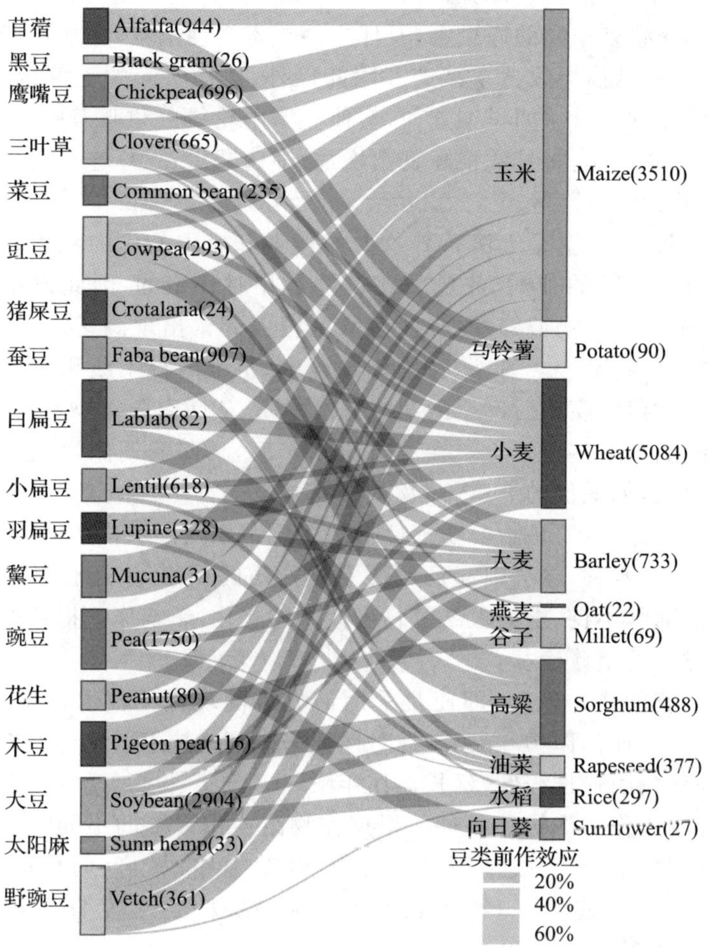

图 10-7　轮作体系作物茬口特性与产量的关系

（资料来源：Zhao et al.，2022）

械化依赖程度高的地区，种植作物种类少，可相应减少机械设备，节约投资，降低成本。

1. 连作障碍分析

连作障碍是指连续在同一土壤上栽培同种作物或近缘作物引起的作物生长发育异常，从而导致作物产量锐减，而且品质恶化。连作作物不同，其导致减产的原因也有所不同。概括起来，引起连作障碍的原因有生物的、化学的和物理的三个方面。

(1)生物因素　有病虫害的加剧、土壤微生物种群及土壤酶活性的变化等。一些以土壤为媒介感染作物的病虫害，及伴生性或寄生性杂草，在连作情况下其危害程度会陡然加剧，从而导致严重减产。除此以外，连作引起的土壤微生物、酶活性变化也会影响作物产量。如旱稻连作，会使土壤中轮线虫和镰刀菌的密度增加；玉米、向日葵等作物连作，将导致根际真菌增加，细菌减少；大豆连作会使土壤中磷酸酶、脲酶的生物活性下降等。

(2)化学因素　主要是土壤营养物质的偏耗和有毒物质的积累。由于每种作物吸收的矿物质营养的种类、数量和比例都是相对稳定的，因此连年种植相同作物，势必会造成该种作物偏好的、吸收量大的营养元素出现匮乏，从而影响土壤养分的平衡，导致作物减产。另外，在连作过程中，土壤内会不断积累一些有毒的根系分泌物和作物残体腐解后产生的某些有毒物质，从而引起作物本身“中毒”，导致生长停滞、矮化、根腐甚至死亡。在南方水稻产区，稻田长期淹水还会积累一些有毒的还原性物质，如低价的 Fe、Mn 及 H_2S 等。

(3)物理因素　主要是土壤物理性状的恶化。如南方水稻产区，土壤淹水时间长，加上连年水耕水种，除会引起还原性有毒物质的积累外，还会导致土壤孔隙减少、容重增加、通气不良、土壤板结等物理性状的恶化，影响作物根系的正常生长。

2. 连作障碍的消除途径

由连作引起的连作障碍，即使是采用最先进的现代化技术也难以完全克服。但是，合理地选择连作作物和品种，针对性地采取一些技术措施能有效地减轻连作的危害，提高作物耐连作程度，延长连作年限。

(1)选择耐连作的作物和品种　根据作物耐连作程度的不同，可把作物分为：①忌连作的作物，如豌豆、蚕豆、花生、烟草、甜菜、亚麻、黄麻、向日葵、番茄、西瓜、马铃薯等，这些作物连作，作物生长严重受阻，植株矮小，发育异常，减产严重。主要原因是一些特殊病害和根系分泌物对作物有害。因此，这些作物应间隔 3～4 年或更长的时间才能再次种植。②耐短期连作的作物，如豆科绿肥、甘薯等，这些作物短期连作，土壤感染的病虫危害较轻或不明显，因此可连作 1～2 年。③耐长期连作的作物，如水稻、麦类、玉米、甘蔗等，这些作物可连作 3～4 年乃至更长时间。

对于同一作物而言，抗病虫品种一般比感病虫品种受连作的影响小，因此除了选择耐连作的作物外，采用一些抗病虫的高产品种，也能在一定程度上缓和连作的危害。

(2)采用先进的科学技术　随着连作障碍原因的不断探明和一些实践经验的总结，一些抗连作障碍的技术也在发展和成熟。如采用烧田熏土、激光处理和高频电磁波辐射等方法进行土壤处理，杀死土壤病原菌、虫卵及杂草种子；用新型高效低毒的农药、除草剂进行土壤处理或茎叶处理，可有效地减轻病虫草的危害；施用化肥和农家肥，及时补充营养成分，可使土壤保持养分的动态平衡；通过合理的水分管理，冲洗土壤毒质等。

第三节　我国农作制度分区与区域农业发展

一、农作制度区划的意义及原则

（一）区域划分的意义

我国幅员辽阔，地形复杂，东西、南北的自然条件迥然不同，加上各地社会经济条件、生产技术水平、人们的习惯要求等都极为复杂多样，因此各地的农业生产也表现出显著不同的特点。随着市场经济与现代农业不断深入发展，对传统农作制度进行改革和创新，建立资源、生产、技术、市场为一体的新型农作制度，是建设现代农业的有效途径。调整农业生产结构，转变农业增长方式，大力发展高产、优质、高效、生态、安全农业，是建设社会主义新农村、推进现代农业建设、千方百计增加农民收入的重要内容。农作制区域的划分，将有利于为有关部门了解和掌握各地农业资源的特异性、农业生产的基本特点、发展方向和改造途径等提供科学的依据和参考建议；有利于在规划、指导和决策过程中减少盲目性，增加科学性，更好地贯彻因地制宜、趋利避害、分类运作的原则。

（二）区域划分的原则

（1）与农作制度相关的自然条件的相对一致性　主要指标有：地势、地貌、水状况与水资源、热量状况、土地、自然植被、自然灾害、生态健康度等。

（2）与农作制相关的社会经济生产条件的相对一致性　在自然资源的基础上，充分反映出社会经济的面貌。主要指标有：地理位置（海陆、城乡、市场、交通）、人口、人地比、灌溉条件与面积、农机具、肥料、农业产值、市场、农民经济收入等。

（3）农作制内容的相对一致性　主要指标有：农作制水平（原始农业、传统农业、现代农业）、集约度或粗放度（土地利用率与生产率、劳动生产率、资金生产率、规模）、商品率与自给率、投入度（劳力、土地、资金、技术）、生态保护度、农林牧的比例与关系等。

(4)农作制的各亚系统内容的相对一致性　涉及种植制度的主要指标有:作物布局、熟制、种植方式等;涉及动物饲养制度的主要指标有:放牧或舍饲、游牧或定牧、养殖或捕捞、食草动物与食粮动物、动物类群等;涉及林业制度的主要指标有:针叶林与阔叶林、落叶林与常绿林、森林覆盖率、生长率、林型等;涉及生态保护制度的主要指标有:洪涝、干旱、水土流失、土地退化、沙漠化、次生盐碱化等。

二、我国农作制度分区与区域发展

中国现有的农业区划种类繁多。中国农业大学陈阜(2021)以县为基本单位,通过分析研究,将我国农作制划分为 11 个一级区和 41 个二级区。

(一)东北平原丘陵半湿润喜温作物一熟区

本区包括内蒙古东北角、黑龙江、吉林、辽宁大部,土地总面积 10372 万 hm^2,占全国总土地面积的 9.5%。本区土地广阔、平坦肥沃,中部拥有 30 万 km^2 的松辽平原。气候为温带季风气候,大部属半湿润中温带,年平均气温 −4～11℃,无霜期 85～235 d。冬季寒冷漫长,作物难以越冬;夏季温热,大多数地区适于喜温作物生长。本区土壤资源丰富,耕地面积 2946 万 hm^2。东北黑土地肥力高、性状好,有机质含量为 2%～5%;土地平坦,适于大规模机械化作业。作为我国重要的粮食基地,本区农业以种植业为主,以玉米带著称,为一年一熟旱作制,近些年湿地水稻也得到较快发展。本区又可分为大、小兴安岭农林区,三江平原农业区,松嫩平原农业区,长白山地农林区和辽东滨海农林渔区 5 个亚区。

(二)长城沿线内蒙古高原半干旱温凉作物一熟区

本区地处我国北方东北平原半湿润区以西、西北干旱区以东的半干旱过渡地带,包括内蒙古高原、东北平原和黄土高原,长城横贯其中,土地总面积 12050 万 hm^2。本区长城以北地势为中高原,由于海拔较高、纬度偏北,故气候冷凉;长城以南为低高原,气候温和。本区 1 月平均温度略低,为 −25～−6℃,7 月平均温度 17～28℃,年降水量 35～664 mm,半干旱是本区自然条件的主要特点。本区耕地面积 1717 万 hm^2,以旱地为主(95.0%),种植制度为一年一熟,北部为喜凉作物带,粮食作物占 75%,主要种植春小麦与杂粮作物;南部为喜温作物带,粮食作物占 77%,主要种植玉米、谷糜和高粱等。本区又可分为内蒙古草原农牧区、辽吉西蒙东南冀北山地农牧区、晋北后山坝上高原农牧区、河套银川平原农牧区、鄂尔多斯高原农牧区和阿拉善高原农牧区 6 个亚区。

(三)甘新绿洲喜温作物一熟区

本区位于我国西北部,主体为新疆地区与河西走廊地区,包括祁连山、阿尔金山和昆仑山以北的广大范围，甘肃河西走廊灌区与新疆内陆灌区以及山地草原、荒漠草原和荒漠、戈壁、沙漠等，土地总面积 18042 万 hm^2。农区呈点片状分布于荒漠半荒漠中的绿洲，其外围为荒漠、戈壁或沙漠，除少数沿山的耕地外，均实行灌溉。本区地处内陆，属于温带大陆性气候，年平均气温－4～15℃，冬冷夏热，大部分属于旱暖温带，少部分属于中温带；光热资源好，年日照时数达 2500～3500 h；年降水量大多小于 300 mm。本区耕地 889 万 hm^2，旱地占 99.4%，灌溉农业发达，再加上丰富的光热资源，生产潜力较大。种植业是该区农业主体，粮食作物以小麦、玉米为主，20 世纪后棉花生产大发展，目前，本区已是我国最重要的棉花、粮食和瓜果生产基地。本区又可分为北疆准噶尔盆地农牧林区、南疆塔里木盆地农牧区、河西走廊农牧区 3 个亚区。

（四）青藏高原喜凉作物一熟区

本区位于我国西部，地处高原，气候寒冷，年平均温度－5～15℃；日照充足，年太阳辐射量 586～753 kJ/cm^3；降雨分布不均匀，年平均降水量 17～1719 mm。本区土地面积 22195 万 hm^2，占全国的 23%，但耕地仅 173 万 hm^2。农区分布于西藏东南部、青海中北部、四川西部和甘肃西南角；耕地主要分布于雅鲁藏布江河谷、东部横断山脉三河河谷以及青海湖周围与柴达木盆地。本区农业以牧为主，牧农并重，旱地占耕地 97.9%，农田生产为粗放的自给性传统耕作制，粮食作物主要为青稞，冬春小麦占第二位。本区又可分为青北甘南高原农牧区、藏北青南高原牧区和藏南高原谷地农牧区 3 个亚区。

（五）黄土高原易旱喜温作物一熟、二熟区

本区地处黄土高原，包括秦岭以北、长城以南、太行山以西、乌鞘岭以东在内的区域，土地总面积 4826 万 hm^2。本区为低高原，气候温和，属温带季风气候，年均温 0～15℃；年降水量较少（186～817 mm），从西向东上呈增长趋势，半干旱是本区自然条件的主要特点。本区耕地面积 1844 万 hm^2，分布于河谷山间盆地和黄土高原的塬、梁、峁地上及豫西丘陵山地地带，以旱地为主（99.3%），喜温的玉米、谷糜和高粱占粮食作物播种总面积的一半。本区同时存在生态脆弱，水蚀风蚀严重等问题，对区域可持续性生产造成挑战。本区又可分为黄土高原中部沟谷农林牧区、黄土高原南部旱塬农林牧区、黄土高原西部丘陵农林牧区、汾渭谷地农业区和豫西晋东丘陵山地农林区 5 个亚区。

（六）黄淮海平原丘陵灌溉农作二熟区

本区位于我国东部，东达黄海、渤海，西至太行山-伏牛山，北以长城为界，南至淮河。包括黄河、海河和淮河流域中下游的北京大部、天津全部、河北大部、河南东部、山东全部、江苏和安徽北部。本区土地面积4510万hm^2，约占全国土地面积的4.18%，是我国最大的农区。全区气候温和，属于半湿润暖温带，年平均气温6～16℃，年降水量463～1106 mm，热量适宜一年两熟。本区耕地面积3025万hm^2，地形以平原为主，主体部分为我国最大的黄淮海平原，在东部地区分布有鲁中丘陵山区。当前本区以灌溉农业为主，高投入、高产出是该区农业主要特征，农业生产能力位居全国第一。冬小麦-夏玉米一年两熟是最主要的种植模式，花生、棉花和蔬菜等生产也居于全国前列。本区又可分为燕山太行山山前平原农业区、冀鲁豫低洼平原农业区、山东丘陵农林渔区和黄淮平原农业区4个亚区。

(七)西南山地丘陵旱地水田二熟区

本区地处我国西南，是围绕四川盆地的中高原山地。北起秦岭南麓，南至西双版纳北界，西界青藏高原，东至巫山、武陵山。包括秦巴山地、渝鄂黔湘浅山区、川滇黔高原山地区、云贵高原与贵州高原。本区属低热的北亚热带范围，但温度变幅大，年平均温度8～22℃，年降水量622～1728 mm，属湿润气候。本区总土地面积7265万hm^2，95%的面积是丘陵、山地和高原，耕地面积1611万hm^2，主要分布于500～2000m处的平坝、川地以及丘陵山区坡地上。一般平坝及丘陵低处为水田、丘陵山区上部坡地为旱地，水旱交错，农业立体性强。本区农业特点为农林牧混合，但目前以种植业为主体，玉米和薯类占播种面积的一半以上，水稻占11.9%。本区为典型的一年两熟制，尤其是水田，山区旱地普遍间套作。本区又可分为盆周秦巴山农林区、渝鄂黔湘浅山农林区、贵州高原农林牧区、川滇黔高原山地农林牧区和云南高原农林牧区5个亚区。

(八)四川盆地水田旱地二熟区

本区包括四川盆地底部和周边低山丘陵，其北面抵秦岭，东面至巫山，南面达云贵高原，西面临横断山脉，土地总面积2066万hm^2。本区属亚热带季风气候，水热分条件好，年平均温度4～19℃，年降水量826～1653 mm。本区为纯农区，无牧区，鲜有纯林区。耕地面积1280.3万hm^2，17.2%分布在成都平原，82.8%分布在川中丘陵地带；水田、旱地占比相当，其中成都平原水旱并重，平原外围的川中丘陵低山则以旱地为主。本区耕作制的特点是集约度高、人多地少的精耕细作，粮食作物占总播种面积的70.7%，以水稻、小麦、玉米和薯类为主。本区又可分为盆西平原农林区和盆东丘陵山地农林区2个亚区。

(九)长江中下游平原丘陵水田旱地三熟、二熟区

本区包括长江中下游沿江的江汉平原、洞庭湖平原、鄱阳湖平原、皖中平原、太湖平原、长江三角洲、杭嘉湖平原、大别山区和宁镇丘陵等，包括河南、安徽和江苏

南部，浙江北部以及湖南、湖北和江西大部分地区，土地总面积 6067 万 hm^2。本区属北、中亚热带气候，温暖湿润，年平均温度 9～20℃，年降水量 798～2343 mm。作为我国第二大农业区，本区耕地占总土地面积的 42.6%，具有水田为主、多熟、高产和多样的耕作制特征，无论水田、旱地都广泛实行二熟三熟制，土地生产率甚高，种植指数为全国第一。尽管本区以水稻为主体，是世界上最大的双季稻带，但粮、棉、麻、油、茶、桑、果、畜、禽、渔、林等多种多样，综合发展。本区又可分为鄂豫皖低山平原农林区、江淮平原农业区、沿江平原农业区和两湖平原农林区 4 个亚区。

（十）江南丘陵山地水田旱地三熟区

该区位于我国东南部，以南岭山脉与浙闽丘陵山地为主体，也包括罗霄山脉、雪峰山等，全区约 90% 为丘陵和山区，间以众多河谷或小盆地，土地总面积 3940 万 hm^2。本区属中亚热带气候，水热资源丰富，年平均温度 13～22℃，年降水量 1115～2131 mm，光热水资源有利于多熟种植。本区耕地面积共 671 万 hm^2，水田占 65.2%，旱地则为 34.8%。本区属传统小农半集约水田耕作制，粮食作物占总播种面积 47.9%，80% 为双季稻；旱粮较少，主要为丘陵旱地的甘薯、玉米和豆类。本区气候地貌同时有利于发展亚热带、热带经济作物，如油菜、甘蔗等。本区又可分为浙闽沿海丘陵山地农林渔区和南岭丘陵山地农林区 2 个亚区。

（十一）华南丘陵平原水田旱地三熟区

本区位于我国最南部，包括闽南与南岭山地以南至沿海的粤桂大半部分、台湾、海南岛以及西双版纳等地区，土地总面积 4812 万 hm^2。地形复杂，山地、丘陵、台地、河谷和沿海平原、岛屿均有分布，山地丘陵占多数。本区气候大部分属于南亚热带气候，南端的雷州半岛、海南岛、西双版纳和台湾南部已进入热带边缘。气候上，本区终年暖热，长夏无冬，年平均温度为 16～27℃，年降水量 788～2699 mm；光照条件极好，南部具有我国少有的热量资源，一年内作物可三熟。本区耕地面积约 1095 万 hm^2，其中 45.3% 是水田，54.7% 是旱地。多数农田属于传统自给集约型耕作制，在有限的耕地上实行高产多熟。双季稻是主体，部分实行双季稻加冬作的三熟制。本区又可分为华南低平原农林渔区和华南西双版纳山地丘陵农林牧区 2 个亚区。

复习思考题

1. 试述农作制的发展演变历程。

2. 试述中国农作制的特征。
3. 试述作物布局的概念、地位、作用和原则。
4. 试述复种的概念和意义。
5. 复种的条件和技术有哪些?
6. 试述间(混)、套作的效益原理。
7. 间(混)套作的技术有哪些?
8. 试述轮作、连作的概念和轮作的意义。
9. 试述连作的危害和消除途径。
10. 试述我国农作制度区划的意义。
11. 简述我国农作制度分区。
12. 试述我国主要农作区发展战略与方向。

第十一章

农业新质生产力

本章内容简介

本章聚焦于农业新质生产力的理论与实践，旨在提供一个全面的视角来理解农业新质生产力的内涵、构成要素及其发展路径。第一节“农业新质生产力”从新质生产力概念出发，引出农业新质生产力的理论基础，深入探讨农业新质生产力的概念、特征及其在农业发展中的作用。第二节“种植业发展趋势”详细介绍智能化在种植业中的作用，促进种植业由传统种植向规模化种植转变。并且阐述种植业未来的发展方向，通过机械化、设施化、标准化、安全化方式，种植业将向绿色可持续发展的方向前进，并为乡村振兴奠定了基础。

学习目标

1. 理解农业新质生产力的理论基础和关键要素，掌握其发展现状。
2. 分析智能化信息化对于种植业的推动作用，掌握智慧种植业的组成与功能。
3. 掌握种植业未来的发展趋势。

第一节　农业新质生产力的概念及其发展现状

一、新质生产力

纵观人类社会发展史，生产力的每一次重大跃迁，都将加速人类社会的变革。党的二丨人以来，党中央作出了一系列重大决策部署，带领人民踏上全面建成社会主义现代化强国、实现第二个百年奋斗目标的新征程。新征程上，高质量发展作为全面建设社会主义现代化国家的核心任务，取得了显著成就：科技创新成果累累，城乡和区域发展更趋协调与平衡，改革开放进一步深化，绿色低碳转型效果显著。

2023年9月，习近平总书记在黑龙江考察时首次提出了“新质生产力”的概念，并创造性地阐述了发展新质生产力的重大论断。2024年1月31日，在中共中央政治局第十一次集体学习时深入阐明了新质生产力的丰富内涵、核心要义、实践路径和科学方法论。他指出“新质生产力是创新起主导作用，摆脱传统经济增长方式、生产力发展路径，具有高科技、高效能、高质量特征，符合新发展理念的先进生产力质态。它由技术革命性突破、生产要素创新性配置、产业深度转型升级而催生，以劳动者、劳动资料、劳动对象及其优化组合的跃升为基本内涵，以全要素生产率大幅提升为核心标志，特点是创新，关键在质优，本质是先进生产力”。

这一论断标志着新质生产力成为新时代我国经济发展的核心任务，体现了对经济发展实践的精准把握和前瞻布局，同时展示了生产力理论的动态拓展和持续创新。特别是在农业领域，新质生产力的提出为新时代农业生产力的发展提供了新的动力源泉。生产力是人类社会存在和发展的基础，新质生产力是推动历史前进的决定力量。在一系列新技术驱动下，新质生产力推动诸要素迭代发展和质的跃迁，大幅度提升资源配置效率和全要素生产率。发展新质生产力，赋予了劳动力、劳动资料、劳动对象新的内涵，也提出了新的更高要求。

近年来，我国农产品供给能力持续增强，农业要素生产率和农民收入快速增长，农业领域取得了令人瞩目的发展成效。然而，随着社会主要矛盾和经济发展阶段的重大转换，农业从以往的数量增长驱动模式逐步转向“创新、协调、绿色、开放、共享”的高质量发展阶段。党的二十大报告明确提出“加快建设农业强国”，2023年中央经济工作会议进一步强调，要“树立大农业观、大食物观，把农业建成现代化大产业”。这一战略目标意味着我国农业在规模、结构、效益、功能和竞争力等方面需要实现新的突破。这种转变不仅要求农业领域在传统生产力基础上进行深度升级，也呼唤新质生产力的形成，以应对“不平衡不充分发展”的社会主要矛盾，解决农业发展中的关键瓶颈问题。在此背景下，“农业新质生产力”成为推动农业高质量发展的核心概念。它强调不仅要提高生产效率，还要注重生态环境保护、智能化和社会效益的综合提升。

新质生产力逻辑关系见图11-1。

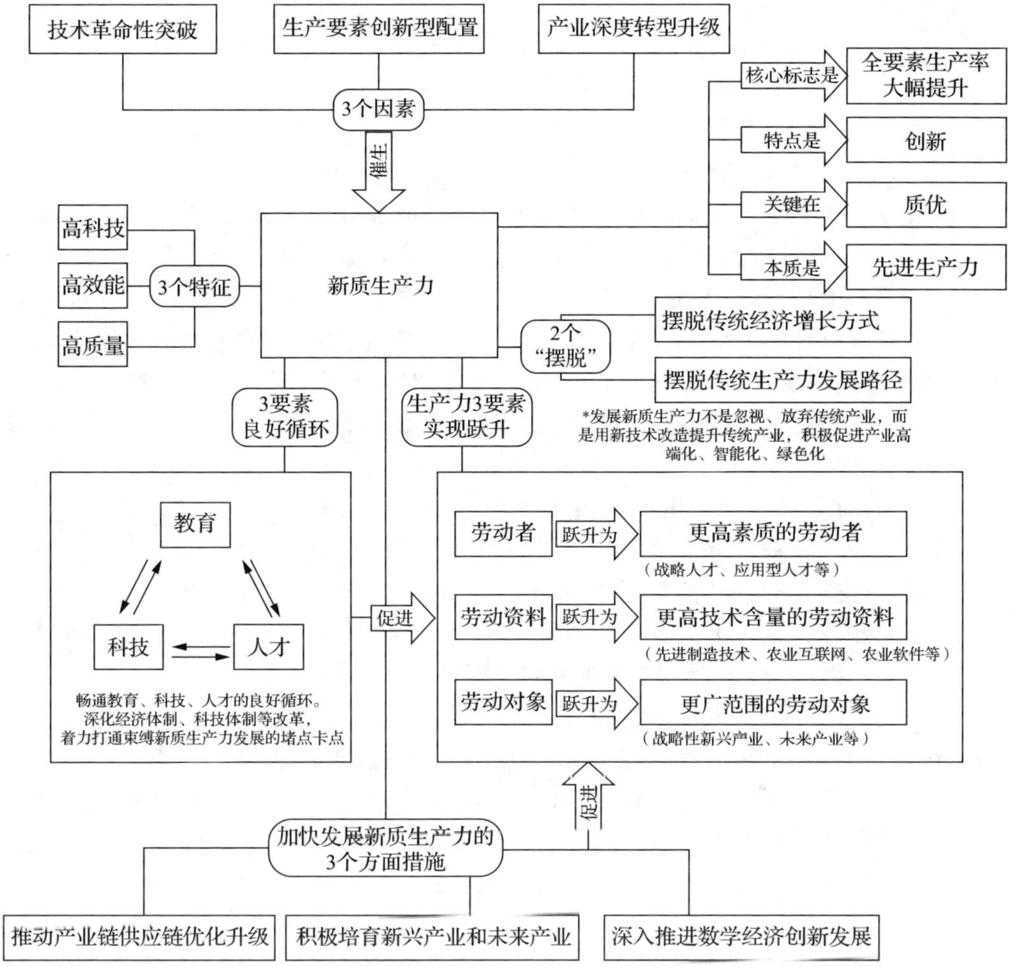

图 11-1　新质生产力逻辑关系图

二、农业新质生产力的概念

农业新质生产力指的是在现代农业中，通过科技创新、生态保护和信息化手段提升的生产能力。农业新质生产力以全面推进乡村振兴，建设农业强国，实现中华民族千年梦想为导向。以突破创新农业技术为基础和前提，摆脱传统的高投入、高损耗的农业生产方式，发展具备高科技、高效能、高质量特征的先进农业生产力质态。它由农业科技革命性突破、农业生产要素的创新性配置、农业产业的深度转型升级而催生。

新质生产力的核心在于提升劳动力、劳动对象和劳动资料的质量与效率。首先，新型劳动力作为其主体，需要具备较高的素质和技能。这些劳动者不仅需掌握现代技术和设备，还需具备创造性和创新性。因此，发展新质生产力要求引进顶尖科技人才和培养具备多维知识的应用型人才，这对推动新质生产力至关重要。其次，新型劳动对象的创新是新质生产力的关键组成部分。大数据、人工智能等新兴技术扩展了劳动对象的范围，从传统的实体材料到数据和知识，这不仅丰富了生产原料，也推动了生产技术的变革，如太空探索和基因量子等新领域的开辟。最后，新型劳动资料的更新换代是新质生产力的显著标志。从工业革命时期的蒸汽机到信息时代的计算机，再到当前的人工智能、虚拟现实和物联网，这些技术的涌现极大地推动了生产力的发展和产业的升级，为传统产业的改造和新兴产业的培育奠定了基础。

科技创新在农业新质生产力中扮演着核心角色，通过推动智能农业、再生农业等技术的发展，可以显著提升农业生产效率，实现高科技、高效能、高质量的农业生产力。这种转变不仅打破了资源限制，还优化了农业的动力系统，为农业的可持续发展注入了新活力。科技创新在农业中的应用详见二维码 11-1。

二维码 11-1 科技创新在农业中的应用

新技术的应用，带来了生产资源配置的根本变化。数字技术和自动化系统的应用改变了农产品流通的方式，提高了效率，减少了流通环节的纠纷。新技术的应用推动了农业生产方式和管理理念的革新，实现了农业生产效率和质量的飞跃。同时，农业新质生产力的发展还强调生态保护，推广绿色、循环、低碳的发展理念，减少农业生产对环境的污染和破坏，实现农业与环境的和谐共生。

在建设农业强国的过程中，农业新质生产力发挥着关键作用。根据 2023 年中央一号文件的要求，农业强国应具备供给保障强、科技装备强、经营体系强、产业韧性强、竞争能力强的特征。通过科技创新、产业升级和结构优化，可以提升农产品的技术含量和附加值，实现从低技术、低附加值产品向高技术、高附加值产品的转变。

农业新质生产力的形成与发展不仅是对传统生产力在技术层面的革新和升级，也是对农业生产要素配置的优化。它促进了农业产业的效率提升和增值，为农业的可持续发展提供了坚实的理论基础和实践路径。在这一过程中，新质生产力与传统生产力的融合、优化和高效利用，将推动农业向知识密集型和技术密集型转变，确保农业发展持续稳定，为农业强国建设提供强大的动力和支持。

三、农业新质生产力的组成要素

在现代农业中，智能化生产、信息化管理以及生态环境保护是提升生产效率和实现可持续发展的关键因素。通过引入智能技术、基因技术和自动化设备，农业生产正变得越来越高效、精准和可控。同时，重视生态环境保护和推进农业信息化，使得农业生产不仅能满足当前的需求，还能为未来的发展奠定坚实的基础。表 11-1 概述了农业新质生产力的组成要素。

二维码 11-2
农业科技创新的实践案例

农业科技创新的实践案例详见二维码 11-2。

表 11-1　农业新质生产力的组成要素

类别	内容
智能化生产	智能温室：根据环境变化自动调节温度和湿度，提供最适合作物生长的条件
	精准播种与施肥系统：通过数据分析确定最佳方案，提高生产精确度
	基因技术：通过基因编辑提升作物产量和抗性，培育抗病虫害品种
	农业机器人和无人机：自动化耕作、收割和除草，提高劳动效率和生产质量
信息化管理	数据采集与分析：实时掌握作物生长状态和土壤条件，做出准确的生产决策
	农业物联网：实现对农业生产全过程的实时监控和管理
	智能决策系统：利用大数据和人工智能技术，提供科学决策支持，提升管理效率和生产效益
生态环境保护	可持续农业：通过轮作、间作等方式维护土壤健康，防止土壤退化
	节水灌溉技术：滴灌和喷灌显著提高水资源利用效率，减少浪费
	减少化肥和农药使用：推广有机农业，减少化学污染，保护生态环境，实现生产与生态协调发展

四、农业新质生产力的发展现状

近年来，农业新质生产力在国内外取得了显著进展，特别是在智慧种植领域。欧美等国家早在 20 世纪末便开始探索智慧种植，逐步形成了完善的技术体系和管理模式，实现了播种、灌溉、植保、温室管理和收获的全程智能化。智能播种系统能够精准控制播种深度和间距，提高作物的均匀度和产量；智能灌溉系统通过传感器实时监测土壤湿度，自动调节水量，优化水资源使用；智能植保系统利用传感器和图像识别技术实时监测植物健康，及时识别并处理病虫害，减少对作物的影响。智能温室系统通过环境监控和自动调节，确保植物在最佳条件下生长，从而提升作物的产量和质量；智能收获系统提高了收获效率，减小了劳动强度。数据分析云平台系统通过整合和分析来自各个环节的数据，优化生产管理，提高了决策的精准度和生产效益。

我国虽然起步较晚，但近年来取得了显著进展。党的十八大以来，我国粮食产量稳步增长，2023 年，我国粮食总产量达到 6.95 亿 t，人均粮食占有量超过国际公认粮食安全线的 23.25%，国家粮食安全总体有保障。我国农业科技进步贡献率超过 63%，农业科技整体水平已迈入世界第一方阵。全国农作物耕种收综合机械化率已超过 73%，安装北斗终端农机已达 220 万台，作业效率和作业精度达到国际先进水平，植保无人机总量近 20 万架，年作业面积突破 21 亿亩次；物联网、大数据、北斗导航等现代信息技术在种植业生产中加快应用，精准播种、智慧灌溉、植保无人机等技术和装备大面积推广，呈现农机装备总量持续增长、农机装备结构不断优化、农机社会化服务体系逐步完善的良好趋势，大幅提高了生产效率并降低了人工成本，科技支撑农业发展的广度和深度不断加强。农业新质生产力相关智能设备详见二维码 11-3。

二维码 11-3
农业新质生产力相关智能设备

第二节 种植业发展趋势

以作物为主的种植业是我国农业的主体，在农业新质生产力的推动下，种植业正迎来快速发展。大数据、人工智能、感应技术以及网络设施的进步，促使我国种植业向智慧种植转型（智慧农业的发展现状见二维码 11-4）。

二维码 11-4
智慧农业的发展现状

一、智慧种植业组成

1. 基础设施建设

在智慧种植业基础设施建设中，核心要素包括道路设施、仓储设施、供水设施、网络设施和电力设施。道路设施作为内部交通网络，连接种植区、仓储区、加工区和办公区等重要区域，确保各部门之间物资、设备和人员的高效、安全运输。仓储设施则负责储存种植过程中所需的种子、肥料、农药、工具及其他物资，必须具备良好的安全性和防潮性，并采用自动化管理系统，如智能库存管理软件和自动货架。网络设施包括局域网、无线网络、数据中心及连接传感器和控制系统的网络设备，管理者能够实时监控作物生长状态、环境参数以及设备运行状况，实现远程管理和智能决策。这些基础设施的有效整合与管理是智慧种植业成功运作的关键（图 11-2）。

（a）气象采集系统　　（b）土壤采集系统

图 11-2　智慧种植业基础设施建设

2. 智能播种系统

智能播种系统可以自动检测土壤条件和作物需求，精准调整播种深度和密度。云平台系统通过数据分析确定最佳播种方案，并将播种任务分配给播种机械。播种机械在播种过程中能够自动调整播种速度、位置和量。多功能微耕机器人（图 11-3）集成了人工智能和自动控制技术，能够在复杂的农业环境中自主完成多种农田作业，如耕地、播种、除草等。智能播种系统不仅提高了播种效率，还优化了作物的生长环境。

图 11-3　多功能微耕机器人

3. 智能灌溉系统

智能灌溉系统（图 11-4）配备了高精度的土壤湿度传感器、气象站，以及作物需水量监测仪器，可以实时检测土壤的湿度、气温、光照强度、风速等关键环境参数。云平台通过大数据分析和智能算法模型，对这些参数进行综合处理，生成最优的灌溉方案。系统会根据作物的具体需求和土壤条件,自动设定灌溉的时间、频率和水量,确保水资源的精准分配。此外,智能灌溉系统还集成了水源管理功能,能够自动监测水源的可用性和水质情况,不仅提高了灌溉效率,还优化了水资源的利用,确保作物的健康生长和高产。

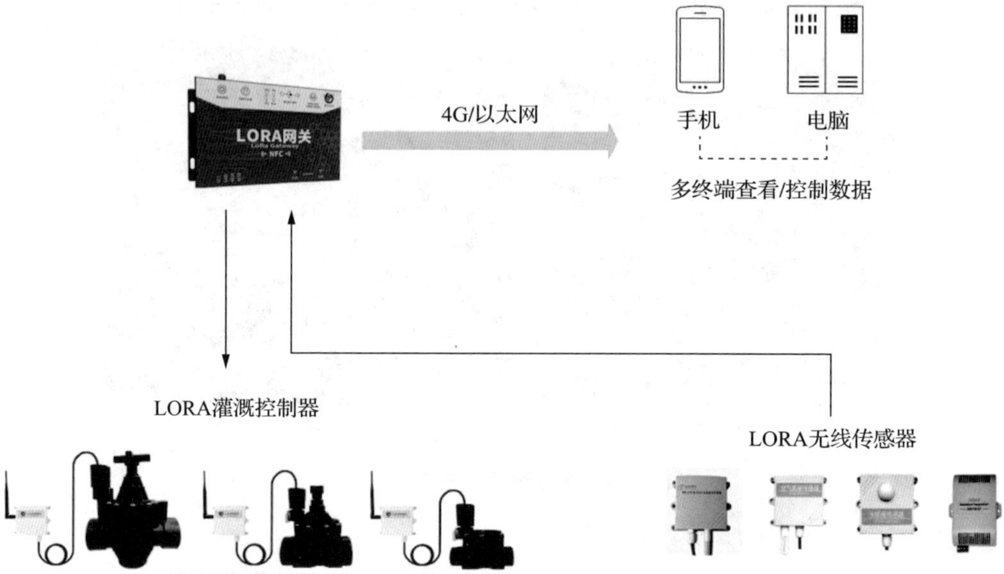

图 11-4 智慧灌溉系统

4. 智能植保系统

智能植保系统集成了多种先进的传感器和图像识别技术,能够实现对植物健康状态的实时监控,能够替代传统的人工巡检和处理方式。通过植保机器人(图 11-5)、无人机和自动化喷药车,根据实时监测数据和预警信息,自动调整喷洒的药剂类型、用量和喷洒区域,智能选择合适的防治措施,如生物防治、物理防治或化学防治,进一步提高防控的效果和精确度。

图 11-5 植保机器人

5. 智能收获系统

智能收获系统(图 11-6)利用先进的传感器和数据分析技术,对作物的成熟度、分布情况和田间条件进行实时监控和评估,采集作物的生长数据,如作物的高度、直径、颜色以及周围环境的气象数据。通过分析生成作物成熟度地图和最佳收获时间表。系统配备了高智能的收获机器人或自动化收割机,适应不同作物的特性。智能收获系统不仅提升了收获效率和质量,还减少了人工干预和误差,优化了资源的使用,确保了作物的最佳采收和经济效益。

图 11-6　智能收获系统

6. 数据分析云平台系统

作为智能化种植管理的核心组成部分,数据分析云平台系统通过对种植全过程中的各类数据进行系统化采集、存储、分析和应用,优化生产流程,提高管理效率和决策水平。系统通过对历史数据和实时数据的对比,能够识别出影响作物生长的关键因素,为后续的生产管理提供数据支持(图 11-7)。

通过将数据分析云平台系统与智能播种系统、智能温室系统和智能灌溉系统紧密集成,现代农业生产实现了从播种到收获的全流程智能化管理。智慧种植不仅提升了农业生产的效率和精准度,还为实现可持续发展和农业新质生产力提供了坚实的技术支撑。

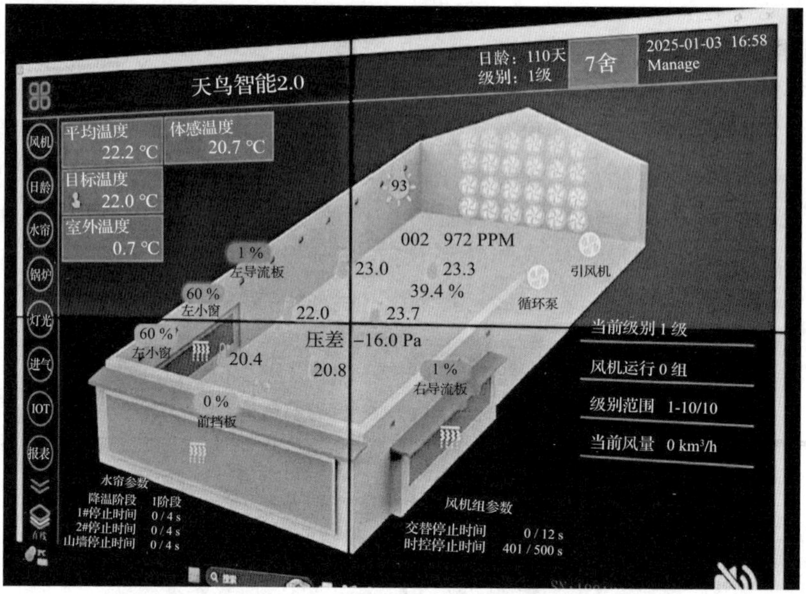

图 11-7 数据分析云平台系统

二、作物生产现代化

作物生产现代化是提升农业生产效率、质量和可持续性的关键。现代农业通过引入一系列先进科技和管理手段，使得生产过程的各个环节得到显著改进。随着智能农业系统的应用，生产效率和资源利用得到极大提升。作物生产现代化详情见二维码 11-5。

二维码 11-5
作物生产现代化

1. 作物种植机械化

作物生产机械化是提升农业生产效率和降低劳动强度的关键，它不仅是设备的引入，更是农业管理模式的革新。比如，全自动播种机智能化调节播种深度和密度，从而提高发芽率和均匀度。高效收割机不仅加快了收获速度，还通过减少作物损失来提高收获效率。机械化管理的标准化操作流程，有助于统一质量标准，确保农产品在收获、运输和贮存环节中的质量稳定性。此外，物联网技术的应用，进一步强化了机械化与管理的结合，不仅延长了设备的使用寿命，还提高了整个生产系统的稳定性和可靠性。在山地和丘陵地区，得益于专门设计的设备，如山地王拖拉机（图 11-8），使得在复杂地形上的作业变得更加可行和高效，从而推动了机械化管理在多样化地形条件下的应用和发展。

2. 作物生产设施化

作物生产设施化(图 11-9)是通过先进的技术和设施,为作物创造一个高度可控的生长环境,从而显著提高产量、质量和资源利用效率。这种生产模式打破了传统农业对自然条件的依赖,精准调节温度、湿度、光照等环境因素,优化了水肥等资源的使用。垂直农场和立体种植系统是设施化农业中的创新之举,充分利用垂直空间,最大化种植面积,特别适合城市农业和土地资源紧张的地区。这些系统结合了水培、气培等无土栽培技术,以及循环水系统和精确的营养液配比。设施化农业通常配备高效的空气过滤系统、恒温恒湿设备以及智能光照管理系统,全封闭的生产环境隔离了外界的病虫害、污染和极端气候变化,为作物提供了理想的生长条件,不仅提高了农产品的品质,还为无公害、有机农业的推广奠定了基础。

图 11-8　山地王拖拉机

图 11-9　作物生产设施化

3. 作物生产标准化

作物生产标准化已成为现代农业提升效率、保障质量以及实现可持续发展的核心管理策略。通过制定和实施统一的操作规程,农业生产者能够在从播种到收获的全过程中,确保作业的一致性和高效性,优化了资源利用率,避免了浪费和环境污染(图 11-10)。通过严格的生产标准和质量监控系统,农产品的整个生长周期都处于有效监督之下,各个环节严格执行既定标准,确保最终产品符合国家和国际卫生标准。这种全程质量控制不仅提升了农产品的市场竞争力,还增强了消费者的信任度。同时,标准化管理也为农产品的可追溯性提供了坚实的基础。标准化的水资源管理和科学合理的化学品使用策略，不仅有效保护了自然生态环境，还促进了绿色农业的健康发展。

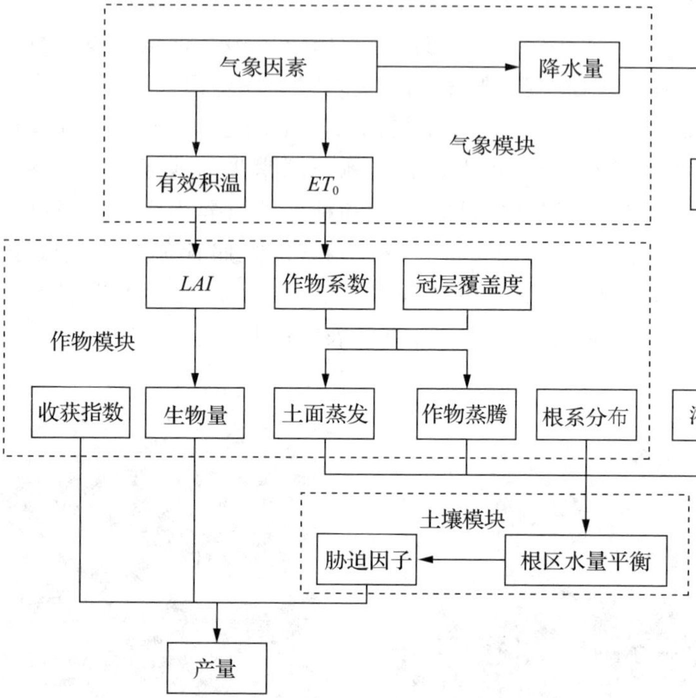

图 11-10 作物生产标准化

4. 作物生产安全化

作物生产安全化是现代农业中确保农产品质量、保护消费者健康及维护农业生态平衡的重要策略。通过实施安全化管理措施，有效地控制生产过程中的风险，减少食品安全隐患(图 11-11)。作物生产安全化的核心在于严格的生产过程控制。这包括从种植、施肥、灌溉到收获的各个环节，均需按照既定的安全标准和规范操作。比如，施用化肥和农药时，避免过量施用，以减少对土壤和作物的潜在危害。通过对土壤和水源的监测，及时发现和解决潜在的污染问题。作物生产安全化还包括对农产品的全面检测与监控，如农药残留、重金属含量等，检测结果可以通过追溯系统进行记录。食品安全追溯系统在生产后的安全管理中至关重要。食品安全追溯系统通过区块链技术对农产品从生产、加工到销售的每一个环节进行记录，使消费者了解农产品的来源和生产过程。同时，追溯系统还帮助生产者发现和解决生产过程中的问题，确保产品质量和安全。

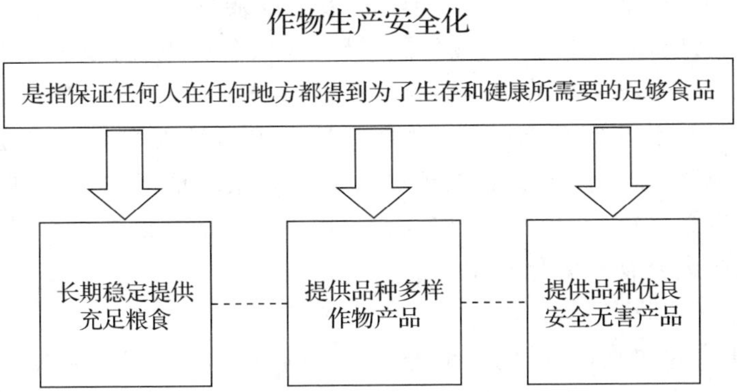

图 11-11　作物生产安全化

三、绿色农业与乡村振兴

1. 农业绿色发展趋势

绿色发展，作为一种注重环境保护、资源节约和生态平衡的发展模式，已经成为当今世界发展的主流趋势。它不仅是高质量发展的底色，更是新质生产力的本质特征。新质生产力，强调的不仅是效率的提升，更是生产方式的绿色化和可持续化。在这种背景下，实现"双碳"目标——碳达峰和碳中和，成为农业绿色生产力的关键目标。农业绿色发展意味着农业生产方式从传统的资源消耗型和环境破坏型转变为生态保护和资源节约型，实现农业生产的全过程绿色化。这种发展模式强调在确保国家粮食安全和农产品质量安全的同时，保护和改善农业生态环境，促进生物多样性，并促进农民收入的持续增长和农村社会的和谐发展。按照"宜农则农、宜牧则牧、宜渔则渔、宜林则林"的原则，优化与调整农业主体功能布局。通过科学耕作、合理轮作等方式提高土地利用效率；通过节水灌溉技术、水资源的合理配置等方式提高水资源利用效率；通过推广节能技术、利用可再生能源等方式提高能源利用效率。农业绿色发展立足于生产无公害、绿色、有机产品，增加优质、安全、特色农产品供给，满足人民群众对不断增长的健康绿色农产品的需求，促进农产品供给由主要满足"量"的需求向更加注重"质"的需求转变。2024 年中央一号文件提出，加强农村生态文明建设。持续打好农业农村污染治理攻坚战，一体化推进乡村生态保护修复。扎实推进化肥农药减量增效，推广种养循环模式。

为了实现农业绿色发展这一目标，必须坚持"大农业观""大食物观""大生态观"。将农林牧副渔、山水林田湖草沙等自然资源和生态系统，进行系统化的布局和综合管理。"大农业观"强调农业不仅是一种单纯的食物生产活动，还是涵盖种子培育、种植、养殖、加工、销售等全产业链条的复杂系统，需将农业生产与资源节约、环境友好相结合，走绿色可持续发展道路。“大食物观”倡导超越传统粮食作物的视角，关注整个食物系统的多样性和全面性，包括各种可食用植物、动物、微生物资源的开发利用，以及新型食品科技的应用，力求满足人们对营养健康饮食的需求。“大生态观”要求我们把农业置于更大的生态系统框架内考量，尊重和顺应自然规律，维护生态平衡，实现农业与自然、生物多样性的和谐共生，并通过循环农业技术，促进农业废弃物资源化利用。

2. 乡村振兴建设

党的二十大报告指出，我们要推进美丽中国建设，牢固树立和践行绿水青山就是金山银山的理念，加快发展方式绿色转型和深入推进环境污染防治，推进生态优先、节约集约、绿色低碳发展。良好的生态环境是农村最突出的特色和最宝贵的财富。在进行乡村建设时，确保乡村生态环境不受破坏应作为首要任务。为了实现乡村的可持续发展以及农民的幸福生活，必须以一个良好的生态环境作为基础。因此，强化对农村生态环境的保护，并推动其可持续发展，显得尤为迫切和重要。近年来，虽然中国农村生态环境整体呈现改善趋势，但在生活用水污染、污水治理、农业面源污染等方面仍存在诸多挑战。为了改善农村人居环境，建设宜居宜业的美丽乡村，需要推广采用有机肥料、生物防治等绿色技术，减少化学肥料和农药在农业生产中的使用，提高资源利用效率。运用大数据、云计算、人工智能等新一代信息技术手段，赋能环境监测、污染源追踪和环境治理决策，提升农村环境保护工作的科学性和精准性。

2024 年，中央一号文件提出：“促进农村三产融合发展，加快构建粮经饲统筹、农林牧渔并举、产加销贯通、农文旅融合的现代乡村产业体系，把农业建成现代化大产业。”以新质生产力中的颠覆性科技创新推动产业深度转型升级，构建更加完整的农业产业体系，不仅可以促进农村三产融合，还可以带动农村经济的全面发展，实现乡村振兴。农业为第二、三产业提供保障，第二、三产业的发展也反哺农业，深入挖掘农村地区的自然景观、文化遗产、民俗风情等旅游资源，结合农业资源和乡村旅游，开发农业观光、休闲体验、教育科普等功能，拓展农业产业链。因地制宜探索新质生产力改造提升传统农业模式，培育“农业＋互联网”“农业＋旅游”“农业＋会展”“农业＋教育”“农业＋体育”“农业＋康养”“农业＋文创”等新业态，构筑农业新质生产力硬核载体。现代化农业生产带动了乡村经济的多元化发展，催生了相关的产业链和就业机会，如设备维护、数据分析和技术服务等，吸引了大量农业科技人才回到乡村，提升了乡村的科技水平和管理能力。现代化的农业技术和成果不仅改善了乡村的经济和生产水平，还增强了乡村居民的文化自信和认同感。

农业新质生产力的发展通过提升生产力、优化资源配置、促进经济发展、吸引人才回流、改善基础设施、推动生态农业和增强文化自信等多方面的作用，有力推动了乡村振兴战略的实施，助力乡村地区实现高质量的发展和全面振兴。

乡村振兴战略及两山理论详见二维码 11-6。

二维码 11-6
乡村振兴战略及两山理论

复习思考题

1. 什么是农业新质生产力？
2. 新质生产力的核心内容是什么？
3. 简述智慧种植业的主要组成部分。
4. 简述数据分析云平台系统在智慧种植业中的作用。
5. 作物生产现代化包括哪几方面？
6. 如何理解“大农业观”“大食物观”“大生态观”？

参考文献

曹敏建，王晓光. 耕作学. 3 版. 北京：中国农业出版社，2020.

曹卫星. 作物学通论. 北京：高等教育出版社，2001.

曹卫星. 作物栽培学总论. 3 版. 北京：科学出版社，2017.

曹志平. 农业生态系统功能的综合评价. 北京：气象出版社，2020.

陈阜，隋鹏. 农业生态学. 3 版. 北京：中国农业大学出版社，2019.

陈阜，张海林. 耕作学. 北京：中国农业出版社，2021.

陈阜. 中国耕作制度发展与新区划. 北京：中国农业出版社，2021.

陈剑平，王国梁，王伟妮，等. 中国小麦条锈菌新小种及小种群的鉴定与命名. 麦类作物学报，2016，36(12)：1721-1731.

崔文倩，赵锦，杨晓光. 基于 Meta 分析的 4 种保护性耕作措施对东北春玉米生长季农田土壤水热环境影响. 中国农业大学学报，2022，27(8)：24-34.

戴良英，秦俊，梅旭荣，等. 水稻抗稻瘟病基因的鉴定与分子标记开发研究进展. 分子植物育种，2017，15(4)：1274-1289.

翟虎渠. 农业概论. 3 版. 北京：高等教育出版社，2016.

董钻，申秀瑛，王伯伦. 作物栽培学总论. 北京：中国农业出版社，2010.

董钻. 作物栽培学总论. 3 版. 北京：中国农业出版社，2018.

高旺盛. 循环农业理论与研究方法. 北京：中国农业大学出版社，2015.

顾铭洪. 水稻起源、分化与细胞遗传. 北京：科学出版社，2020.

官春云. 农业概论. 北京：中国农业出版社，2015.

官春云. 现代作物栽培学. 北京：高等教育出版社，2011.

郭茂畅，陈杜娟，袁金展，等. 叶面喷施调节剂对迟播油菜越冬期氮素利用和产量的影响. 作物学报，2024，50(11)：2870-2882.

国家统计局. 2023 年中国统计年鉴. 北京：中国统计出版社，2023.

郝建平，杜天庆，崔福柱. 作物渗水地膜覆盖技术. 北京：社会科学出版社，2006.

郝建平，时侠清. 种子生产与经营管理. 北京：中国农业出版社，2015.

何康来，孙玮琪，刘春光，等. 几种杀虫剂防治小麦蚜虫的效果评价. 植物保护学报，2019，46(5)：955-960.

胡宏祥. 农作物秸秆综合利用技术. 合肥：安徽科学技术出版社，2022.

胡可欣，米俊珍，刘景辉，等. 全生物降解渗水地膜覆盖对黄土高原旱作谷子土壤水热及产量的影响. 中国农业大学学报，2024，29(3)：36-49.
胡跃高，曾昭海. 农业原理. 3 版. 北京：中国农业大学出版社，2018.
胡跃高. 农业总论. 北京：中国农业大学出版社，2000.
黄秉维，赵名茶. 中国自然地理图集. 3 版. 北京：中国地图出版社，1999.
黄国勤. 农业现代化概论. 北京：中国农业出版社，2012.
黄怡青. 新质生产力赋能东北智慧农业发展研究. 智慧农业导刊，2024，16：1-5.
贾振江，吴洋洋，李王成，等. 中国西北旱区砂田表层土壤养分效应对连作响应的整合分析. 生态学报，2024，44(15).
赖登燡，王久明，余乾伟，等. 白酒生产实用技术. 北京：化学工业出版社，2021.
郎有忠，窦永秀，王美娥，等. 水稻生育期对籽粒产量及品质的影响. 作物学报，2012，38(3)：528-534.
李存东. 农学概论. 北京：科学出版社，2007.
李焕章，韩学信. 作物栽培学. 北京：中国农业科技出版社，1997.
李军. 农作学. 北京：科学出版社，2016.
李猛. ”人工智能＋”赋能新质生产力发展——内在机理与路径探索. 北京航空航天大学学报(社会科学版)，2024，37(4)：127-137.
李楠，李昀励. 数字赋能农业现代化：内在机理、成效检视与实践路向. 华中农业大学学报(社会科学版). [2024-08-09].
李瑞平，罗洋，隋鹏祥，等. 玉米秸秆不同还田方式对黑土耕层温度影响的短期效应. 应用生态学报，2023，34(10)：2693-2702.
李天. 农学概论. 3 版. 北京：中国农业出版社，2017.
李向东，张永丽. 农学概论. 北京：中国农业出版社，2017.
李轶冰，逄焕成，杨雪，等. 粉垄耕作对黄淮海北部土壤水分及其利用效率的影响. 生态学报，2013，33(23)：7478-7486.
刘巽浩，陈阜. 中国农作制. 北京：中国农业出版社，2005.
刘巽浩. 农作学. 北京：中国农业大学出版社，2005.
柳军，周成钢，皮杰，等. 农业机器人感知关键技术研究现状与发展趋势. 农机化研究，2025，47(5)：1-8.
罗必良. 新质生产力：颠覆性创新与基要性变革——兼论农业高质量发展的本质规定与努力方向. 中国农村经济，2024，8：2-26.
骆世明. 农业生态学. 3 版. 北京：中国农业出版社，2017.
麻虹宇，李保国，蔡斌，等. 干旱半干旱区地表覆盖对土壤风蚀的影响. 水土保持研究，2023，30(2)：29-35.

马建涛，柴守玺，程宏波，等. 农田秸秆覆盖技术及其应用研究进展. 生态学杂志，2022，41(3)：597-602.
马金霞，关金菊，刘芳珍. 秸秆综合利用技术. 北京：中国农业科学技术出版社，2020.
穆平. 作物育种学. 北京：中国农业大学出版社，2017.
欧阳昊，文华，朱有勇. 基于害虫生态位分化的水稻害虫综合管理研究进展. 应用昆虫学报，2016，53(6)：1125-1134.
潘晓华，张洪程，陈温福，等. 玉米带状复合种植模式研究进展. 中国农业科学，2019，52(8)：1289-1301.
彭卫东. 单宏业. 农作物秸秆综合利用 110 问. 北京：中国农业科学技术出版社，2013.
钱前. 水稻基因设计育种. 北京：科学出版社，2007.
乔均，台德进，邱玉琢. 农业新质生产力赋能农业碳减排的机理与效应. 当代经济管理. [2024-08-13].
乔月静. 轮作方式与杀线剂对甘薯产量及根际线虫、真菌、细菌群落的影响. 北京：中国农业大学，2014.
秦文. 农产品贮藏与加工学. 北京：中国质检出版社，2014.
渠晨晨，任稳燕，李秀秀，等. 重新认识土壤有机质. 科学通报，2022，67(10)：913-923.
任红. 氮素水平对不同优势玉米杂交种产量形成及同化物运转的影响. 沈阳农业大学，硕士论文，2017.
沈亨理. 农业生态学. 北京：中国农业出版社，1996.
施维林. 土壤污染与修复. 北京：中国建材工业出版社，2018.
陶鼎来. 中国农业工程. 北京：中国农业出版社，2002.
田露，刘景辉，赵宝平，等. 保水剂与微生物菌肥配施对黄土高原旱作燕麦生长及水分利用的影响. 水土保持通报，2020，40(3)：317-324.
王春霞，季萍. 天然纺织纤维初加工化学. 北京：中国纺织出版社，2014.
王海波，陈雪峰，谢建春，等. 水稻条播栽培模式下杂草防除技术研究进展. 农药，2020，59(12)：881-888.
王宏富，王爱萍，农学概论. 北京：中国农业大学出版社，2021.
王建华，张春庆. 种子生产学. 北京：高等教育出版社，2013.
王聚跃，鲁艳红，陈杰，等. 不同施氮水平下冬小麦氮素吸收利用及其产量形成. 作物学报，2021，47(9)：1403-1412.

王若兰.粮油储藏学.北京：中国轻工业出版社，2016.
王欣，李阳，张伟，等.不同除草剂配比对小麦田阔叶杂草防除效果的影响.农业工程学报，2021，37(18)：176-183.
王洋.数字新质生产力对农业农村现代化的影响：指标体系构建与影响效应检验.统计与决策，2024，14：23-28.
王余龙，许轲，陈温福.植物病原真菌非寄主抗性机制研究进展.植物病理学报，2020，50(2)：123-135.
王转，赵伟，贾铖.新质生产力赋能农业生态产品价值实现：理论逻辑与实现路径.中国生态农业学报(中英文).[2024-08-14].
习近平在中共中央政治局第十一次集体学习时强调　加快发展新质生产力　扎实推进高质量发展[N].人民日报，2024-02-02.
夏志辉，李晓兵，陈彩艳，等.无选择标记和载体骨干序列的 Xa21 转基因水稻的获得.生物工程学报.2006，22(2)：204-210.
向天勇.秸秆能源化利用实用技术.北京：中国农业出版社，2015.
徐海龙，何万金，杨先志，等.30%噻虫嗪水分散粒剂防治小麦蚜虫田间药效试验.农药，2017，56(11)：823-826.
许彦龙，赵秀锋，李茜，等.华北冬小麦区麦田杂草发生与防除技术研究进展.植物保护，2019，45(6)：1-11.
许正宏.陆震鸣.史劲松.食醋酿造原理与技术.北京：科学出版社，2019.
杨文钰，樊后保，吴洪岗，等.不同耕作方式对冬小麦区农田杂草群落特征的影响.生态学报，2013，33(15)：4738-4745.
杨昕，赵守国.数字经济赋能区域绿色发展的低碳减排效应.经济与管理研究，2022，43(12)：85-100.
于建军，宫长荣.烟草原料初加工.北京：中国农业出版社，2009.
于振文.作物栽培学各论(北方本).2 版.北京：中国农业出版社，2013.
袁世一，李干琼，王恩利.人工智能技术在种植业应用场景分析与挑战.中国农业信息，2023，35(2)：23-35.
张桂权.基于 SSSL 文库的水稻设计育种平台.遗传，2019，41(8)：754-760.
张国平.作物栽培学.杭州：浙江大学出版社，2016.
张宏媛，逄焕成，宋佳珅，等.亚表层有机培肥调控盐渍土孔隙结构与水盐运移机制.农业机械学报，2022，53(2)：355-364.
张怀珠，张艳红.农产品贮藏加工技术.北京：化学工业出版社.2009.
张杰，路遥，李梦雪，等.小麦白粉病生物防治研究进展.植物病理学报，2018，48

(4)：505-513.

张夏恒，马妍. 新质生产力驱动数字经济高质量发展的机理、困境与路径. 西北工业大学学报(社会科学版)，2024.

张欣，付亚萍，周君莉，等. 水稻规模化转基因技术体系构建与应用. 中国农业科学. 2014，21：4141-4154.

赵永敢，王婧，李玉义，等. 秸秆隔层与地覆膜盖有效抑制潜水蒸发和土壤返盐. 农业工程学报，2013. 29(23)：109-117.

中华人民共和国农业农村部. 国家农作物优良品种推广目录，2023.

Ali S，Qin Q，Raza M，et al. Controlled-release of Bacillus subtilis from organic acid-modified bentonite and its effect on *Fusarium wilt* of tomato. Applied Clay Science，2020，190：105569.

Bajwa A A，Farooq M，Nawaz A，et al. Impact of invasive plant species on the livelihoods of farming households：evidence from *Parthenium hysterophorus* invasion in rural Punjab，Pakistan. Biological Invasions，2019，21：3285-3304.

Balakrishnan D，Surapaneni M，Mesapogu S，et al. Development and use of chromosome segment substitution lines as a genetic resource for crop improvement. Theoretical and Applied Genetics，2019，132：1-25.

Berry J，Bjorkman O. Photosynthetic response and adaptation to temperature in higher plants. Annual Review of Plant Physiology，1980，31(1)：491-543.

Bo L，Shukla M K，Mao X. Long-term plastic film mulching altered soil physicochemical properties and microbial community composition in Shiyang River Basin，Northwest China. Applied Soil Ecology. 2024，193.

Chang F，Wang X，Song J，et al. Optimized straw interlayer improves organic carbon and total nitrogen contents in the soil profile：A four-year experiment in a saline soil. Journal of Integrative Agriculture，2023，22：1870-1882.

Chen X M. Pathogens which threaten food security：Puccinia striiformis，the wheat stripe rust pathogen. Food Security，2020，12：239-251.

Datta A，Ullah H，Tursun N，et al. Managing weeds using crop competition in soybean. Crop Protection，2017，95：60-68.

Gao D D，Lyu X G. Agricultural total factor productivity，digital economy and agricultural high-quality development. Plos One，2024，18(10)：e0292001.

Hussain S, Khaliq A, Nisar M S, et al. Weed management in wheat through allelopathy and herbicides. Phytoparasitica, 2021, 49: 337-349.

Iqbal N, Hussain S, Ahmed Z, et al. Comparative analysis of different weed management practices in wheat (*Triticum aestivum* L.). Planta Daninha, 2018, 36: e018182256.

Kang G Z, Li G Z, Liu G Q, et al. Exogenous salicylic acid enhances wheat drought tolerance by influence on the expression of genes related to ascorbate-glutathione cycle. Biologia Plantarum, 2013, 57: 718-724.

Li J, Yang H X, Xu G Y, et al. QTL Analysis of Z414, a chromosome segment substitution line with short, wide grains, and substitution mapping of qGL11 in rice. Rice. 2022. 15:25.

Li R, Zheng J, Xie R, et al. Potential mechanisms of maize yield reduction under short-term no-tillage combined with residue coverage in the semi-humid region of Northeast China. Soil & Tillage Research, 2022, 217, 105289.

Liang P X, Wang H, Zhang Q L, et al. Identification and pyramiding of QTLs for rice grain size based on short-wide grain CSSL-Z563 and fine-mapping of qGL3-2. Rice, 2021, 14: 35.

Lin L, Gu T Y, Shi Y. The influence of new quality productive forces on high-quality agricultural development in China: mechanisms and empirical testing [J]. Agriculture-Basel, 2024, 14(7): 1022.

Liu Y, Sun J, Tian Z, et al. Geographical distribution of stripe rust resistance genes in wheat landraces and breeding lines in China. Plant Disease, 2020, 104(11): 2887-2896.

Mao S L, Wei Y M, Cao W, et al. Confirmation of the relationship between plant stem rust resistance gene Sr2 and stem rust resistance gene Sr22. Theoretical and Applied Genetics, 2010, 121: 721-724.

Odum E P, Barrett G W. Fundamentals of ecology (5th ed.). Belmont: Brooks/Cole, 2005.

Paul S, Ali N, Gaur P M, et al. Molecular-genetic characterization of pigeon pea (*Cajanus cajan* L.) genotypes for resistance to *Helicoverpa armigera*. Euphytica, 2015, 202: 379-390.

Qi P, Lin Y S, Song X J, et al. The novel quantitative trait locus GL3. 1 controls rice grain size and yield by regulating cyclin-T1;3. Cell Research, 2012, 22

(12)：1666-1680.

Ren D，Li Y F，Zhao F M，et al. Multi-floret spikeletl，Which encodes an AP2/ERF protein，determines spikelet meristem fate and sterile lemma identity in rice. Plant Physiology，2013，162：872-884.

Schlesinger W H，Bernhardt E S. Biogeochemistry：An Analysis of Global Change. 3rd ed. San Diego：Academic Press，2013.

Shahzad M，Farooq M，Jabran K，et al. Economic assessment of different mulches in conventional and conservation tillage systems for enhancing productivity of rice-wheat cropping system. Environmental Science and Pollution Research，2018，25：5756-5763.

Shang Y，Ma Y，Liu F，et al. Modeling and predicting wheat aphid population dynamics based on satellite remote sensing data. International Journal of Applied Earth Observation and Geoinformation，2020，91：102151.

Shiferaw B，Prasanna B M，Hellin J，et al. Crops that feed the world 6. Past successes and future challenges to the role played by maize in global food security. Food Security，2013，3：307-327.

Sun D，Li H，Wang E，et al. An overview of the use of plastic-film mulching in China to increase crop yield and water-use efficiency. National Science Review，2020，7：1523-1526.

Sun S F，Xiang S Q，Lv M，et al. Identification，pyramid and candidate gene of QTL for yield-related traits based on rice CSSLs in indica Xihui18 background. Molecular Breeding. 2022，42：19

Wang H，Li Y，Ru Z，et al. Weed management in rice production systems：A review. Crop Protection，2022，158：105983.

Wang H，Tang Y T. Spatiotemporal distribution and influencing factors of coupling coordination between digital village and green and high-quality agricultural development-evidence from China. Sustainability，2024，15(10)：8079.

Wang J B，Xie J H，Li L L，et al. Review on the fully mulched ridge-furrow system for sustainable maize production on the semi-arid Loess Plateau. Journal of Integrative Agriculture，2023，22(5)：1277-1290.

Wang J，Fu X，Sainju U M，et al. Soil carbon fractions in response to straw mulching in the Loess Plateau of China. Biology and Fertility of

Soils. 2018, 54(4), 423-436.

Wang S K, Wu K, Yuan Q B, et al. Control of grain size, shape and quality by OsSPL16 in rice. Nature Genetics, 2012, 44(8): 950-954.

Wang X, Lv G, Zhang Y, et al. Annual burying of straw after pelletizing: A novel and feasible way to improve soil fertility and productivity in Northeast China. Soil & Tillage Research, 2023, 230.

Wang X, Yang Y, Pei K, et al. Nitrogen rhizodeposition of legumes and its fate in agroecosystems: field study and literature review. Land Degradation & Development, 2020, 32: 410-419.

Wang Y, Yuan Y, Zhang H, et al. Transcriptome profiles reveal new insights into heat stress responses in wheat (*Triticum aestivum* L.). Frontiers in Plant Science, 2022, 13: 820215.

Yu H, Lin T, Meng X B, et al. A route to de novo domestication of wild allotetraploid rice. Cell, 2021, 184(5): 1156-1170.

Zhang P, Guo Z L., Ullah S, et al. Nanotechnology and artificial intelligence to enable sustainable and precision agriculture. Nature Plants, 2021, 7(7): 864-876.

Zhang T, Wang S M, Sun S F, et al. Analysis of QTL for grain size in a rice chromosome segment substitution line Z1392 with long grains and fine mapping of qGL-6. Rice, 2020, 13: 40.

Zhao F M, Zhu H T, Zeng R Z, et al. Detection of additive and additive×environment interaction effects of QTLs for yield component traits of rice using single segment substitution lines (SSSL). Plant Breeding, 2016b, 135, 452-458.

Zhao J, Chen J, Beillouin D, et al. Global systematic review with meta-analysis reveals yield advantage of legume-based rotations and its drivers. Nature Communications, 2022, 13, 4926.

Zhao J, Peng Y, Xu J, et al. Identification of QTLs for rice brown planthopper resistance by genome-wide association study. Rice Science, 2021, 28(4): 360-369.

Zheng H, Mei P, Wang W, et al. Effects of super absorbent polymer on crop yield, water productivity and soil properties: A global meta-analysis. Agricultural Water Management. 2023, 282.

Zhou J, Jia R, Brown R W, et al. The long-term uncertainty of biodegradable mulch film residues and associated microplastics pollution on plant-soil health. Journal of Hazardous Materials, 2023, 442.

Zhu Q L, Zeng D C, Suize Yu S Z, et al. From golden rice to aSTARice: bioengineering astaxanthin biosynthesis in rice endosperm. Molecular Plant, 2018, 11(12): 1440-1448

Zhu Y Y, Zhang Y, Piao H L. Does agricultural mechanization improve the green total factor productivity of china's planting industry? Energies, 2024, 15(3): 940.

彩图3-1 禾谷类作物

小麦

玉米

水稻

谷子

彩图3-2 豆类作物

大豆

绿豆

豌豆

豇豆

彩图3-3 薯芋类作物

甘薯

马铃薯

山药

木薯

彩图3-4 经济作物

棉花

花生

油菜

甘蔗

彩图6-1　耕作整地农机具

旋耕、播种、镇压一起作业

深松免耕施肥播种机

翻耕土地

旋耕土地

深松旋耕机

旋耕机

翻耕与耙地联合作业

深松机具

翻耕机具

深松机具

联合免耕播种机

起垄机

彩图6-2 收获农机具

马铃薯机械化收获

冬小麦机械化联合收获

高粱机械化联合收获

谷子机械化联合收获

甘薯机械化收获

花生机械化收获

彩图7-1 16种农田常见害虫

图片由华中农业大学刘晓艳教授和长江大学马东方教授提供。

小麦蚜虫

稻螟蛉

小菜蛾

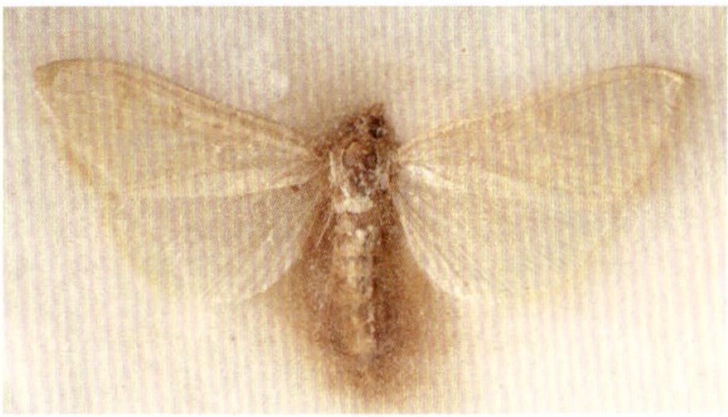

玉米螟

豆荚螟

小地老虎

稻褐飞虱

稻纵卷叶螟

二十八星瓢虫

草地螟

扶桑绵粉蚧为害棉花

柑橘木虱

甜菜夜蛾

柑橘红蜡蚧

豆天蛾

黑尾叶蝉

彩图7-2 12种农田常见病害图片

部分图片由华中农业大学杨龙教授和长江大学马东方教授提供

稻瘟病

水稻纹枯病

南方水稻黑条矮缩病

水稻白叶枯病

小麦锈病

油菜菌核病

油菜根肿病

柑橘溃疡病

柑橘青霉病

李褐腐病

南瓜病毒病

西葫芦白粉病